Thomas Griesohn-Pflieger
Iris Lichtenberg

Federkleid & Flügelschlag

Haupt
NATUR

Thomas Griesohn-Pflieger ist Journalist und Buchautor. Er baute das Magazin VÖGEL auf und gründete später die Zeitschrift «Naturgucker». Als Reiseleiter und Dozent leitet er international vogelkundliche Reisen. Im Web ist er seit 1995 mit birdnet.de aktiv.

Iris Lichtenberg ist Ingenieurin für Energie- und Umwelttechnik. Sie befasst sich seit ihrer Jugend mit Naturkunde, ist passionierte Vogelbeobachterin und Redaktionsmitglied bei birdnet.de.

1. Auflage: 2020
ISBN 978-3-258-08204-2
Umschlagsgestaltung und Gestaltungskonzept: Stefanie Crams, Marbach am Neckar
Satz: Die Werkstatt Medien-Produktion GmbH, Göttingen
Aquarelle: NMB Nouveau Musée Bienne/Neues Museum Biel
Lektorat: Uta Koßmagk, Wiesbaden

Wir verwenden FSC-Papier. FSC sichert die Nutzung der Wälder gemäß sozialen, ökonomischen und ökologischen Kriterien.
Gedruckt in Deutschland

Diese Publikation ist in der Deutschen Nationalbibliografie verzeichnet.
Mehr Informationen dazu finden Sie unter http://dnb.dnb.de.

Der Haupt Verlag wird vom Bundesamt für Kultur mit einem Strukturbeitrag für die Jahre 2016–2020 unterstützt.

Wir verlegen mit Freude und großem Engagement unsere Bücher. Daher freuen wir uns immer über Anregungen zum Programm und schätzen Hinweise auf Fehler im Buch, sollten uns welche unterlaufen sein. Falls Sie regelmäßig Informationen über die aktuellen Titel im Bereich Natur & Garten erhalten möchten, folgen Sie uns über Social Media oder bleiben Sie via Newsletter auf dem neuesten Stand!

www.haupt.ch

Die **Stiftung Sammlung Robert, NMB Neues Museum Biel,** hat uns das Bildmaterial für diese Publikation freundlicherweise zur Verfügung gestellt. Wir danken dem Museum, und besonders Frau Bernadette Walter, Direktorin und Kuratorin Kunst/Sammlung Robert, herzlich.

Léo-Paul Robert (1851–1923)
Aquarelle, ganze Vogeltafeln: S. 27: Tf. 53; S. 31: Tf. 13; S. 41: Tf. 03; S. 43: Tf. 17; S. 45: Tf. III; S. 51: Tf. 18; S. 77: Tf. 39; S. 93: Tf. 07; S. 97: Tf. 21; S. 99: Tf. 08; S. 105: Tf. 35; S. 111: Tf. 45; S. 119: Tf. 22; S. 131: Tf. 51; S. 135: Tf. 20; S. 147: Tf. 02; S. 155: Tf. 34; S. 159: Tf. 58; S. 161: Tf. 73; S. 179: Tf. 29; S. 197: Tf. 09; S. 205: Tf. 36

Aquarelle, Ausschnitte aus Vogeltafeln: S. 11: Tf. 28; S. 17: Tf. 67; S. 19: Tf. 61; S. 23: Tf. 62; S. 25: Tf. 14; S. 29: Tf. 69 (links), Tf. 67 (rechts); S. 33: Tf. 74; S. 37: Tf. 55; S. 39: Tf. 75; S. 47: Tf. 16; S. 49: Tf. 14; S. 53: Tf. 74; S. 55: Tf. 64; S. 57: Tf. 78 (links), Tf. 77 (rechts); S. 61: Tf. 10; S. 63: Tf. 49; S. 65: Tf. 60; S. 67: Tf. I (links) Tf. 80 (rechts); S. 69: Tf. 74; S. 71: Tf. 65; S. 73: Tf. 66; S. 79: Tf. 63; S. 81: Tf. 52; S. 83: Tf. 56; S. 89: Tf. 80 (links), Tf. I (rechts); S. 95: Tf. 72; S. 103: Tf. 10; S. 107: Tf. 38; S. 113: Tf. 47; S. 115: Tf. 24; S. 117: Tf. V; S. 121: Tf. 40 (oben), Tf. 38 (unten); S. 125: Tf. 68; S. 129: Tf. 27; S. 141: Tf. 70; S. 143: Tf. 56; S. 149: Tf. 43; S. 151: Tf. 30; S. 163: Tf. 70; S. 167: Tf. 43; S. 171: Tf. 40; S. 177: Tf. 37; S. 187: Tf. 23; S. 201: Tf. 41; S. 203: Tf. 42; S. 207: Tf. 42

Paul-André Robert (1901–1977)
Aquarelle, Einzelblätter: S. 9: SR 1992.0303; S. 13: SR 1992.0302; S. 15: SR 1992.0397; S. 21: SR 1992.0391; S. 35: SR 2019.0390; S. 59: SR 2019.0387; S. 75: SR 1992.0378; S. 85: SR 1992.0316; S. 87: SR 1992.0396; S. 91: SR 2008.0001; S. 101: SR 1992.0297; S. 109: SR 1992.0313; S. 123: SR 1992.0317; S. 127: SR. 1992.0380; S. 133: SR 1992.0310; S. 137: SR 1992.0394; S. 139: SR 1992.0315; S. 145: SR 1992.0311; S. 153: SR 1992.0299; S. 157: SR 1992.0308; S. 165: SR 1992.0314; S. 169: SR 1992.0385; S. 173: SR 1992.0542; S. 175: SR 1992.0389; S. 181: SR 1992.0384; S. 183: SR 1992.0305; S. 185: SR 1992.0307; S. 189: SR 1992.0395; S. 191: SR 1992.0382; S. 193: SR 1992.0377; S. 195: SR 1992.0306; S. 199: SR 1992.0300

FSC www.fsc.org
MIX
Papier aus verantwortungsvollen Quellen
FSC® C043106

Thomas Griesohn-Pflieger
Iris Lichtenberg

Federkleid & Flügelschlag

100 Vogelarten im Porträt
mit Illustrationen aus der Sammlung Robert

Haupt Verlag

Inhaltsverzeichnis

Zu diesem Buch

Wir lieben Vögel. Wir können die Augen nicht von ihnen lassen und wir suchen Vögel. Das Beobachten von Vögeln erfüllt uns mit tiefer Freude und wir fühlen uns vielen Menschen verbunden, denen es ebenso geht. Wir erleben es als großes Glück, wenn es uns gelingt, einen Vogel oder eine Vogelart gründlich kennenzulernen. Etwa ein Vogelindividuum und seine Besonderheit erkennen zu können oder mit einer Vogelart so vertraut zu werden, dass wir sie als alte Bekannte ansehen können. Vögel in unser Leben zu lassen, hat uns bereichert, hat unseren Blick auf das Leben verändert. Oft nötigt es uns Respekt ab, wie Vögel sich an die von uns Menschen verursachten eingeschränkten Überlebensmöglichkeiten anpassen, und unser Blick darauf wird durch die Beobachtung geschärft. Darüber schreiben wir in diesem Buch. Es geht um Vögel und darum, wie wir sie erleben durften oder was wir über sie erzählen können.

Lange Zeit war es in der Biologie und auch in der Naturkunde verpönt, Emotionen ins Spiel zu bringen. Allerdings machen viele Bücher der letzten Jahre Schluss mit diesem Tabu, das in den angelsächsischen Ländern schon lange gefallen ist. Das hat Gründe, die zu einem kleinen Exkurs in die Geschichte einladen.

René Descartes, der große Denker und Philosoph des 17. Jahrhunderts, beschrieb den menschlichen Körper und überhaupt alle Organismen als Maschinen. Dem Menschen schrieb er eine Seele zu, die jedoch in einem mechanisch funktionierenden Organismus wohnt. Gut 100 Jahre später kränkte Charles Darwin seine Mitmenschen mit seiner fulminanten Evolutionstheorie. Der Mensch als Krone der Schöpfung – von diesem Gedanken musste man sich nun verabschieden. Seitdem breitet sich die Einsicht aus – überall ist sie noch nicht angekommen –, dass wir alle, Tiere, Pflanzen, Pilze, einen gemeinsamen Ursprung haben, dass wir alle miteinander verwandt sind. Etwas früher als Darwins revolutionäre Theorie brachte Alexander von Humboldt mit seinen Reiseberichten und biologischen und geologischen Entdeckungen eine verblüffende These in die Welt. «Alles ist Wechselwirkung» – diese Erkenntnis kann als Grundstein der Ökologie gesehen werden, die damals freilich erst einige Jahrzehnte später als Wissenschaft etabliert wurde. Immer deutlicher wurden nicht nur der gemeinsame Ursprung, die grundsätzliche Verwandtschaft der Lebewesen, sondern auch ihre Abhängigkeiten untereinander.

Diese Entwicklungen, die mit ihnen einhergehenden und sich wandelnden Einstellungen haben uns beim Schreiben dieses Buches inspiriert und begleitet. James Lovelock und Lynn Margulis entwickelten im ausgehenden 20. Jahrhundert die Gaia-Theorie, die unseren Planeten als Lebewesen betrachtet. Der Name für diese Theorie leitet sich von der Erdmutter in der griechischen Mythologie Gaia ab. Diese Theorie hat uns, Autorin und Autor, unabhängig voneinander sehr beschäftigt. Die Vorstellung, dass die Gesamtheit aller Organismen Bedingungen schafft – zum Beispiel eine Atmosphäre –, die das Leben und seine Entwicklung ermöglichen, ist fantastisch. Wir sollten uns klarmachen, dass das System, das die Biosphäre immer wieder stabilisiert, umso wirkungsvoller ist, je vielfältiger es ist. Die Bedeutung der Vielfalt, der Biodiversität ist keine romantische Folklore, sondern existenziell!

Noch eine andere Entwicklung hat uns beflügelt. Wir erkennen immer mehr die Individualität der Lebewesen. Wenn man Konrad Lorenz noch so verstehen konnte, dass Instinkte die Organismen steuern, ist heute von Instinkten immer weniger die Rede. Wir sollten vielmehr von Erfahrungen sprechen. Was wir beim Beobachten draußen erleben, sind Individuen, und zwar vor und hinter dem Fernglas. Wir glauben, dass sich die Verwandtschaft alles Lebendigen untereinander auch in unserer Sprache niederschlagen sollte. So spielen Mauersegler nicht am Himmel, sondern verbringen dort ihr Leben. Noch wimmelt es von Abgrenzungen gegenüber dem «Tierischen». Tiere *fressen* ihre Nahrung, sind *niedlich* und lassen sich in *Weibchen* und *Männchen* unterscheiden. Wir wollen sie einfach nicht ernst nehmen – die Mitgeschöpfe. Kann man bei einem weiblichen, 30 Meter langen und 200 Tonnen schweren Blauwal von *Weibchen* sprechen? Oder bei einem Seeadler mit 2,5 Metern Spannweite? Genauso wie wir in unseren Texten versuchen, uns geschlechtergerecht auszudrücken, versuchen wir auch diese Verniedlichungsformen zu vermeiden und uns nicht sprachlich von «den anderen Bewohnern des Planeten» abzugrenzen.

Erklären möchten wir die Auswahl der porträtierten Vögel: Wir sehen in diesem Buch einen eindeutigen Schwerpunkt auf Landvögeln und darunter auf Singvögeln. Die erste Entscheidung haben die Künstler und Naturillustratoren Léo-Paul Robert und sein Sohn Paul-André Robert getroffen, aus deren Bildern wir eine Auswahl getroffen haben. Ihre Reisen und Vorlieben haben sicher eine Rolle dabei gespielt. Gerne hätten wir die Auswahl breiter gestreut und mehr Wasser-, Sumpf- und Greifvögel vorgestellt.

Das Schreiben dieses Buches hat uns viel Freude gemacht. Immer wieder konnten wir abtauchen in die wundersamen Begegnungen mit den Gefiederten. Wir danken dem Verlag für diese Chance und Ihnen liebe Leserinnen und Leser dafür, dass Sie dieses Buch in die Hand genommen haben.

Thomas Griesohn-Pflieger
Iris Lichtenberg

Alpenschneehuhn – das Extremhuhn

(Lagopus muta)

Das Alpenschneehuhn ist ein extremer Vertreter der Raufußhühner. Es lebt in einer unwirtlichen Welt, die nur zwei Jahreszeiten kennt: den langen, frostigen Winter mit viel Schnee und den kurzen Sommer. Wer sich an diese Lebensbedingungen anpasst, ist ein extremer Spezialist. Und wer so stark spezialisiert ist, läuft Gefahr, bei Wegfall von nur einigen Bedingungen seine Existenz zu verlieren.

In Europa können wir neben dem Alpenschneehuhn als weitere Raufußhühner Hasel-, Auer- und Birkhuhn sowie das Moorschneehuhn beobachten. Das Moorschneehuhn ist das Schneehuhn der Niederungen, der Moore, der tundraähnlichen Lebensräume, während sich das Alpenschneehuhn auf Schneelandschaften spezialisiert hat. Es kommt in den Alpen vor, weil in den höheren Lagen der Gebirge verlässlich mit Schnee zu rechnen ist. Im Norden Skandinaviens teilen sich Moor- und Alpenschneehuhn die Landschaft auf und auch dort ist das Alpenschneehuhn das Schneehuhn der Berge. Bei uns in Mitteleuropa ist das Alpenschneehuhn ein Eiszeitrelikt. Als sich die kilometerdicke Eisschicht zurückzog, blieb nur auf den Höhen der Gebirge Schnee und Eis zurück. Und nur dort, umgeben von Gletschern, Schneefeldern und auch im Sommer weißen Schneetälern konnte das Alpenschneehuhn überleben. Hier im Gebirge unternehmen die Alpenschneehühner sogenannte «Altitudinalwanderungen». Das heißt nichts anderes, als dass sie je nach Schneelage hoch- oder runterwandern. Aber sie erscheinen nie unterhalb der Baumgrenze. In der Arktis sind diese Wanderungen nicht nötig. Auf Spitzbergen ist das Alpenschneehuhn der einzige dort permanent vorkommende Vogel. Das zeigt, wie hart im Nehmen dieses Huhn ist.

Raufußhühner sind im Norden eine wichtige Nahrung für Fleischesser, wie Luchse, Marder, Vielfraße, Füchse, fast alle Greifvögel und die großen Eulenarten. Wichtig sind und waren sie auch für die Menschen, die ihr Fleisch schätzen. Millionen von Raufußhühnern werden jährlich erlegt, und es ist kein Wunder, dass die Hühner auch in der Kultur der Menschen ihre Spuren hinterlassen haben. Schwanzfedern der Birkhähne schmücken die Kappen der Männer in Schottland wie auch die Gamsbarthüte von Alpenbewohnern. Balzende Birkhühner werden im Alpenraum in traditionellen Volkstänzen nachgeahmt (Schuhplattler) und die Indianer im Norden der USA imitieren die Balz der Präriehühner, die ebenfalls Raufußhühner sind. In Restaurants an der Grenze zwischen Finnland und Norwegen musste ich betroffen sehen, dass zu Bündeln gebundene Schneehühner an der Wand und von der Decke baumelten. Meine ethische Betroffenheit wandelte sich in eine kulturelle, als ich feststellte, dass es sich um Kunstprodukte aus Plastik handelt. Bedroht sind die Schneehühner in Europa weniger durch die Jagd, sondern durch die Veränderung des Klimas. Gletscher und Schneefelder schmelzen und damit der Lebensraum der Hühner. Irgendwann sitzen sie auf den Gipfeln und dann geht es nicht weiter …

Wie schaffen es die Schneehühner, in einer Umgebung mit enormen jahreszeitlichen Veränderungen und Herausforderungen zu leben? Schneehühner schlafen in Schneehöhlen etwa 20 bis 30 Zentimeter unter der Oberfläche – wie die Inuit mit den Iglus nutzen sie die isolierende Wirkung von Eisschnee. Alpenschneehühner erreichen im Herbst als Vorbereitung auf mögliche Notzeiten im Winter ihr Höchstgewicht, das dann allmählich bis zum Frühjahr sinkt. Dabei muss man wissen, dass sie reine Vegetarier sind. Sie haben einen besonders großen Magen und einen sehr langen Blinddarm. Sie schlucken größere Mengen kleiner Steine, – noch mehr als andere Vögel – was ihnen die mechanische Zerkleinerung der Knospen und Blätter erleichtert. Diese Zerkleinerung muss sein, damit die in ihrem langen Blinddarm befindlichen symbiotischen Mikroben den Zellulose-Brei verdauen können.

Eine weitere Besonderheit stellt die dreimal im Jahr stattfindende Mauser der Alpenschneehühner dar, mit der sie sich jeweils an die sich ändernde Umgebung anpassen können. So sind sie im Winter natürlich fast völlig weiß, nur die Hähne zeigen eine schwarze Schwanzunterseite, einen schwarzen Zügelstreif und hellrote «Rosen» (warzenähnliche Hautgebilde) über den Augen. Und in den warmen Monaten zeigen sie sich mit graubraunen und grauen Flecken in unterschiedlicher Intensität gut getarnt.

Beobachtungen von Schneehühnern sind deshalb meist Zufälle. Dann poltern sie nur ein, zwei Meter vor dem Wanderer aus der Vegetation und lassen sich den Hang hinuntergleiten. Zwei, drei Sekunden und sie sind verschwunden. Zur Balzzeit der Schneehühner ist das anders. Von März bis Anfang Juni kennzeichnen die Hähne oberhalb der Baumgrenze an strukturreichen Hängen mit Graten, kleinen Schneetälern, Felsen und Geröllflächen ihre Reviere. Dabei lassen sie einen Gesang hören, der an eine knarrende Tür erinnert. Mit einem Balzflug immer hangabwärts stellen sie die Kontraste ihres Federkleides zur Schau – ihre Flügel sind dann reinweiß. Wer auf den Ruf achtet und die Augen offenhält, hat gute Chancen sie zu sehen.

Noch einfacher haben es die Vogelgucker auf Spitzbergen. Dort eilten wir aus dem Hotel, um hinter dem Haus ein Paar der dort größeren Schneehuhn-Unterart zu bestaunen und bewegten uns mit großer Vorsicht und flüsternd. Eine halbe Stunde später gingen wir an auf Hausdächern balzenden Hähnen vorbei und sahen fast ein gutes Dutzend Paare aus der Nähe, wieder staunend.

Thomas Griesohn-Pflieger

1938.
P.A.Robert.

Amsel – Meistersänger auf dem Dach

(Turdus merula)

Wer braucht das Schmettern und Schluchzen einer Nachtigall, wenn er eine flötende Amsel auf dem Dach hat? Der Frühling beginnt für mich, wenn ich in den frühen Morgenstunden aus dem Haus trete und die Improvisationen einer Amsel vom Dach perlen. Natürlich brauchen wir auch die schluchzende Nachtigall (S. 112), aber der variantenreiche Gesang der Amsel wird oft unterschätzt. Amseln beginnen häufig schon im Februar zu singen. Wenn die Tage mild sind, auch Ende Januar. Amseltage nennt man in der Lombardei die milden Januartage, an denen die ersten Improvisationen von Dächern und Bäumen klingen. An einen jungen Mann, der lässig mit den Händen in den Taschen an der Wand lehnt und ein Liedchen pfeift, denkt Simon Barnes bei diesem Gesang: ein Bild, das ich sehr treffend finde, hören Sie mal hin!

In den ersten Tagen singt die Amsel noch etwas zurückhaltend, sie muss jedes Jahr von Neuem üben. Sie wiederholt vielleicht einige der Phrasen aus dem letzten Jahr, die ihr besonders zugesagt haben. Von Woche zu Woche wird ihr Gesang komplexer, sie komponiert immer neue Strophen, bringt sich neue Gesangselemente bei und übt sie ein, bis sie sitzen. Schwierige Elemente müssen täglich geübt werden, sonst geraten sie in Vergessenheit oder gelingen nicht mehr so perfekt. Jede Amsel entwickelt so ein ganz eigenes Lied und ändert es von Jahr zu Jahr. Wenn ihr eine Phrase gut gefällt, aber die Tonlage nicht, ist sie in der Lage, ganze Elemente in eine andere Tonlage zu übertragen. Wenn die Amsel andere Vögel imitiert, muss man sehr genau hinhören, denn auch die Imitationen sind ganz individuelle Interpretationen. Besonders am Ende eines Liedes, im Schlussteil, der sich für uns nicht sehr harmonisch anhört, sondern eher wie ein Anhängsel, baut die Amsel Imitationen ein. Vor allem dieser Schlussteil ist hochkomplex, im Sonagramm werden sich kreuzende und gegenläufige Frequenzverläufe sichtbar, die wir nicht heraushören können, andere Amseln aber schon. Dass viele Molltöne eingebaut sind, erklärt sich daraus, dass unser Stadtvogel ein Waldvogel ist, ihr ursprünglicher Lebensraum sind unterholzreiche Wälder, in denen tiefe Töne weiter tragen. Auch ihr dunkles Federkleid und ihr besonders gutes Dämmerungssehen weisen sie als bodenlebenden Waldvogel aus. Dort leben sie auch heute noch und schrecken uns bei manchem Spaziergang auf, wenn sie raschelnd das Laub herumwerfen und nach darunterliegenden Insekten schnappen. Besonders gut ist die Amsel auch darin, Regenwürmer trotz Gegenwehr in einem Stück aus dem Boden zu ziehen. Manch anderen Vogel bringt das aus dem Gleichgewicht (siehe Steinkauz, S. 156). Die anpassungsfähige Amsel, die auch Früchte und Küchenabfälle als Nahrung akzeptiert, ist uns in die Städte und Dörfer gefolgt und hat sich dort zu einem der häufigsten Vögel entwickelt.

In diesem März konkurrierten zwei Amseln auf den Dächern unserer Siedlung. Sie übten ihre eigenen Lieder ein, erwiderten aber auch im Kontergesang die Lieder des Konkurrenten, mit den Phrasen, die seinen Gesängen am ähnlichsten waren. Ein Sangeswettbewerb der Meistersänger wurde der Siedlung da geboten, Eintritt frei für jeden, der Ohren hat zu hören. Im März und Anfang April gaben sie jeden Morgen und Abend eine Vorstellung, dann habe ich viele Monate keine Amsel mehr gehört und gesehen. Es ist nur eine Vermutung, dass sie dem Usutu-Virus zum Opfer fielen, der von Stechmücken übertragen wird und der besonders bei Amseln häufig zum Tode führt. Seit 2011 verbreitet sich dieses Virus in Deutschland und der Schweiz, und in einigen Regionen hat es zu erheblichen Verlusten geführt.

Als im Herbst wieder Amseln in meinem Garten auftauchten, fühlte ich eine Erleichterung und Freude, wie bei einem lang ersehnten Wiedersehen mit einem guten Freund. Das wird uns in den nächsten Jahrzehnten sicher noch mit einigen Arten so ergehen. Auch wenn die Amsel durch das Usutu-Virus nicht grundsätzlich in ihrem Bestand gefährdet ist, ist es erschreckend, wie schnell eine Art plötzlich aus einer Region nahezu vollständig verschwinden kann. Und wie sehr sie dann fehlt. Nun hoffe ich von meinen Winteramseln, die wohl aus nördlicheren Regionen zugewandert sind, von Zeit zu Zeit ihren leisen Herbstgesang zu hören, den beide Geschlechter mit geschlossenem Schnabel vortragen. Schon im Spätwinter kann man dann die Amselmänner auch dabei beobachten, wie sie ihren Platz am Futterhaus gegen andere Amseln verteidigen, indem sie ihre Konkurrenten quer durch den Garten jagen. Die Amseldamen schauen meist unbeteiligt zu. Sie beurteilen die Fitness der männlichen Amsel übrigens auch nach der Farbe ihres Schnabels. Je intensiver das Orange, desto fitter ist der Vogel, denn die Karotinoide, die für die Farbe verantwortlich sind, werden bei Erkrankungen herausgezogen und zur Stärkung des Immunsystems genutzt.

Lange habe ich gerätselt, welcher der Nachbarn oder der Angler am nahegelegenen See mich ärgern wollte, wenn ich abends mit einem speziellen Pfiff unseren alten Kater hereingerufen habe. Bis ich eines Abends eine Amsel auf der Eiche sitzen sah. Sie imitierte meinen Pfiff täuschend echt. Der Kater ist leider schon lange tot – hoffen wir, dass die Amseln Resistenzen gegen den Usutu-Virus entwickeln und uns noch lange mit ihrem Tixen, Zetern und Singen erfreuen und überraschen werden.

Iris Lichtenberg

Le Merle noir.
Mâle adulte. 3

Le Merle noir.
Femelle adulte. 4

Auerhuhn – bald weg?

(Tetrao urogallus)

Die Bäume sind wie verzaubert mit Flechten behangen, kalter Nebel wabert durch den mit Beerensträuchern bedeckten Fichten- und Kiefernwald unweit des Ostseestrandes. Direkt nach dem Frühstück sind wir aufgebrochen, um Spechte und Kreuzschnäbel im vogelarmen Winterwald Estlands zu suchen. Eine Silhouette im Fichtenstangenforst, die mit ihren runden Formen dort nicht hinpasst, erweckt meine Aufmerksamkeit. Der Wagen bleibt stehen – wir schauen uns den jungen Elch, der unsere Blicke mit seinen großen, dunklen Augen aufmerksam erwidert, gründlich an. Und als ob die Beobachtung dieses beeindruckenden Tieres nicht schon Lohn genug für den frühen Aufbruch wäre, macht uns eine zweite Bewegung – viel näher bei uns am Forstweg – aufmerksam. Es ist ein Auerhahn! In Balzpositur läuft er gemessenen Schrittes, erhobenen Hauptes, mit gefächertem Schwanz und leicht hängenden Flügeln durch den Wald. Dabei sucht er geschickt seinen Weg zwischen den Waldbeerensträuchern und schenkt uns keine Aufmerksamkeit. So sieht es zumindest aus. Als die Gefahr besteht, dass wir ihn aus dem Blickfeld verlieren, fahren wir ihm langsam nach und können ihn so noch einige Minuten beobachten, ehe er das parallele Laufen zum Weg aufgibt und in eine Dickung abbiegt. Ein Auerhahn auf dem Heimweg vom Balzplatz? Wahrscheinlich.

Wer heute einigermaßen zuverlässig und ohne zu stören Auerhühner beobachten will, muss in skandinavische oder baltische Wälder reisen. Die Bestände in Mitteleuropa sind mittlerweile so klein und empfindlich, dass hier Störungen durch gebietsfremde Beobachtende sehr schädlich sind. Aber in den baltischen Ländern sind die drei Waldhühner Auerhuhn, Haselhuhn und Birkhuhn noch relativ verbreitet und daher auch gut zu sehen. Wenn man weiß, wo man sie findet, und wie man das anstellt. Und dann auch nicht immer …

Auerhühner habe ich ansonsten bis auf eine Ausnahme immer nur zufällig gesehen. So in den Alpen bei einem mittäglichen Pirschgang, der mir eine längere Beobachtung einer herumtrödelnden Auerhenne bescherte. Ich entdeckte sie, als ich auf einem Forstweg durch einen Fichten-Zirben-Wald in Kärnten pirschte und aufmerksam mit dem Fernglas den unter mir liegenden Hang absuchte. Eine winzige Bewegung des Vogels machte mich auf die tarnfarbene Henne aufmerksam. Ich fror in der Bewegung ein, traute mich nicht, das Fernglas sinken zu lassen und konnte sie lange dabei beobachten, wie sie suchend und hier und da pickend über den Waldboden schritt; ganz ähnlich, wie ich es von Haushühnern oder Fasanen kannte. Ein richtiges Huhn eben. Aber so gebannt und hingerissen, atemlos und fast ergriffen hatte ich noch nie ein Huhn angeschaut. Mehrere Zufallsbeobachtungen im Baltikum und in Skandinavien – meist nur wenige Sekunden lang – schlossen sich an.

Eine andere Beobachtung, die ich nie vergessen werde, erlebten wir mit einem Auerhahn in Finnland. Irgendwo in den endlosen Wäldern mit ebenso endlosen Forstwegen in der Nähe der russischen Grenze war ein «mannstoller Auerhahn» gemeldet. Unser wortkarger Führer sagte uns nicht, wohin er fuhr, aber es schien bedeutsam zu sein. Matti überquerte gefühlte 1000 Kreuzungen, fuhr zielsicher über immer schlechter werdende Forststraßen, ohne einen Blick in irgendeine Karte oder ein Navi durch immer gleich aussehenden Wald, bis er irgendwann unvermutet anhielt und meinte: «Hier ist es!». Verwundert schauten wir uns um. Und tatsächlich, am Straßenrand, auf einem kleinen Damm stand er: ein prächtiger Auerhahn in stolzer Balzpositur! Als alle Fotos gemacht hatten, trauten wir uns aus dem Auto und wurden auch sofort von dem Hahn angegangen. Eine der Vogelfreundinnen hatte es ihm offensichtlich besonders angetan, denn er verfolgte sie, als sie flüchtend um den Wagen rannte, bis in den Kleinbus hinein. Hastig wurde er mit den Füßen hinausgeschoben und die Tür schnell geschlossen. So umkreiste er dann das Auto und wir zogen es vor, uns zurückzuziehen, um den Vogel nicht weiter zu erregen. Solche mannstollen Auerhähne kommen immer wieder mal vor. Offensichtlich werden die männlichen Auerhühner dermaßen von Testosteron überschwemmt, dass sie alles, was so groß oder größer ist als sie, angreifen und aus ihrem Territorium vertreiben wollen. Manchmal überleben sie das nicht und werden von Wandernden erschlagen oder verschwinden vielleicht totgeschossen in der Kühltruhe eines Präparators. Uns hat beeindruckt, wie selbstbewusst der Vogel uns Menschen angegangen hat, denen er sonst scheu aus dem Weg geht.

In Mitteleuropa sind die großen Hühner nur noch in den hohen Mittelgebirgen und den Alpen zu sehen. Schutzbemühungen halten im Schwarzwald einen kleinen Bestand am Leben, die Population des Harzes ist trotz Bestandsstützungen durch ausgewilderte Hühner erloschen und auch die Wiederansiedlung im Sauerland dürfte als gescheitert betrachtet werden. Hoffnungen macht eine Wiederansiedlung, die einzige im Flachland, in Brandenburg, wo seit Jahren schwedische Auerhühner angesiedelt werden und erste Freilandbruten stattgefunden haben.

Thomas Griesohn-Pflieger

1938.
P. A. Robert

Austernfischer – der Halligstorch

(Haematopus ostralegus)

Wie in jedem Sommer seit vielen Jahren bin ich zum Lauwersmeer an der niederländischen Wattenmeerküste gefahren. In dem kleinen Nationalpark lassen sich, wie nur an wenigen anderen Orten, Limikolen, das sind Schnepfen, Wasserläufer, Strandläufer und andere, auf kurze Distanz und in großer Artenvielfalt beobachten. Wie immer mache ich mit der Beobachtergruppe Rast im Hafen von Lauwersoog. Hier beobachten wir Flussseeschwalben, Steinwälzer, manchmal entdecken wir Seehunde, die offensichtlich in dem Fischereihafen nach Resten suchen. Erst nach einigen Augenblicken merke ich, dass ein penetranter Warnruf meine Aufmerksamkeit gewinnen will. Ich setze das Fernglas ab und blicke suchend um mich. «Bliik – bliiik – bliik» geht es fast ununterbrochen. Ich kenne den Ruf, er klingt nach Salzwiese und Watt, Strand und Meer. Aber hier im Hafen? Jetzt erscheint auch ein passendes Bild vor dem inneren Auge: Austernfischer! Na klar, automatisch suche ich den winzigen Strand des alten, verlandenden Hafenbeckens ab. Kein Austernfischer, nur zwei Steinwälzer. Auch der Luftraum bietet keinen Austernfischer. Das kann nicht sein. «Bliik – bliiik – bliik». Das ist doch eindeutig ein Austernfischer! Das lässt mir keine Ruhe. Ich gehe dem Geschrei nach und stehe bald vor dem Bürohaus des Hafenmeisters. Lässt hier jemand, um uns zu verwirren, eine Tonkonserve laufen? «Bliik – bliiik – bliik». Eine Silbermöwe flattert über dem Flachdach des kleinen Hauses, das direkt neben einem Binnendeich gebaut ist. Ich ersteige den Deich und sehe bald, was die Silbermöwe schon lange gesehen hat: Auf dem Dach hat ein Austernfischer gebrütet und behütet nun seine beiden Kinder, laut warnend mit halb ausgebreiteten Flügeln vor einem möglichen Angriff der Silbermöwe. „Bliik – bliiik – bliik“ – jetzt vom Watt her. Ein anderer Austernfischer kommt angerast und greift von unten aufsteigend die Silbermöwe an, die unmittelbar abdreht. Austernfischer und das Wattenmeer gehören zusammen. Ohne ihr lautes Rufen, Trillern und Keifen kann ich mir das Land zwischen Meer und Deich kaum vorstellen. Ähnlich auffällig wie ihr akustischer Auftritt ist ihr optisches Erscheinungsbild: Schwarz, Weiß und Rot sind ihre Farben – fast wie kleine, kurzbeinige und kurzhalsige Störche sehen sie aus. «Halligstörche» werden sie von den Einheimischen im deutschen Wattenmeer genannt. Sie brüten an allen Küsten Mitteleuropas und haben auch die Wiesen und manchmal Äcker in den großen Stromtälern von Rhein, Weser, Elbe und Oder besiedelt. Aber das Wattenmeer zwischen Dänemark und den Niederlanden ist mit Abstand das wichtigste Vorkommen in Europa. Immerhin eine halbe Million der auffälligen Vögel überwintert hier und noch sollen etwa 40 000 Brutpaare hier ihre Küken aufziehen. Sie haben ihr bescheidenes Nest, wie nahezu alle Limikolen, auf dem Erdboden. Dort brüten sie meist drei Eier aus. Aber auf einem Dach? Wer auf dem Boden brütet, hat viele Feinde, wie Wiesel, Marder, Katzen, Hunde, Füchse, aber auch geschnäbelte Räuber können gefährlich werden und dann ist da noch lang anhaltender Regen, der aus der Wiese eine Pfütze machen kann. Viele dieser Gefahren umgeht der Vogel, der auf dem Flachdach brütet. Hier können nur Feinde aus der Luft angreifen, aber gegen Möwen, Krähen und Greifvögel kann sich der Austernfischer gut durchsetzen. Limikolen, zu denen der Austernfischer zählt, sind Nestflüchter und die Küken suchen schon sehr bald nach dem Schlüpfen eigenständig Futter, rennen Fliegen hinterher und erbeuten Ameisen, Käfer und Regenwürmer. Wie soll das gelingen auf einem Flachdach, wo nur etwas Kies liegt? Die Antwort auf diese Frage lautet: Austernfischerküken werden gefüttert!

Der Name «Austernfischer» ist irreführend, denn weder fischt der Vogel Austern noch sind sie seine Nahrung. Schnecken, Muscheln und Wattwürmer sucht er im Watt. In den Binnenland-Revieren stellen sich die Austernfischer auf Regenwürmer und Insekten ein und sind daher eher auf Wiesen denn an Gewässern zu sehen. Die an der Küste brütenden Austernfischer wenden vor allem zwei Techniken an, um an die wertvolle Muschelkost zu kommen. Ein Teil der Austernfischer lernt Muscheln aufzubrechen, indem sie den Schließmuskel zerbeißen, um dann vom Rand her die Muschelschalen aufzuhebeln. Die andere Fraktion, übrigens auch mit einem dadurch anders ausgebildeten Schnabel, nutzt die Hammertechnik. Sie zertrümmert mit wuchtigen Schlägen ihrer eher stumpfen Schnäbel die Muschelschale und zieht den Muschelkörper heraus. Naheliegend, dass die Schnäbel der Binnenland-Austernfischer – besser: «Regenwurm-Zieher» – schlanker und länger sind als die der echten Halligstörche. Junge Austernfischer müssen deshalb gefüttert werden, da ihre Schnäbel für beide Techniken der Muschelöffnung noch zu weich und zu kurz sind. Etwa sechs Wochen wird ihnen von den Eltern die Nahrung angereicht, erst dann sind sie in der Lage, sich selbst zu versorgen. Aber bis sie es schaffen Muscheln zu knacken, soll es zwei Jahre dauern.

Bei auflaufendem Wasser sammeln sich die Austernfischer auf höher gelegenen Plätzen oft in großen Gruppen. Nach der Brutzeit, vor allem im Winter, können diese Gruppen einige Tausend Vögel umfassen. Unvergesslich ist das Bild Tausender Austernfischer im blauen Winterlicht, die alle wie festgewachsen, mit den knallroten Schnäbeln gegen den kalten Wind gerichtet auf einem Bein stehend, auf Niedrigwasser warten und ausnahmsweise mal den Schnabel halten.

Thomas Griesohn-Pflieger

1940.
P.A. Robert.

Bartmeise – die zweifach Bewehrte

(Panurus biarmicus)

Wann immer ich ein großflächiges Schilfgebiet betrete, hoffe ich darauf, diese klaren, etwas explosiv vorgetragenen Rufe zu hören: psching – psching. Meist von mehr als einem Vogel, von einem unsichtbar vorbeihuschenden Trupp: Bartmeisen sind unterwegs und halten über ihre Rufe Kontakt, während sie sich fliegend, kletternd, schlüpfend durch das Schilf bewegen. Mögen diese Rufe sich für uns auch eintönig anhören, die Bartmeisen können erkennen, wer von ihnen da ruft. Auf einen Kontaktruf folgt meist ein Antwortruf, ich versuche immer wieder, ihn herauszuhören, es gelingt mir nicht. Auch die leisen Lockrufe, mit denen die Bartmeisen sich zum Körperkontakt auffordern, wenn sie eng aneinandergeschmiegt schlafen oder sich gegenseitig das Gefieder pflegen möchten, konnte ich bisher nie hören.

Wenn man an einem klaren Wintertag ein Schilfgebiet mit einem ausgebauten Wegenetz und offenen Wasserflächen besucht, hat man gute Chancen, Bartmeisen zu sehen. Ich erinnere mich an einen Tag im November, an dem ein Trupp von etwa acht Bartmeisen immer wieder neben mir kurz aus dem Schilf auf- und gleich wieder abtauchte, den Weg vor mir überquerte und gleich wieder verschwand. Sicher eine Stunde haben sie mich so begleitet, immer in Bewegung, immer in der Nähe, rufend, aber nur als Schemen oder aus den Augenwinkeln zu sehen. Wenn ein Trupp Vögel mich so lange auf meinem Weg begleitet, habe ich manchmal den Eindruck, dass sie «Menschen gucken», so wie Delfine, wenn sie ein Boot begleiten und immer wieder neugierig aus dem Wasser die Menschen darin beäugen. Schließlich unterscheiden wir Menschen uns, zum Glück, auch sehr voneinander und bieten sicher manchmal einen unterhaltsamen Anblick.

Aber wie dem auch sei: An einer Wasserfläche mit einem kleinen Sandstreifen am Ufer gönnten die Bartmeisen mir schließlich eine längere Beobachtung. Ein Paar huschte am unteren Schilfsaum entlang und sammelte etwas vom Boden auf. Ob Schilfsamen oder Sandkörner, konnte ich nicht erkennen. Bartmeisen stellen zweimal im Jahr ihre Nahrung und gleichzeitig auch ihren Verdauungsapparat um. Im Winter leben sie von Schilfsamen. In ihrem Magen haben sich kleine Keratinplättchen gebildet, die gemeinsam mit einer großen Menge Sandkörner, die sie vom Boden aufnehmen, dabei helfen, die Samen zu zermahlen. Im Frühjahr werden die kleinen Körnchen ausgeschieden und die Keratinplättchen zurückgebildet, nun leben sie von Wirbellosen wie Spinnen und Insekten und füttern auch ihre Jungen damit. In ihrem Magen sammeln sie nun wenige, aber etwas größere Magensteinchen. Um diese Verdauungshilfen aufnehmen zu können, benötigen sie in ihrem Habitat neben den großen Schilfbereichen auch Sandflächen und Verlandungszonen.

Als Nahrungsspezialisten sind Bartmeisen auf große Schilfgebiete angewiesen, vor allem im Winter. Sie sind zwar flexibel genug, ihr Gebiet zu verlassen, wenn es nicht mehr ausreichend Nahrung bietet oder die Populationsdichte zu groß geworden ist, aber ein neues geeignetes Schilfgebiet zu finden, wird immer schwieriger, da viele Gebiete durch Trockenlegung verschwunden sind. So war die Bartmeise in den 1970er-Jahren als Brutvogel in Deutschland ausgestorben und hat sich aus den Poldergebieten der Niederlande wieder nach Mitteleuropa hin ausgebreitet. Ihr flexibles Zugverhalten, aber auch die hohe Sterblichkeitsrate in harten Wintern führen zu starken Bestandsschwankungen in ihrem Verbreitungsgebiet.

Bartmeisen sind gesellige Vögel, sie brüten in lockeren Kolonien, oft nahe am Rand von Verlandungszonen im Schilf und verteidigen weder ein Brut- noch ein Nahrungsrevier. Außerhalb der Brutzeit schlafen sie eng aneinandergeschmiegt an festen Schlafplätzen im Schilf. Sie betreiben Gefiederpflege untereinander und scheinen ständig im Gespräch zu sein. Die Paare finden sich bereits sehr früh, noch im Jugendkleid, zusammen, aber wie bei vielen Vögeln trügt das Bild der Monogamie, denn die Bartmeisendamen sind gerne bereit, sich zusätzlich mit anderen Männern zu verpaaren, wenn sich die Gelegenheit bietet (Polyandrie). Das Paar baut mehrere Nester, vielleicht zur Ablenkung von Räubern und siedelt bei Gefahr die Jungvögel auch um.

Der wissenschaftliche Name der Bartmeise bezieht sich auf ihr unverwechselbares Aussehen: «panurus biarmicus» – «die zweifach Bewehrte mit vollkommenem Schwanz». Wie der deutsche Name bezieht sich «biarmicus» auf die beiden auffälligen Bartstreifen der männlichen Bartmeise, und der lange Schwanz beider Geschlechter verleiht ihr das schlanke und agile Aussehen, wenn sie durch das Schilf schlüpfen.

Die Phasen von Brut und Mauser sind eine heimlichere Zeit, wie bei allen Singvögeln, und so ist es schwierig, sie in dieser Zeit zu entdecken. Am häufigsten habe ich sie am Rande des Schilfs am Boden gesehen, wenn sie gemeinsam trinken. Bartmeisen baden auch regelmäßig, sie durchnässen dabei ihr Gefieder intensiv und wenn es nötig ist, können sie sogar schwimmen. Wenn der Winter kommt, werde ich mein Glück wieder versuchen: dann höre ich sie vielleicht bei einem Gang durch das Schilf, wenn ein Trupp vorbeihuscht und jedem noch so abgebrühten Vogelbeobachter ein Lächeln auf das Gesicht zaubert.

Iris Lichtenberg

La Mésange à moustaches.
Femelle. – Mâle.

Baumpieper – Fallschirmflieger mit Gesang

(Anthus trivialis)

«[…] und da wir nun einmal sterben müssen, lasst uns den Mut haben […] ohne Feigheit Vollkommenheit anzustreben». Dieses Zitat des schwedischen Botanikers Bengt Lidforss kam mir in den Sinn, als ich das erste Mal die Singflüge eines Baumpiepers ausgiebig beobachten konnte. Es fiel mir damals schwer, überhaupt weiterzuwandern, weil seine Vorführung mich in den Bann zog, auch wenn sie nicht für mich gedacht war. Ich hatte das Glück, einen sehr flugfreudigen Vogel zu beobachten, denn manchmal tragen Baumpieper den Gesang auch nur sitzend vor. Doch dieser Vogel stieg immer wieder auf und sank unter energischem Gesang auf seine Warte zurück.

Pieper können einen Einsteiger in die Vogelbeobachtung schon zur Verzweiflung bringen: Die sehen doch alle gleich aus, die Wiesen-, Baum-, Brach-, Berg-, Strandpieper, oder? Das stimmt zwar natürlich nicht, aber wenn sie auf dem Boden herumhuschen, auffliegen oder unter dem nächsten Grasbüschel verschwinden, bevor man das Fernglas gehoben hat, ist es nicht einfach, sie zu unterscheiden. Umso erfreulicher, dass sich der Baumpieper während der Brutzeit durch seine herrlichen Singflüge klar zu erkennen gibt. Singflüge unternehmen zwar alle Pieper, aber der Baumpieper trägt seinen Gesang nicht vom Boden vor wie die anderen, sondern meist vom Gipfel eines Baumes oder von einem trockenen Seitenzweig, in jedem Fall gut sichtbar. Wenn er sich zum Singflug entschließt, steigt er zunächst schweigend auf, aber kurz bevor er in bis zu 30 Metern Höhe den Gipfelpunkt erreicht, setzt leiser, dann immer heftiger werdender Gesang ein.

Auf dem Gipfelpunkt seines Fluges öffnet der Baumpieper seine Flügel, die Handschwingen eng aneinander, der Schwanz gespreizt, und so sinkt er langsam unter abfallenden «zia-zia-zia»-Rufen wie an einem Fallschirm herab, seinen Schwanz immer höher gestelzt, und landet schließlich an seinem Ausgangspunkt oder einer anderen Warte. Worte können es nicht wiedergeben: der jauchzende Höhenflug, der eindringliche Gesang beim Herabsinken, der fallende Vogel! Hier setzt sich ein Vogel, der den größten Teil seines Lebens am Boden verbringt, allen Blicken aus, auch feindlichen: «… ohne Feigheit Vollkommenheit anstreben», das ist das Schicksal vieler männlicher Vögel, denn bei ihnen treffen die Frauen die Auswahl. Außerdem gibt es nur eine begrenzte Anzahl Reviere, und so sind die Männer gezwungen, sowohl die Frauen, als auch die Rivalen zu beeindrucken, und dies oft um den Preis der Auffälligkeit, ob es nun ein besonderer Federschmuck, ein auffallender Balztanz oder der Singflug ist.

Dass die Bestände des Baumpiepers in den letzten Jahrzehnten geradezu dramatisch eingebrochen sind, liegt allerdings nicht an seiner auffälligen Gesangsdarbietung. Eine Dürre in den afrikanischen Überwinterungsgebieten in den 1970er-Jahren hat zu großen Verlusten geführt. Während andere Vogelarten diese Verluste wieder wettmachen konnten, gelang dies dem Baumpieper bis heute nicht. Das liegt zum einen daran, dass er in den Durchzugsgebieten im Mittelmeerraum noch immer illegal bejagt wird, aber auch daran, dass er durch die Überdüngung der Böden zunehmend Lebensraum bei uns verliert. Er benötigt offene Landschaften mit einzelnen Bäumen oder Waldlichtungen und eine Krautschicht, die nicht zu dicht und hoch wuchert, damit er dort seine Nahrung suchen und sein Nest bauen kann. Der Baumpieper entfernt sich während der Brutzeit zur Nahrungssuche nicht weit vom Nest. Er sucht Insekten und Spinnen, Raupen und Blattläuse in einer Umgebung von etwa 150 Metern um das Nest herum. Und so macht ihm sicher auch das Aussterben der Insekten durch den hohen Einsatz von Insektiziden zu schaffen, wie den meisten Insektenfressern.

Weibliche Baumpieper bekommt man nur selten zu Gesicht, sie verbringen den Großteil der Brutzeit auf dem Boden. Dort bauen sie alleine das Nest, eifersüchtig bewacht und untätig begleitet von ihren Partnern. Das Nest wird zwischen Grasbulten oder unter kleinen Sträuchern und Kräutern mit Sichtschutz nach oben angelegt. Damit es nicht zu leicht entdeckt wird, landen Baumpieper immer in einigen Metern Entfernung vom Nest und gehen zu Fuß dorthin. Wenn seine Partnerin versucht, sich zu entfernen, während er mit Singen beschäftigt ist, jagt der männliche Baumpieper sie in einem auffälligen Hetzflug, der meist dicht über dem Boden verläuft. Wenn Sie das Glück haben, das einmal zu beobachten, achten Sie darauf, wie die Verfolgte sich fast auf der Stelle dreht, während er sie aufgeregt rufend umkreist und dann weiterjagt. Schließlich gehen beide aber wieder ihren Geschäften nach. Sie brütet und hudert alleine, er beteiligt sich aber direkt nach dem Schlüpfen der Jungen an der Fütterung.

Baumpieper gehören zu den Arten, bei denen die Beringung der Nestlinge ein gewisses Risiko darstellt und man sich fragen muss, ob sie aufgrund der sehr geringen Wiederfundrate bei Singvögeln überhaupt sinnvoll ist. Es wurde von Ornithologen beobachtet, dass die Eltern bei beringten Nestlingen oft versuchen, den Ring zu entfernen und sie dabei aus dem Nest zerren. Die Nestlinge finden zwar oft zurück ins Nest, aber bei Regen und Kälte kommen sie um, wenn sie nicht rechtzeitig von der Mutter gehudert werden. Wissenschaftliche Erkenntnis oder ungestörte Brut, das gilt es immer abzuwägen.

Iris Lichtenberg

Le Pitpit des buissons.

Le Pitpit des buissons.

Bekassine – die Himmelsziege

(Gallinago gallinago)

Bekassinen während der Zugzeit beobachten? Kein Problem! Ich kenne Stellen, wo man sie zuverlässig beobachten kann. So zum Beispiel die Rieselfelder Münster. Bekassinen während der Brutzeit beobachten? Großes Problem! Wer diese Bewohnerinnen von Feuchtwiesen, Mooren und Sümpfen zur Brutzeit beobachten will, muss entweder weit reisen, sich sehr gut vorbereiten oder jemanden kennen, der sichere Vorkommen kennt. Zur Balzzeit kann man die Bekassine dann so kennenlernen, wie sie in der restlichen Jahreszeit nicht ist, dann ist sie ein öffentlicher Vogel, sie lässt sich sehen und vor allem hören. Zur Brutzeit ist sie verschwunden, lebt heimlich zwischen Seggenbulten und altem Schilf. Zur Zugzeit können wir sie aber manchmal in kleinen Trupps erleben, vor allem in Nachbarschaft vieler anderer Limikolen zeigen sie ein erstaunlich offenes Verhalten. So in der Zeit von August bis Oktober zum Beispiel in den Rieselfeldern Münster.

Es gab Zeiten, in denen die Bekassine eine populäre Vogelart war. Sie wurde intensiv bejagt und galt als Leckerbissen. Ihr alter volkstümlicher Name «Himmelsziege» zeugt von dieser Popularität. «Himmelsziege»? Der Name will erklärt sein! Viele Vögel, die wie die Bekassine in der offenen Landschaft brüten, markieren ihre Reviere nicht mit einem stationär vorgetragenen Gesang. Feld- und Wiesenvögel müssen sich in die Lüfte erheben, um von Weitem gesehen zu werden und sie müssen dann akustisch auf sich aufmerksam machen. Die Lerche macht das tirilierend im wolkenhohen Flug, Wiesenpieper und Schafstelze starten Singflüge, die wenige Meter in den Luftraum führen. Und die Bekassine meckert. Das muss man sich so vorstellen: Im Frühjahr rast die kleine Schnepfe im schnellen Flug über Sumpf, Moor oder Feuchtwiese, oft in immer ähnlichen Bahnen, und ruft dabei Reihen von Lauten wie «Tücke, tücke, tücke». Ab und zu aber, wenn sie eine bestimmte Höhe erreicht hat, beschleunigt sie im Abwärtsflug und lässt ein wummerndes oder meckerndes Geräusch hören, das lauter wird, je schneller sie im Sturzflug wird. Das Besondere an diesem Meckern ist, dass es nicht von den Stimmbändern erzeugt wird, sondern ein Instrumentallaut ist. Er wird mit Federn erzeugt. Beim Sturzflug spreizt die Bekassine die beiden äußeren Schwanzfedern ab. Der Fahrtwind lässt sie vibrieren und versetzt sie so in Schwingung, dass wir diesen merkwürdigen Laut hören, der tatsächlich an ein Ziegenmeckern erinnern kann. Da, wo Zaunpfähle die feuchte Landschaft strukturieren, kann man auch sehen, dass sie von dort aus ihr «tücke, tücke» erschallen lässt.

Sobald sie aber im Gras landet, ist sie verschwunden. Das tarnfarbene Gefieder verbirgt sie äußerst wirkungsvoll und lässt sie mit altem Gras, Seggen und Schlamm verschwimmen. Dabei hilft ihr ihre Gestalt. Sie hat kurze Beine und einen fast monströs langen Schnabel. Ihr langer Schnabel gibt uns einen Hinweis auf ihre Lebensweise und ihre Ernährung. Sie stochert mit ihm im feuchten Boden nach Insektenlarven und Würmern. Aber wie bekommt sie dann in dem engen Stichkanal die Beute in den Schnabel, um sie herauszuziehen? Der Oberschnabel ist starr, aber der Unterschnabel über Muskeln beweglich. Mit ihm kann sie den Wurm gegen den Oberschnabel drücken und aus dem Kanal, den der geschlossene Schnabel in den feuchten Untergrund gestochen hat, herausziehen. Diese Ernährungsweise teilt sie so oder ähnlich mit anderen gefiederten Bewohnern der Feuchtwiesen wie Uferschnepfe und Brachvogel. Und kein Wunder, dass sie selten geworden ist und zu den Sorgenkindern des Vogelschutzes zählt, denn Sümpfe und Feuchtwiesen sind verschwunden oder nur noch in winzigen Resten vorhanden.

Die Stimme der Himmelsziege ist nicht nur bemerkenswert, sondern auch artkennzeichnend. Das heißt, wir können sie sicher akustisch von den verwandten und sehr ähnlichen Doppel- und Zwergschnepfen unterscheiden. Sie ruft «ätsch», wenn sie hochgemacht wird und den Störenfried erschreckend, aus Seggen, Schilf oder vom Grabenrand auffliegt und himmelnd in die Höhe steigt. Doppel- und Zwergschnepfen dagegen starten stumm – aber ebenso überraschend – und himmeln nicht, sondern landen meist bald nach kurzem, flachem Flug wieder in der Deckung.

Der Name Bekassine möchte noch erklärt werden. Er leitet sich vom französischen *Bécass* ab für die ebenfalls sehr langschnäbelige Waldschnepfe und *bécassine* wäre dann die kleine Waldschnepfe. Das französische *bec* für Schnabel hat bei der Namensfindung sicher eine Rolle gespielt. Die Draisine spielt also keine Rolle …

Die Bekassine meckert am hohen, seichtblauen Himmel, im Hintergrund jubiliert eine Lerche, Kiebitze jauchzen in der Luft gaukelnd und Brachvögel flöten melodisch, während die Uferschnepfe aufgeregt «greta, greta» ruft. Die Wiesen sind vom weißvioletten Wiesenschaumkraut überzogen, gelb leuchten Weidenkätzchen. Die ersten Hummeln. Ich stehe da, in der warmen Frühlingsluft, mit meinem Fernglas und offenen Sinnen und verschwimme mit diesem Reichtum an Schönheit.

Thomas Griesohn-Pflieger

1940
P.A. Robert.

Bergpieper – der spät Entdeckte

(Anthus spinoletta)

Alle Zugvögel ziehen im Herbst oder Winter nach Süden? Oder nach Südosten oder Südwesten, aber auf jeden Fall der Sonne entgegen? Stimmt nicht! Es gibt einen, der zieht sogar nach Norden. Es ist der Bergpieper.

Vor wenigen Jahrzehnten gab es den Bergpieper noch gar nicht. Noch in Bestimmungsbüchern der 1990er-Jahre wird der Bergpieper nicht als Art geführt. Aber dafür gab es damals einen Wasserpieper, den gibt es heute nicht mehr. Schnelle Evolution auf der einen und schnelles Aussterben auf der anderen Seite? Nein, so was nennt man «Art-Splitting». Der Wasserpieper wurde damals schon in drei Unterarten aufgeteilt: in den Felsenpieper, den Strandpieper und den Bergpieper. Sie sehen sich ziemlich ähnlich – so wie Baum- und Wiesenpieper auch – und scheinen nahe verwandt zu sein. Die Taxonomen, das sind Wissenschaftler, die sich mit der biologischen Systematik, der Taxonomie, beschäftigen, haben dann aufgrund genauer Untersuchungen des Körperbaus, heute hauptsächlich durch den Vergleich der DNA, den Wasserpieper in zwei Arten aufgetrennt, «gesplittet». Heute gibt es den Bergpieper, den Strandpieper und, als dessen Unterart, den Felsenpieper.

Meinen ersten Wasserpieper habe ich als 15-Jähriger entdeckt. Im Ruhrtal, unweit der Stadt Dortmund, wird der Fluss zu einem See gestaut. Es gibt ein Wehr und unterhalb des Wehres Kiesinseln im Fluss, der hier nur Wasser führt, wenn der Stausee gefüllt ist. Dort, so verrieten uns die erwachsenen Spezialisten, sollte man Wasserpieper sehen können. Aber, das sei nicht so einfach, weil man die schwarzen Beine sehen müsste und die grauen Schwanzkanten. «Da muss man genau aufpassen und viel Geduld haben!» Also nichts wie hin, durch die Oktoberkälte geradelt, das Fahrrad im Feldgehölz abgeschlossen, über zwei, drei Zäune geklettert und etwas versteckt hinter dem Wehr – damit die Wasserwärter mich nicht aus dem Trinkwassergewinnungsgelände jagen – Stellung bezogen. Ich sehe mich noch im grünen Parka und mit Gummistiefeln auf der Steinböschung sitzen, die Kälte zieht den Hintern hoch, ich stütze das Fernglas an den Augen mit den Ellenbogen auf den Knien ab, um nicht zu zittern. Natürlich sehe ich zunächst nichts. Als ich mich nach ein paar Minuten «eingesehen» habe, macht mich eine Bewegung am Rand einer Wasserpfütze aufmerksam. Ich sehe gerade noch einen Pieper hinter den braunen Vegetation verschwinden. Jetzt heißt es Geduld haben und genau aufzupassen. Und dann fliegt ein Pieper kurz auf, landet schwanzwippend an der Pfütze, wo er geschäftig am Wasserrand entlangläuft. Ich müsste das Fernglas mal absetzen, meine Arme, meine Augen sehnen sich nach einem entspannten Blick in die Ferne, aber jetzt lasse ich den Vogel nicht mehr aus dem Fernglasausschnitt trippeln. Schwarze, auf jeden Fall dunkle Beine, etwas größer als Wiesenpieper – so viel habe ich schon erspäht. Jetzt fliegt er auf, landet auf der anderen Seite der Pfütze und kehrt bei der Landung den Rücken zu: Graue Schwanzkanten! «Puuh!», mit einem leisen Stöhnen lasse ich nach gefühlten Stunden das Fernglas sinken: «Wasserpieper!»

Heute weiß ich, dass ich einen Strandpieper gesehen hatte, die in geringer Zahl im Binnenland an Gewässerrändern und in Feuchtwiesen überwintern. Meinen ersten Bergpieper sah ich ein Dreivierteljahr später in den Alpen am Brutplatz. Baum- und Wiesenpieper waren damals in der Landschaft Westfalens nicht selten, ihr Anblick vertraut, sodass man die Unterschiede zu den anderen Piepern schnell bemerkte.

Bergpieper brüten in Mitteleuropa in den Bergen, und zwar in Höhen zwischen etwa 1000 und 2500 Metern. Und im Winter ziehen sie tatsächlich nach Norden, um in Feuchtwiesen der norddeutschen Tiefebene, den küstennahen Marschen, an Flussufern den Winter zu verbringen. Er ist also tatsächlich eine Vogelart, die gen Norden zieht und im atlantisch geprägten Klima des Nordwestens den Winter verbringt. Zumindest gilt das für die Bergpieper der Alpen. Auch im Ruhrtal gab es einen winterlichen Schlafplatz von Piepern und es gab einen Ornithologen mit einem legendären musikalischen Gehör, der – so ging die Mär – die Pieperarten an ihren Flugrufen unterscheiden konnte und deshalb wusste, dass im Spätwinter hier Strand-, Berg- und Wiesenpieper gemeinsam die Nacht verbrachten. Werner Prünte hieß der Mann, der nicht nur ein berühmter Beobachter und Lehrmeister war, sondern der auch die erste westfälische Ornithologen-Zeitschrift herausbrachte, die den Namen Anthus (Pieper) trug.

Unter den anderen bei uns brütenden Piepern nimmt der Bergpieper eine weitere Sonderstellung ein, denn er ist im Brutkleid nicht tarnfarben braun wie altes Gras, mit gefleckter Brust und Flanken. Er ist fast bunt, hat einen grauen Kopf mit einem markanten, eleganten Überaugenstreif, rosafarbener Brust, weißem Bauch und warm brauner, wenig strukturierter Oberseite. Wie andere Pieper auch ist er ein Bewohner des offenen Geländes und er trägt nach Pieperart seinen Gesang im himmelnden Flug vor, der in einem langen Gleitflug mit langsilbigem Gesang endet. Ein wunderbares Schauspiel! Noch ist er auch im nördlichsten Vorkommen auf dem Feldberg im Schwarzwald zu hören, aber in wenigen Jahren werden Touristen einerseits und Klimaerwärmung andererseits dem schönen Vogel mit den schwarzgelackten Beinen dort keinen Platz mehr lassen. Ich freue mich in jedem Winter darauf, beim Gänsebeobachten in Friesland den Strandpieper an den Lahnungen des Wattenmeers und den Bergpieper in den Marschen binnendeichs zu sehen und zu hören. Sie sind für mich wie alte Bekannte, denen man freundlich zunickt.

Thomas Griesohn-Pflieger

Le Pitpit spioncelle.[1]
Printemps: Mâle – Femelle.

Le Pitpit spioncelle.[2]
Automne: Femelle – Mâle.

Bienenfresser – bunt, begehrt, berühmt

(Merops apiaster)

Der Bienenfresser zählt zu den «fabulous Four» oder den «bunten Vier», die alle Vogelbeobachter möglichst schnell einmal gesehen haben wollen: Wiedehopf (S. 196), Blauracke (S. 30), Eisvogel (S. 48) und Bienenfresser. Den vier Arten ist gemein, dass sie mit einer besonderen Farbenpracht prunken, in Höhlen brüten, Kleintiere jagen und dass sie alles andere als alltägliche Erscheinungen sind. Noch am einfachsten ist der Eisvogel in Mitteleuropa zu sehen. Allerdings gibt es mittlerweile auch in Deutschland, der Schweiz und Österreich immer mehr Gelegenheiten, den Anblick eines Bienenfressers zu genießen. Denn der bunte Flugkünstler breitet sich, nach einer langen Zeit der Sorge um den kleinen Bestand, seit etwa 20 Jahren in Mitteleuropa aus und ist nicht mehr nur in Dutzenden Brutpaaren, sondern vielen Hundert festzustellen. In Deutschland wird der Bestand mittlerweile bei etwa 1000 Brutpaaren liegen, in der Schweiz, mit dem deutlichen Schwerpunkt auf den Flusstälern im Westen, bei knapp 100 und in Österreich bei knapp 1000, mit einem deutlichen Schwerpunkt auf den östlichen Bundesländern Niederösterreich und Burgenland. Das sind allesamt kleine Zahlen, aber im Vergleich zum Zustand am Ende des 20. Jahrhunderts ein großer Fortschritt – wir kommen darauf zurück.

Der Bestand in Deutschland hat zwei deutliche Schwerpunkte. Es sind vor allem die «Wärmeinseln» im Südwesten und im Osten. Lange Zeit wurde immer der Kaiserstuhl im südlichen Oberrheintal genannt, wenn man nach Bienenfressern fragte. Heute liegt der Schwerpunkt der Besiedlung eindeutig im Osten. Das mag überraschen, hat aber klimatische Gründe, die sich nicht auf den ersten Blick erschließen. Wichtig für den ausgesprochenen Zugvogel Bienenfresser ist die durchschnittliche Temperatur im Juli, der Zeit der intensiven Jagd nach Fluginsekten, die dann an den Nachwuchs verfüttert werden. Der Bedarf an eiweißreicher Insektennahrung steigt innerhalb von 14 Tagen um das Vier- bis Fünffache an, wenn die jungen Bienenfresser schlüpfen. Und da hat das im Windschatten des Harzes liegende Saaletal mit Regenarmut und kontinentaler Wärme eindeutig Vorteile. Von hier bis in die Leipziger Bucht erstreckt sich der Verbreitungsschwerpunkt des Bienenfressers in Deutschland etwa seit den 1990er-Jahren. Und klar, natürlich spielt die Klimakrise hier keine krisenhafte, sondern eine zunächst noch befördernde Rolle.

Wer den Flugruf des Bienenfressers kennt, ein weiches, rollendes «prüt» – meist gereiht, hat die besten Chancen, jagende Trupps zu sehen. Allerdings bleibt es leider oft beim Hören, denn am strahlend blauen Himmel werden die oft hochfliegenden Flugkünstler häufig «überstrahlt» und sind dann kaum auszumachen. Leichter ist es in der Nähe der Brutkolonien.

Bienenfresser brüten in Steilhängen und Abbruchkanten, an den Ufern von Flüssen oder Baggerseen sowie – und für unsere Breiten typisch – an Steilhängen von Kies-, Sand- oder Tongruben. Manchmal reichen schon nur ein Meter hohe Wände an Hohlwegen aus. Dort lassen uns die bunten Vögel Anteil haben an ihrem Familienleben. Sicher kennen viele die Fotos von Bienenfressern, die sich liebevoll ein Insekt, vielleicht eine dekorative Libelle oder eine dicke Hummel, überreichen. Fotos, von denen viele Hobbyfotografen träumen, und die an den Kolonien entstehen, wo sich an günstigen Tagen Schlangen von kamerabehängten Menschen bilden, die alle auf ihr persönliches Traumfoto warten. Man hört davon, dass schon Brutkolonien von Bienenfressern aufgegeben wurden, weil die Störungen überhandnahmen. So ist es kein Wunder, dass viele Entdecker von Neuansiedlungen den Standort «ihrer» Brutkolonie geheim halten, um die Vögel zu schützen. Wer ausgerüstet mit einem Spektiv und vielleicht einem Digiskopie-Adapter in gebührendem Abstand von den Brutplätzen, die mittlerweile aus Artenschutzgründen fast immer eingezäunt sind, die attraktiven Bienenfresser fotografieren will und Geduld mitbringt, muss allerdings kein schlechtes Gewissen haben.

Bienenfresser erbeuten wie andere Spinte – so wird ihre Familie auch genannt – im Flug vor allem Hautflügler wie Bienen, Wespen, Hummeln, Hornissen, aber auch Libellen und fliegende Käfer. Die wehrhaften Hautflügler werden nicht sofort verschluckt, sondern sie bedürfen einer besonderen Behandlung. Behandlung: Mit kräftigen Schnabelhieben wird das Insekt weichgeklopft und so die Giftdrüse des Stachels entleert. Oft wird der Hinterleib auch einfach abgebissen und dadurch die fliegende Giftbombe entschärft.

Unsere einzige Spintart besiedelt ein großes Verbreitungsgebiet, das sich von Süd- und Mitteleuropa und Nordwestafrika nach Osten bis nach Nordindien und nach Norden bis an das Altaigebirge und die Kirgisensteppe erstreckt. Eine isolierte Population existiert zudem in Südafrika. Vermutlich sind hier überwinternde Bienenfresser «hängen geblieben», denn die Langstreckenzieher überwintern hier in großer Zahl. Manche fliegen aber gar nicht so weit und jagen im europäischen Winter über den Savannen Westafrikas sowie in Ost-Afrika. Dort treffen sie auf ähnlich bunte und attraktive Verwandte. Die Spinte sind in einer relativ kleinen Familie mit 31 Arten zusammengefasst. Sie besiedeln sommerwarme, offene Landschaften in Europa, Afrika, Asien und auch Australien.

Schön sind sie alle. Echte Werbeträger für die Ornithologie.

Thomas Griesohn-Pflieger

Le Guêpier.

Le Guêpier.

Blaukehlchen – Glücksfall im Sumpf

(Luscinia svecica)

Man sollte es sich als Reiseleiter von vogelkundlichen Gruppen gut überlegen, ob man vor einer Exkursion ankündigt, dass man mit etwas Glück auch ein Blaukehlchen zu sehen bekommen wird. Wenn man ein Blaukehlchen ankündigt, muss man es auch finden, denn es ist der Wunschvogel vieler Naturfreunde, die sehr enttäuscht nach Hause gehen würden, wenn das Blaukehlchen sich nicht blicken ließe. Aber auch erfahrene Vogelbeobachter freuen sich jedes Jahr aufs Neue, wenn sie ein Blaukehlchen sehen und mir bleibt meist das ganze Jahr über in Erinnerung, wo und unter welchen Umständen ich das erste der Saison gesehen habe.

Blaukehlchen sind nicht sehr scheu, in Lappland sangen sie oft direkt über unseren Köpfen in der Spitze eines niedrigen Baumes ihr abwechslungsreiches Lied. Dort nennt man es auch den «hundertzüngigen Vogel», denn das Blaukehlchen imitiert nahezu alle in seinem Revier vorkommenden Vögel, aber auch Amphibien und technische Geräusche, und wechselt dabei seine Imitationen täglich, sodass seine von einer Singwarte vorgetragenen Strophen jeden Tag anders klingen. Beim Gesang zeigt es seine Kehle in voller Pracht und für weibliche Blaukehlchen wirkt das Blau noch viel intensiver, weil es auch im ultravioletten Licht strahlt, was dieses, im Gegensatz zu uns Menschen, sehen kann. Von Zeit zu Zeit schwingt der singende Vogel sich in einem bogenförmigen Singflug von einer Singwarte zur nächsten oder kehrt im Kreis zum Start zurück. Blaukehlchen singen den ganzen Tag und auch nachts, allerdings nur wenige Wochen im Jahr.

Wenn ein Blaukehlchen gerade nicht singt, hält es sich am Boden auf, wo es seine Nahrung sucht. Oft ist es gar nicht so leicht, es nach einem kurzen Flug wiederzufinden, denn wenn es am Boden landet, stelzt es kurz seinen Schwanz und hüpft sofort weiter, man darf es also nicht aus den Augen lassen. Vor allem das weibliche Blaukehlchen ist erstaunlich gut getarnt, wenn es in der Krautschicht am Rande von Gewässern nach Nahrung sucht. Wenn man Glück hat, entdeckt man es beim Baden, was es mehrmals täglich und dann bis zur Durchnässung des Gefieders tut, wenn sein Revier eine Gelegenheit dazu bietet. Vielleicht entdeckt man es auch im Schilf, wo es sich so geschickt bewegt wie ein Rohrsänger oder Schwirl. Es fängt Käfer und andere Insekten meist hüpfend am Boden, im Herbst nimmt es auch Beeren.

Das Rotsternige Blaukehlchen, das ich in Lappland sehen konnte, hat ein riesiges Verbreitungsgebiet in Nord- und Osteuropa, aber auch ein kleines in den Schweizer Alpen und ist nicht gefährdet. Für das Weißsternige Blaukehlchen haben wir in Deutschland eine besondere Verantwortung, denn es hat nur ein kleines und zudem zersplittertes Verbreitungsgebiet in Mitteleuropa und fast die Hälfte des Bestandes brütet in Deutschland. Das mitteleuropäische Blaukehlchen galt lange als gefährdet, hat sich in den letzten Jahrzehnten jedoch erholt. Auch beim Blaukehlchen war der Lebensraumverlust die Hauptursache für den Bestandsrückgang, wie bei so vielen Arten. Es brütet in feuchten Gebieten, bevorzugt in dynamischen Zonen an Gewässern, die regelmäßig überflutet werden, sodass sich dort keine dichte Vegetation bildet, sondern nur eine Krautschicht oder Schilf- und Röhrichtbestände und eine schlammige Verlandungszone. Durch Begradigungen und Einbetonierung von Uferbereichen und Trockenlegung von Gräben schwinden diese Lebensräume zusehends. Das Blaukehlchen weicht auf Rapsfelder aus, wenn sie von röhrichtbewachsenen Gräben umgeben sind, oder auf Kiesgruben und Schlämmteiche. Gerade die letztgenannten Habitate verbuschen mit der Zeit, sodass sie nur vorübergehend geeignet sind. Aber dennoch ist das Ausweichen auf Sekundärlebensräume ein Zeichen für den Erfindungsreichtum der Natur. Wir können es unterstützen, indem wir Gewässerränder vor der Verbuschung schützen, Gräben an Ackerrändern erhalten und Gewässer renaturieren.

Blaukehlchen sind aggressive, territoriale Einzelgänger, auch auf dem Zug bleiben sie lieber alleine und verteidigen an ihren Rastplätzen, zu denen sie oft jahrelang zurückkehren, Nahrungsterritorien. Selbst ihr Balzverhalten ist schwer von ihrem Imponier- und Drohverhalten gegenüber Artgenossen zu unterscheiden. Droht er der Partnerin oder ist es doch eine Balz? Tatsächlich fliehen die weiblichen Blaukehlchen oft vor einem balzenden Vogel, werden hitzig verfolgt, bis es ihnen gelingt, sich in ein Nachbarrevier zu retten. Dann kehrt der balzende Vogel in sein Revier zurück und versucht das Weibchen durch Imponier- und Balzflüge unter intensivem Gesang wieder anzulocken. Nun, die beiden werden sich irgendwann einig und sie baut ein bodennahes Nest, in das sie ihre Eier ablegt, die von beiden bebrütet werden. Wenn Sie die Blaukehlchen bis jetzt nicht entdeckt haben, wird es schwierig, denn sie leben nun heimlicher, der Revierinhaber stellt seinen Gesang ein.

Ab März kehren bereits die ersten Blaukehlchen aus ihren Überwinterungsgebieten zurück. Wer mit ihrem Gesang vertraut ist, hat gute Chancen, sie an Entwässerungsgräben, in Niedermooren und an schilfbestandenen Gewässern zu entdecken. Es lohnt sich, dem Blaukehlchen dabei zuzusehen, wie es seine blaue Kehle stolz präsentiert und den Stern darin aufleuchten lässt, während es singend allen Vögeln seiner Umgebung die Referenz erweist.

Iris Lichtenberg

La Gorge-Bleue.

Blaumeise – mutig und neugierig

(Parus caeruleus)

An meiner Vogelfutterstelle im Garten probiere ich gerne Neues aus, neues Futter, neue Standorte und neue Futterspender. Wenn ich einen neuen Futterspender aufhänge und innerhalb des ersten Tages geht keine Blaumeise daran, weiß ich, dass ich ihn ebenso gut wieder abnehmen kann, denn auch alle anderen Vögel werden ihn ignorieren. Doch meist dauert es nur wenige Minuten, bis die erste Blaumeise das neue Angebot erkundet. Manchmal muss ich mich nur umdrehen und hinter meinem Rücken fliegt der erste mutige und neugierige Zwerg heran. Blaumeisen sind geschickt bei der Nahrungssuche, ihre Nische sind die äußersten dünnen Zweige von Laubbäumen und Sträuchern, die sie auch kopfunter hängend nach Blattläusen, Spinnen, Raupen oder anderen Wirbellosen absuchen. Sie mögen tierische Nahrung am liebsten, auch wenn sie Nüsse und Samen nicht verschmähen.

Blaumeisen sind kleine Kämpfer, ich kann oft beobachten, wie sie an einem Futterspender hängend, selbst ihrem größten Konkurrenten, der Kohlmeise (S. 94), mit aufgestellter Haube, halb ausgebreiteten Flügeln und aufgefächertem Schwanz drohen. Mag die Kohlmeise beim Kampf um Bruthöhlen meist gewinnen, am Futterplatz weicht sie manches Mal vor der ausgeprägten Aggressivität der Blaumeise zurück. Ihre Neugier und ihr Mut kann den Vögeln aber auch zum Verhängnis werden. Wenn ihr größter Feind, der Sperber (S. 152), meinen Garten im Winter zum Jagdrevier erklärt, sind es die Blaumeisen, die als Erstes mit durchdringenden Rufen vor ihm warnen, aber dann auch als Erste ihr Versteck wieder verlassen und zum Futterplatz zurückkehren. Dabei übersehen sie den regungslos auf dem Zaun oder auch dem Boden wartenden Sperber. Verlässt die erste Blaumeise ihr Versteck und überfliegt den Sperber unbedacht, kann er sich mit einem kraftvollen Rückwärtsschwung nach oben werfen, taucht plötzlich unter der Blaumeise auf und ergreift sie mit seinen nach oben ausgestreckten Fängen. So mag der Mut bei der Erschließung neuer Nahrungsquellen ihr manches Mal zum Vorteil gereichen, doch auch der Sperber muss leben und macht sich ihre vorwitzige Art zunutze.

Oft sind es junge, unerfahrene Blaumeisen, die der Sperber erbeutet. Nur 15 Prozent der Jungvögel überleben das erste Jahr, nur wenige Blaumeisen werden älter als zwei Jahre und das, obwohl sie bis zu zwölf Jahre alt werden können. Ihre größten Feinde sind neben dem Sperber Hauskatzen und Nahrungsmangel in harten Wintern. Zumindest das letzte Problem können wir mit unseren Futterstellen abmildern. Dass Blaumeisen dennoch nicht in ihrem Bestand gefährdet sind, liegt vielleicht an ihrer unter Singvögeln rekordverdächtigen Gelegegröße von bis zu 12, im Ausnahmefall bis zu 18 Eiern. Sie brüten in der Regel nur einmal im Jahr und ersetzen ein verlorenes Gelege nicht. Man hat festgestellt, dass erfahrene Meisen morgens früher mit dem Gesang beginnen. Da neben einer strahlend blauen Haube, die im ultravioletten Licht noch intensiver leuchtet, die Erfahrung eines Meisenmannes das Hauptauswahlkriterium für die Partnerwahl darstellt, sichern sie sich so vermutlich eher eine Partnerin.

Blaumeisen schlafen nachts immer alleine, in Mauernischen, engen Rohren, Baumhöhlen. Forscher haben aber ein interessantes Verhalten beobachtet: Brutpaare finden sich manchmal schon im Spätwinter zusammen, der Meisenmann begleitet dann seine Herzensdame abends bis zu ihrem Schlafplatz, wartet, bis sie sich hineingekuschelt hat und fliegt dann zu seinem eigenen Schlafplatz. Am nächsten Morgen ist er zur Stelle, bevor die Meisenfrau erwacht und wartet vor ihrer Höhle auf sie. Doch bevor es zu romantisch wird: In fast jedem Meisennest liegen Eier von mehreren Vätern. Bei ihren Seitensprüngen bevorzugen die weiblichen Meisen Väter aus weiter entfernten Revieren. Sie sichern damit die genetische Vielfalt ihrer Nachkommen.

Ein Grund, als Einsteiger im Winter mit der Vogelbeobachtung zu beginnen, sind neben den gut zu beobachtenden Wasservögeln die gemischten Meisentrupps. Plötzlich hört man über sich ein vielstimmiges Zwitschern, ein Trupp kleiner Vögel bewegt sich von Baum zu Baum und sucht die Zweige und Stämme ab. Sieht man genauer hin, findet man neben Blaumeisen auch Baumläufer, Haubenmeisen, Wintergoldhähnchen (S. 200), Kleiber (S. 92) und manchmal sogar Buntspechte (S. 40) im Trupp. In den Meisentrupps des Winters profitieren die Vögel von den Erfahrungen der anderen bei der Nahrungssuche, außerdem ist das Risiko, von Sperber oder Katze erbeutet zu werden, für jeden einzelnen Vogel in einem Schwarm geringer. Da jeder dieser Vögel eine etwas andere Nahrungsnische am Baum besetzt, ist die Konkurrenz in einem gemischten Trupp gering.

Jeder noch so trübe Wintertag wird mir durch einen solchen gemischten Trupp aufgehellt. Wenn Sie über sich ein vielstimmiges Zwitschern hören, bleiben Sie stehen, schauen hinauf und bald werden Sie das Huschen und Flattern der Vögel wahrnehmen. Schauen Sie sich den Stamm und die Äste an: ein Kleiber oder ein Baumläufer? Und übersehen Sie nicht die Blaumeise, nur weil sie häufig ist. Sie lebt ein kurzes, schnelles, intensives Leben – sie lernt, sie kämpft, sie ist mutig, sie ist neugierig.

Iris Lichtenberg

La Mésange bleue.
Mâle. – Femelle.

La Mésange bleue.
Mâle – Femelle et jeunes.

Blauracke – bunter Traumvogel

(Coracias garrulus)

Die Blauracke zählt zu den Traumvögeln vieler vogelbegeisterter Menschen. Schon beim Durchblättern des Bestimmungsbuches bleibt das Auge an ihrer Farbenpracht und der ansprechenden Kombination von türkisblauem Rumpf, mandelbraunem Rücken und blauen Flügeln hängen. Sieht man sie im Flug, muss man einfach hingerissen sein, denn die gesamte Unterseite des dohlengroßen Vogels ist dann blau gefärbt, mit einem Kontrast zwischen hellblauem Körper und dunkelblauer Hand- und Armschwinge. Zudem sorgt der große Kopf mit den dunkel umrandeten, schwarzen Knopfaugen für eine sympathische «Ansprache». Ein schöner Vogel, elegant, wohlproportioniert und zudem mit einem offenen Verhalten, was ihre Beobachtung leicht macht.

Vergleichbar einem großen Neuntöter (S. 114), steht die Blauracke lange Zeit auf einem exponierten Platz. Das kann ein Telegrafenmast, ein Koppelpfahl, ein dürrer Ast oder ein Heureiter sein. Dieses Ansitzverhalten der Blauracke hat ihr wahrscheinlich auch ihren weiteren Namen «Mandelkrähe» eingebracht. Denn Manderln sind nichts anderes als kleine Heureiter zum Trocknen des gemähten Grases. Ideale Punkte, von denen aus die Vögel nach Heuschrecken, Käfern, Eidechsen und allen anderen Kleintieren ausspähen können, um sie dann im Sturzflug zu erbeuten. Der Name Mandelkrähe gibt uns daher einen guten Eindruck von einem guten, produktiven Lebensraumtyp der Blauracke. Als Ansitzjäger ist sie auf Strukturen angewiesen, wie sie in der Waldsteppe typisch sind. Kein Wunder, dass sich die größten Populationen Mitteleuropas in den Puszta-Landschaften Ungarns finden lassen. Hier sorgen zudem große Pflanzenfresser wie Graurinder, Schafe, Ziegen, Pferde – lokal auch Wollschweine – für eine kurze Vegetation und einen beschleunigten biologischen Kreislauf, da der Kot der Tiere von riesigen Insektenmengen abgebaut wird. Gute Bedingungen für Blauracke, Schwarzstirnwürger und Neuntöter, die sämtlich als Ansitzjäger Großinsekten jagen. Auch viele andere Vogelarten profitieren von den großen Grasfressern, den Nachfolgern von Wisent, Auerochse, Tarpan und Hirsch.

Unvergesslich ist mir ein Ausspruch von meinem Freund Janos, der bei der Besichtigung eines typischen Blaurackenreviers in der ungarischen Hortobágyi-Puszta auf die Bedeutung der großen Grasfresser im Naturhaushalt hinwies und zusammenfassend sagte: «Ein Rind scheißt sein Lebendgewicht in Fliegen.» Die Schwalben über uns, die Blauracken im kleinen Pappelwäldchen und der Neuntöter auf dem Koppelpfahl gaben ihm recht.

Im Englischen heißt die Blauracke «Roller». Auch der englische Name leitet sich direkt vom Vogel ab, denn zur Balzzeit können wir auffällige Flugspiele der Blauracken bei ihrer Balz beobachten. Wenn wir Glück haben, sehen wir einen Blaurackenmann, wie er mit tiefen Flügelschlägen steil in die Höhe strebt, um dann nach unten zu kippen. Im steilen Sturzflug dreht und wendet er sich – es sieht aus, als würde er um die eigene Achse rollen – rast immer weiter nach unten und steilt dann kurz vor dem von dem Beobachtenden befürchteten Aufprall wieder mit Schwung nach oben. Diese Körperdrehungen kann man mitunter auch beim Geradeausflug beobachten.

Wo wir gerade bei der Namensdeutung sind: der Namensteil «Racke», der sich auch im Namen der Ordnung und Familie «Rackenvögel» und «Racken» (Coraciiformes und Coraciidae) wiederfindet, hat unmittelbar mit der Blauracke zu tun. Der Stimmfühlungsruf ist ein raues «rack» – oft gereiht vorgetragen. Wie wir am Beispiel der Blauracke erfahren, lohnt es sich oft, dem Namen der Gefiederten auf den Grund zu gehen.

In Deutschland gibt es seit 1990 keine brütenden Blauracken mehr und schlecht ist es auch in Österreich um sie bestellt, wo sich nur eine winzige und isolierte Gruppe von Blauracken bis heute halten konnte. Diese letzte Restpopulation von maximal zehn Vögeln ist genetisch isoliert und sie hat keine gute Zukunft. Aber in Zeiten der aufziehenden, weitreichenden Klimaveränderung sind alle Aussagen über die Zukunft der Biodiversität sehr unsicher. Die Bestände im Südwesten Europas scheinen stabil zu sein, einige Forscher sprechen auch von Ausbreitungstendenzen nach Nordosten, was sicher auch mit den Klimaveränderungen der letzten Jahrzehnte zusammenhängt.

Wer Blauracken sehen will, sollte im Mai nach Spanien in die Extremadura reisen oder in die Provence. Auch im Südosten Europas – also in den Balkanländern und in Bulgarien, Griechenland und Rumänien – gibt es noch starke Populationen, allerdings meist in Schutzgebieten oder landwirtschaftlich wenig interessanten Karstlandschaften. Ich habe die meisten Blauracken meines Lebens in Israel gesehen. Hier ziehen die Vögel Ende April und ab Spätsommer durch, auf dem Weg nach Ostafrika.

Am Südweststrand von Zypern stehend sah ich Blauracken über das Mittelmeer auf mich zufliegen. Sie waren den kilometerlangen, tödlichen Fanganlagen Ägyptens ausgewichen oder hatten den Kugelhagel der libanesischen Macho-Jäger überlebt, Stürme und Dürren, Wüsten und Meere überwunden und waren auf dem Flug nach Hause. Sie flogen paarweise. Dreimal zwei Blauracken, bunte Schmetterlinge über dem grauen Meer. Ich hoffe, sie werden die Vogelmörder auf Zypern überleben.

Thomas Griesohn-Pflieger

Le Rollier.
Mâles.

Bluthänfling – geselliger Fink

(Carduelis cannabina)

Ein kleiner Schwarm fliegt vorbei, die Vögel halten dicht zusammen und jede Bewegung des kleinen Trupps ist synchronisiert. Sie fallen gemeinsam in einige Stauden ein, die noch Samen tragen und stimmen ein leises, hohes Zwitschern an. Dann landen sie auf dem Boden und beginnen herabgefallene Samen auf der abwechslungsreich mit Stauden und Gräsern bewachsenen Brachfläche zu suchen. Bluthänflinge sind gesellige Vögel und bleiben im Herbst und Winter gerne im Schwarm zusammen. Die Nächte verbringen sie gemeinsam in Schlafbäumen, am Tage suchen sie in kleinen Trupps Nahrung. Die diesjährigen Vögel üben schon im Winter für die kommende Brutsaison den Gesang mit leisen Subsongs, und die erwachsenen Vögel stimmen ein, sodass die Jungen etwas lernen können.

Je nach Stimmung und Situation ändert sich der individuelle Gesang vor allem der männlichen Vögel in der Brutzeit. Die Strophen werden an beliebiger Stelle unterbrochen und setzen mit einem typischen «ge-ge-ge» wieder ein. Die Gruppen bilden regionale Dialekte aus, die von Zuwanderern bestmöglich nachgeahmt werden. Aufgrund ihres abwechslungsreichen und klaren Gesangs, den sie das ganze Jahr hören lassen, werden Bluthänflinge leider auch heute noch als Käfig- oder Volierenvögel gehalten. Männliche Vögel scheinen auch während der Balz vor allem aus Geselligkeit zu singen und um ihre Partnerin an sich zu binden, denn sie verteidigen kein Revier und ihr Gesang lockt Artgenossen eher an, als dass er Rivalen abschreckt. Nur die unmittelbare Umgebung des Nestes wird durch körperliches Verdrängen von Artgenossen verteidigt, damit die Paarbildung ungestört verlaufen kann. Die weiblichen Hänflinge vertreiben zu dieser Zeit auch Rivalinnen, und sobald sich ein Paar für die Saison gefunden hat, lässt der männliche Vogel seine Partnerin nicht mehr aus den Augen. Er begleitet sie singend überall hin, während sie einen guten Neststandort sucht und das Nest baut. Manchmal macht er sie auf besonders gutes Nistmaterial aufmerksam oder zeigt ihr einen guten Standort, er greift aber nicht aktiv ein. Ein Troubadour, der als Lohn für seinen Gesang schließlich zur Arterhaltung beitragen darf. Aber er beschränkt sich nicht auf das Singen, sondern versorgt schon jetzt seine Partnerin mit Nahrung. Das dient der Paarbindung und ermöglicht ihr, die zur Eiablage notwendigen Fettreserven aufzubauen. Denn der Legebeginn hängt davon ab, wie gut sie in Form ist. Hänflinge brüten gerne in lockeren Kolonien. Wie eng ihre Nester zusammenliegen, hängt vom Umfang und der Verteilung der Nahrung ab. Je geballter und umfangreicher das Nahrungsangebot ist, desto enger rücken sie zusammen. Und während die weiblichen Vögel auf dem Nest bleiben, fliegen die männlichen Hänflinge am liebsten gemeinsam auf Nahrungssuche und schlafen auch zu dieser Zeit gemeinsam in Schlafbäumen. So bleibt der Gruppenzusammenhalt bestehen, gemeinsam findet man leichter gute Futterplätze und die individuelle Gefährdung durch Feinde ist nicht so hoch.

Spätestens, wenn die Jungvögel flügge werden und damit vielen neuen Gefahren ausgesetzt sind, beginnen die Eltern damit, gemeinsam Feinde zu mobben. Greifvögel werden verfolgt, Eichelhäher (S. 46) und Eichhörnchen intensiv und laut rufend angeflogen. So lernen die jungen Vögel ihre Feinde kennen und die Gemeinschaft wird weiter gestärkt.

Bluthänflinge ernähren sich nahezu ausschließlich pflanzlich und im Gegensatz zu den meisten Singvögeln füttern sie die Nestlinge mit Samen aus dem Kropf, wo sie aufgeweicht werden, wie unser Frischkornbrei im Schälchen. Sie bevorzugen dabei die Samen, die bei uns als Unkraut oder, politisch korrekter, Ackerwildkräuter bekannt sind und von der intensiven Landwirtschaft mit Herbiziden bekämpft werden. Und so stehen diese einst sehr häufigen Vögel, die eigentlich sehr flexibel bei ihrer Habitatwahl sind, in Deutschland als gefährdet auf der Roten Liste und in der Schweiz auf der Vorwarnstufe. Zwischen 1985 und 2015 ist ihr Bestand in Deutschland um 50 Prozent zurückgegangen. Die Schwärme, die einst Hunderte von Vögeln umfassten, bestehen nur noch aus wenigen Dutzend Vögeln und zunehmend suchen wir sie vergeblich. Anders ist das noch in Ländern mit weniger intensiver Agrarwirtschaft, so in manchen osteuropäischen Ländern, wo es noch Brachflächen, breite Wegränder und unbefestigte Wege gibt. Leider ist der Bluthänfling ein Beispiel dafür, dass nicht nur Insektenfresser die Leidtragenden unserer ausgeräumten Landschaften sind.

Ich sehe Bluthänflinge am häufigsten zu Beginn der Brutzeit, wenn die männlichen Vögel singend auf einem dünnen, aus der Strauchvegetation herausragenden Ast ihr Lied vortragen. Oft ist die Hänflingsfrau nicht weit entfernt, sitzt unter ihrem Partner im Gebüsch. Es lohnt sich auch im Herbst und Winter Trupps von Grünfinken und Buchfinken (S. 38) auf den Stoppeläckern genauer anzuschauen, häufig gesellen sich Bluthänflinge zu ihnen. Ihr Gruppenzusammenhalt ist dabei so stark, dass sie bei Gefahr immer gemeinsam im Schwarm, getrennt von den anderen Finken auffliegen. Spätestens dann werden Sie den kleinen, dicht zusammenhaltenden Schwarm erkennen und sehen, wie sie gemeinsam in einem Gebüsch Schutz suchen und dort vielleicht ihren Jungvögeln das Singen lehren, wenn die Gefahr vorüber ist.

Iris Lichtenberg

La Linotte.
Femelle. 4

La Linotte.
Femelle. 16

La Linotte.
Mâle. 5

Brachvogel – melancholischer Krummschnabel

(Numenius arquata)

Nur wenige Meter hoch steht der Frühnebel über dem Moor. Noch hat die fahle Sonne keine Kraft, den Boden zu erwärmen, da mischt sich unter den zögernd einsetzenden Gesang der Feldlerchen ein melancholischer Flötenruf: «tla-ü», und nur Sekunden später antwortet von rechts ein ebenso melancholisch anmutender Gesang aus flötenden Silben, der in einem Triller endet.

Die Laute des Brachvogels haben etwas von der Schwermütigkeit der Moorlandschaft. Sie passen gut zu diesem größten Schnepfenvogel unserer Breiten, der gemessenen Schrittes über die Wiesen und Moore schreitet. Wie viele Brutvögel der offenen Landschaften tragen auch die Brachvögel ihren Reviermarkierungsgesang im Flug vor. Feld- und Heidelerchen, Wasser-, Brach- und Wiesenpieper, Steinschmätzer und natürlich die anderen Watvögel wie Rotschenkel und Uferschnepfen sind dafür weitere Beispiele. Die Chance, einen Brachvogel bei seinem wellenförmigen Balzflug im Binnenland beobachten zu können, ist gering. Nur in großen Wiesenlandschaften, die nicht intensiv bewirtschaftet werden, oder in den wenigen übriggebliebenen Mooren haben sich in Deutschland schätzungsweise 4000 Brutpaare halten können. In der Schweiz gibt es keine regelmäßigen Bruten mehr und in Österreich rechnet man mit etwas mehr als 100 Brachvogelpaaren.

Die erste Vertreibungswelle für die krummschnäbeligen Schnepfen begann, als die Menschen die Moore entwässerten und Torf stachen, als Einstreu in die Ställe, als Brennmaterial und zum «Hausbau». Die Brachvögel besiedelten daraufhin einen neuen Lebensraum, den erst die Menschen geschaffen hatten: die Feuchtwiesen und Heiden. Wie die Moore haben sie eine lückige, krautige Vegetation und Sichthindernisse wie Wälder, Hecken oder zahlreiche große Einzelbäume fehlen. Auf diesen Wiesen war für die Menschen nicht viel Ertrag zu machen. Eine, höchstens zwei Heuernten im Jahr oder ein schonender Auftrieb von Vieh sorgten für den Erhalt der offenen Flächen und konnten den Brachvogel nicht stören. Mit dem Ende dieser Wiesenkultur begann sehr schnell auch der Abstieg der großen Schnepfenvögel. Und mit ihm verschwanden Braunkehlchen, Wiesenpieper, Uferschnepfe, Rotschenkel, Kornweihe, Wachtelkönig, Bekassine und zuletzt auch der Kiebitz. Ein Trauerspiel!

Mit großen Maschinen zog man Entwässerungsgräben in die feuchten Wiesen, Trecker statt Pferde wurden vor die Walzen, Mähmaschinen und Heuwender gespannt, Kunstdünger und Pestizide taten ein Übriges, um aus den extensiv genutzten Feuchtwiesen in nur einer Generation intensiv genutztes Grünland zu machen, das fast genauso stark bearbeitet wird wie die Äcker mit Halmfrüchten.

Während der Brutzeit und auch, wenn die Jungvögel schon als Nestflüchter in der Wiese umherlaufen, bringen die menschlichen Aktivitäten auf den Wiesen tödliche Gefahren für die Brachvögel mit sich. Den rotierenden Messern der Mähmaschinen können die Kleinen nicht entgehen, wenn sie sich instinktiv ins Gras ducken. Und dem Walzen der Wiesen fallen die Gelege zum Opfer. Durch das Ausbringen von Gülle (Flüssigmist) werden die Jungvögel regelrecht zugekleistert. Außerdem gewinnen durch Düngung, Entwässerung und häufiges Schneiden die Gräser die Oberhand. Nicht mehr lockere, schüttere Vegetation mit ausgebildeter Krautschicht, in der die Jungvögel sich gut bewegen können, bestimmt das Bild. Hochwachsende, dicht stehende und vor allem dickstängelige Gräser lassen die kleinen Brachvögel nicht mehr durchkommen. Diese Wiesen sind auch viel kälter als solche, in deren lockerer, niedriger Vegetation die Sonne die Bodenschicht erwärmen und trocknen kann. Die Folge: Die Jungen verklammen und sterben an Erkältungskrankheiten.

Nach den Alarmmeldungen der Ornithologen wurden in vielen Bundesländern Programme zur Erhaltung der Wiesen aufgelegt; sie wirken punktuell. Für diese Rettungsaktion steht der Brachvogel als Symbol, denn der Schutz des Brachvogels bedeutet auch immer Schutz von extensiv gepflegten Feuchtwiesen und letztlich Schutz einer naturverträglichen Landwirtschaft.

Außerhalb der Wiesen, in denen sie brüten, lassen sich Brachvögel in manchmal tausendköpfigen Scharen im Wattenmeer beobachten. Statt Regenwürmer, Käfer und Insektenlarven verspeisen sie hier kleine Muscheln, Ringelwürmer und Kleinkrebse.

Oft versuchen die großen Trupps, die zum großen Teil ihre Heimat in Skandinavien, Osteuropa und Sibirien haben, den Winter im Watt zu überstehen und flüchten erst, wenn die Temperaturen zu tief fallen.

Was wir durch unsere Gier in der Fläche verloren haben, zeigen einige kleine Punkte auf der Landkarte, wo es die Wiesenbrüter noch gibt. Wer das Frühjahrskonzert in den Wümmewiesen oder im Ochsenbruch am Dümmer erlebt hat, erahnt, welchen Reichtum wir gegen Geld getauscht haben.

Thomas Griesohn-Pflieger

P.A.Robert.
1940

Braunkehlchen – Wächter auf dem Pfahl

(Saxicola rubetra)

Die «Kehlchen» sind allesamt Publikumslieblinge. Als Reiseleiter von vogelkundlichen Gruppen weiß ich genau, dass ein Schwarz-, Blau-, oder Braunkehlchen und sogar die häufigen Rotkehlchen immer einen mehr oder weniger langen Beobachtungshalt bedeuten. Die Wiesenvögel unter ihnen können sich nicht den Blicken entziehen und so stehen wir manchmal eine halbe Stunde bei einem Braun- oder Schwarzkehlchen (S. 142) und sehen ihm beim Füttern, Singen und anderen Aspekten des Familienlebens zu.

Typischerweise stehen die Braunkehlchen in einer weiten, blütenreichen Wiesenlandschaft mit Staudenfluren an den Wegrändern auf einem Zaunpfahl, einem trockenen Staudenstängel oder dem Weidezaun und warten hier, dass sich im Gras Insekten zeigen, die sie fangen können. Wie alle Wiesenvögel sind auch die Braunkehlchen selten geworden – und zwar noch seltener als viele andere der Offenlandarten. Denn das Braunkehlchen leidet nicht nur unter dem Verlust von Lebensraum und der Vergiftung seiner Nahrung, sondern ist als Weitstreckenzieher noch anderen Gefahren ausgesetzt. Noch vor wenigen Jahrzehnten war das Braunkehlchen in Deutschland ein weit verbreiteter Vogel. Heute rechnen wir nur noch mit 30 000 bis 40 000 Brutpaaren in Deutschland. In Österreich brüten vielleicht noch 3000 Paare und in der Schweiz vielleicht noch 8000. Wie sich die Bestände unter den Bedingungen des sich rasant ändernden Klimas entwickeln werden, ist kaum abzusehen. Das Braunkehlchen besiedelt ganz Europa bis in den hohen Norden, mit Ausnahme des extremen Südens wie Südspanien, Griechenland und Süditalien. Nach Norden ist nicht mehr viel Platz und im Süden wird es sicher Lebensraum in dem sich aufheizenden Klima verlieren. Im April kehrt das Braunkehlchen aus seinem Winterquartier im subtropischen Afrika zurück. Als Bewohner von Wiesenlandschaften ist es naheliegend, dass es sein Nest meist am Boden, oft im Schutz einer größeren Struktur, wie einem Busch oder einer großen Staude, baut. Das Nest ist nach oben mit Halmen und Blättern getarnt. Die flüggen Kinder des Braunkehlchens verlassen aus Sicherheitsgründen das Nest noch flugunfähig und verstecken sich einzeln in der Nähe. Nach etwa einer Woche können sie dann – anfänglich natürlich noch unbeholfen – fliegen. Kleine Raubtiere, wie hauptsächlich Katzen oder Füchse, Waschbären und Marderarten, aber auch lange kalte Regenperioden können für große Verluste sorgen, sodass Zweit- und Ersatzbruten nötig werden.

Die Braunkehligen Wiesenschmätzer – ein alter Name – ernähren sich von Arthropoden, also von Spinnen, Tausendfüßlern sowie allen Insekten, die sie überwältigen können. Sie fangen auch Fliegen und Bienen aus der Luft, in einem kurzen eleganten Flug von einer Ansitzwarte aus. Diese Sitzwarten sind für die Revierausstattung eines Braunkehlchenpaares von ausschlaggebender Wichtigkeit! Was nützt die schönste Wiese, wenn sie nicht zur Nahrungssuche erschlossen werden kann? In den Wildwiesen dienen einzelne kleine Büsche als Ansitz oder Stängel von Stauden, die den Winter aufrecht überstanden haben. In den gemähten Wiesen unserer Breiten gibt es solche natürlichen Ansitzwarten aber nur noch am Rande der bewirtschafteten Flächen in Form von Randstreifen mit Stauden oder als Zäune.

In einem Projekt des Landesbundes für Vogelschutz in Bayern (LBV) wurden auf Ackerbrachen im Rotmaintal etwa 2000 Ansitzwarten in Form von Bambusstecken ausgebracht. Dadurch und durch das Angebot einzelner Büsche und Heckenanpflanzungen sollten die dort verschwundenen Braunkehlchen wieder angesiedelt werden. Das Experiment gelang! Zwölf Paare brüteten im ersten Jahr nach der Bambusaktion im Gebiet. Eine wichtige Rolle für die Braunkehlchen werden die über die Fläche verteilten Sitzwarten gespielt haben. Mit den in Bayern gemachten Erfahrungen, die als «Überreizmethode» bezeichnet wird, würden sich vielleicht viele Flächen, auf denen Braunkehlchen zur Zugzeit beobachtet werden, zu Brutgebieten zurückverwandeln lassen. Das wird aber von öffentlichen Zuschüssen abhängig sein. Vielleicht sind vergleichsweise winzige Beträge aus den Agrarmitteln der EU – größter Haushaltsposten – hier besser angelegt als in der pauschalen Flächensubventionierung einer weitgehend umweltbelastenden Agrarindustrie?

Von den manchmal in sehr ähnlichen Habitaten anzutreffenden und ebenfalls sehr attraktiven Schwarzkehlchen unterscheidet sich das Braunkehlchen immer und in allen Kleidern durch den markanten Überaugenstreif. Nur die Beachtung der Kehlfärbung führt in die Irre. Bei den weiblichen Vögeln und in den Jugendkleidern sind die Kehlen nicht markant braun oder schwarz gefärbt, deshalb ist das Fehlen oder Vorhandensein des Überaugenstreifs die schnellste Artdiagnose.

Thomas Griesohn-Pflieger

Le Traquet tarier.
Mâle. – Femelle.

Le Traquet tarier.
Mâle.

Buchfink – der Harzer Roller

(Fringilla coelebs)

«Herr Heinrich saß am Vogelherd,
Recht froh und wohlgemut;
Aus tausend Perlen blinkt und blitzt
Der Morgenröte Glut.»

Die erste Strophe aus einer einstmals bekannten Ballade, die, gesungen von einem um die Jahrhundertwende sehr populären Bariton, Hermann Prey, zum Volkslied wurde, könnte der Beginn einer Geschichte über den Buchfink sein. Denn während wir in dem Lied erfahren, dass König Heinrich im 10. Jahrhundert ein passionierter Vogelfänger war (der aber nie, wie in der Ballade behauptet, zum Kaiser gekrönt wurde), so wissen wir aus der Auswertung historischer Beutelisten von Vogelherden etwas über den Buchfinken. Er war damals schon ein häufiger Vogel – jedenfalls führte er, was die Stückzahl angeht, die Listen der gefangenen Vögel an.

Auch heute noch leuchten im zeitigen Frühjahr die Schlehen mit ihren Blüten wie mit Schneeflocken überstreut an den Feldwegen und Waldrändern und es ist Zeit für den ersten Buchfinkenschlag. Kaum ein anderer Gesang in den noch kahlen und hellen Wäldern des ersten Jahresviertels kündigt so den Frühling mit rosa Apfelblüten, hohem Himmel und schwellenden Knospen an wie der Schlag des Buchfinks. Und auch heute noch ist der Buchfink ein häufiger und populärer Vogel. Weingesang, Umshäuser, der Langenfelder Scharfe, der Weidgesang, der Tambacher, der grobe Doppelschlag, Schätzchen-Weidau, Putzebart oder Harzer Gutjahr: «Finker» – so wurden die Finkenhalter genannt – erfanden diese Namen für Buchfinkstrophen. Sie deuten damit an, wie vielfältig der Gesang dieses häufigsten Finken sein kann. Kaum ein Ort in Deutschland, wo er nicht vorkäme oder zumindest nicht schon vorbeigeflogen wäre. Amsel und Buchfink sind die häufigsten Vögel in Mitteleuropa. In Deutschland schätzen die Avifaunisten die Zahl der Brutpaare auf sieben bis neun Millionen. Damit ist er häufiger als der Haussperling, der im Atlas Deutscher Brutvogelarten (2014) auf bis vier Millionen Brutpaare geschätzt wurde. Das ist aber auch kein Wunder, schließlich ist das potenzielle Siedlungsgebiet der Finken sehr viel größer als das des Sperlings. Auch der Buchfink bewohnt die menschlichen Lebensräume und kann sogar in der Innenstadt vorkommen, wenn dort einzelne hohe Bäume und etwas Grün wachsen dürfen. Dagegen meidet der Spatz Wälder, in denen wiederum der Buchfink seine höchste Dichte hat, und ist mehr oder weniger eng an menschliche Siedlungen gebunden. Im Winter lässt sich der Buchfink an den Futterhäuschen auf den Balkonen in der Großstadt bewundern. Da er oft am Boden unterwegs ist, um hier Samen aufzupicken und zu den auffälligsten Frühlingssängern gehört, ist er noch vielen Menschen bekannt: Er ist der Fink schlechthin.

Als es noch keine Radios gab, musizierten Finken in den Handwerkerstuben; der Harz ist dafür bekannt geworden und gab der längsten der Buchfinkenstrophen, dem «Harzer Doppelschlag», den Namen. Die Sänger-Wettbewerbe, Harzer Finkenmanöver, die als Immaterielles Kulturerbe anerkannt wurden, sind Legende und wurden auch in anderen Landschaften traditionell veranstaltet. Ich habe als Kind auch Schuhe gerne zum Schuster gebracht, weil dort Stieglitze, Kanarienvögel und Buchfinken in kleinen Käfigen ihre Lieder schmetterten.

Buchfinken singen keineswegs so, wie ihnen der Schnabel gewachsen ist, auch ist ihnen ihr Gesang nicht angeboren. Vielmehr lernen sie von Vorbildern, und das erklärt auch zum Teil ihre Beliebtheit bei den «Finkern», konnte man doch jungen Finken durch Hinzugesellung alter, guter Sänger eine lebenslang wirkende Gesangsausbildung zukommen lassen. Buchfinken singen den ganzen Tag über, nicht nur nach Sonnenaufgang oder abends, wie die meisten der anderen gefiederten Sänger. Interessant dabei ist, dass Buchfinken mehrere Strophentypen singen können. Warum? Cherchez la femme! In Experimenten konnte gezeigt werden, dass Finkenfrauen stärker auf ein größeres Repertoire reagieren als auf einen monotonen Sänger. Dazu kommen beim Buchfinken noch Dialekte, die für Verwirrung sorgen. Diese Dialekte lassen sich nicht nur beim Gesang, sondern auch beim sogenannten Regenruf («trüb») finden, der von «wrüt … wrüt …» über «dschäd … dschäd …» nach «hüid … hüid …» oder sogar zu Mischformen aus diesen Lauten wechseln kann.

Aber zurück zu den blühenden Schlehen und dem Frühjahr. Dann nämlich gehört der Buchfink zu den eifrigsten Sängern. Seine schmetternde Gesangsstrophe, der «Finkenschlag», ist bei schönem Wetter manchmal mehrere Hundert Male pro Stunde zu hören. Was den Vogelfreund das Herz erfreut, kann den Ruhe suchenden Gartenbesitzer um den Mittagsschlaf bringen. Sein Lied klingt klar und hart und endet in der Regel mit einem kleinen Schnörkel. Am liebsten singt der Buchfink von einem erhobenen Platz aus. Schlägt er mit einem scharfen «fink» Alarm, wissen wir, woher sein Name rührt.

Als Einstiegsmodell zum Lernen der Vogelstimmen ist er gut geeignet. Seine Strophe variiert beim jeweiligen Individuum nur wenig und ist leicht zu merken: Schmetternde Einleitung und rollender Schnörkel am Ende. Und: Wenn die Schlehen blühen, ist er meist noch einer unter wenigen Sängern. Der verwirrende Vogelchor beginnt erst vier bis sechs Wochen später.

Thomas Griesohn-Pflieger

Le Pinson ordinaire. 4
Automne: Mâle-Femelle.

Le Pinson ordinaire. 6
Printemps: Mâle-Femelle.

Buntspecht – Fassadenspecht

(Dendrocopos major)

Was ein Mauer- oder Fassadenspecht ist? Als die Mauer, die Berlin zerteilte, im Jahr 1989 «fiel» (in Wirklichkeit blieb sie vorläufig stehen) machten sich auf beiden Seiten Menschen daran, mit Hammer und Meißel Stücke aus der Mauer zu brechen. Ihre Rechnung ging auf, denn als die Mauer dann tatsächlich fiel, waren die Mauerstücke Souvenirs geworden. Aber was ist dann ein Fassadenspecht? Menschen rufen mich an und klagen mir ihr Leid, dass ein Specht ihre frisch verputzte Fassade mit Löchern verunstaltet. «Haben Sie das Haus kürzlich dämmen lassen?», ist dann meine Frage. Die Antwort ist immer «Ja!». Fassadenspechte sind Spechte, meist Buntspechte, die in die Dämmschicht der frisch eingepackten Häuser Löcher schlagen. «Was kann man da machen?» Nicht viel. Für die Spechte hört sich die Resonanz auf leichtes Klopfen an wie ausgefaultes Holz. Und morsches Holz ist für Spechte hochinteressant. Sie leben schließlich davon, Holz zu untersuchen und dort Löcher zu hacken, um an fette Käferlarven zu gelangen oder in dem Holz Nist- und Schlafhöhlen zu bauen. Deshalb hilft hier wenig. Flatterbänder werden nach wenigen Tagen ignoriert. Man kann – so rät der NABU – die Stellen, die besonders intensiv heimgesucht werden, mit einem dickeren und glatten Putz versehen. Dann kann sich der Fassadenspecht nicht mehr so leicht festhalten.

Noch bevor Amseln, Singdrosseln und Finken im Spätwinter die jährliche Vogelkonzertsaison eröffnet haben, schallt an schönen Tagen durch den noch kahlen Winterwald das Trommeln des Buntspechts. Sein Wirbel aus einem guten Dutzend Schläge, zum Ende hin schneller werdend, oft bis sechs- oder siebenmal in der Minute wiederholt, lässt sich von den Trommelwirbeln der anderen Spechte, die fast alle längere Wirbel schlagen, mit Übung unterscheiden. Das Trommeln der Spechte, das den Reviergesang der singenden Verwandtschaft ersetzt, wird als Instrumentallaut bezeichnet. Es wird mithilfe eines Instrumentes, sei es ein besonders gut schwingender trockener Ast, ein hohl tönender Nistkasten, ein Blechdach oder eine Regenrinne, mit dem Schnabel und nicht mit der Stimme erzeugt. Andere Instrumentallaute aus dem Vogelreich sind das Klappern des Weißstorchs, das mit einer speziellen Feder im Flugwind erzeugte Meckern der Bekassine (S. 20) und das kräftige, singende Flügelgeräusch des Höckerschwans im Flug.

Der Buntspecht ist die universellste unter den sieben Spechtarten in Mitteleuropa. Er kommt fast überall vor, wo Bäume wachsen. Er besiedelt einsame Bergwälder bis an die Baumgrenze, trommelt in Großstädten und besucht im Winter sogar die Vogelfütterungen an den Häusern, denn er isst weitaus mehr Sämereien und Früchte als die anderen Spechte. Fettreiche Samen spielen gerade im Winter eine große Rolle in seiner Ernährung; in manchen Gegenden sind die Samen von Kiefern, Lärchen und Fichten dann von zentraler Bedeutung. Doch an die Samen, die zwischen den Schuppen der Zapfen verborgen liegen, heranzukommen, ist gar nicht so einfach.

Der Buntspecht hat eine besondere Methode entwickelt, um sich diese Nahrungsquelle zu erschließen: die Spechtschmiede. Manchmal findet man bei Spaziergängen im winterlichen Wald einen Haufen zerhackter Fichtenzapfen unter einem Ast liegen. Systematisch sind die Schuppen durch Schnabelhiebe zerfasert und umgebogen. Die Zapfen werden im Schnabel transportiert, und da sie für den Specht sehr schwer sind, meist schon in kurzer Distanz von der Zapfenquelle bearbeitet. Dazu klemmt der Specht den Zapfen mit Brust oder Bauch in eine Astgabel, eine Rindenspalte oder ein Astloch ein und bearbeitet ihn mit energischen Schnabelhieben. Falls der Schmiedeplatz den Anforderungen des Spechtes nicht genügt, wird er passend gemacht und auf die Größe der Zapfen erweitert. Besonders geeignete Zapfenschmieden werden von den Spechten regelmäßig aufgesucht. An solchen Stellen wurden schon bis zu 3000 Kiefernzapfen oder über 1400 Fichtenzapfen innerhalb nur eines Winters gefunden.

Eine andere merkwürdige Form der Nahrungsbeschaffung ist das Ringeln von Bäumen. Im Frühjahr, wenn der Saft in die Bäume steigt, schlagen Buntspechte manchmal eine Reihe von Löchern durch die Borke in das Splintholz. Aus diesen kleinen Verwundungen tritt der zucker- und eiweißhaltige Baumsaft aus, der von den Spechten regelrecht «abgetrunken» wird. Eine Methode, die von einer amerikanischen Spechtart, dem Saftlecker (Sapsucker), zur Perfektion entwickelt wurde.

Auch als Nestplünderer betätigen sich mancherorts die Buntspechte. Besonders beliebt scheinen Nistkästen zu sein, die dann in der Höhe der bettelnden Jungvögel an der Seite aufgemeißelt werden. Da dieses Verhalten nur in manchen Gegenden und dann auch nicht für sehr viele Jahre vorkommt, liegt die Vermutung nahe, dass einzelne Spechte durch ihre Neugier zufällig gelernt haben, diese Nahrungsquelle systematisch auszunutzen.

Der Buntspecht ist der mit Abstand häufigste Specht Deutschlands. Zu verwechseln ist er kaum – vielleicht mit dem kleineren Mittelspecht. Dieser zeigt immer einen roten Scheitel und gestrichelte Flanken.

Thomas Griesohn-Pflieger

v.l.: Mittelspecht, Buntspecht, Blutspecht

Le Pic mar.
Mâle - Femelle.

Le Pic épeiche.
Femelle - Mâle.

Le Pic épeiche.
Mâles avant la 1re mue.

Dohle – intelligent und sozial

(Corvus monedula)

Ich kann mir meine Kindheit und Jugend nicht ohne die Rufe der Dohlen auf ihrem abendlichen Flug zum Schlafplatz vorstellen. Es gab damals in der bäuerlichen Region mit Weiden und Wallhecken so viele Dohlen, dass man kaum vor die Tür treten konnte, ohne sie zu hören. Was für ein Glücksgefühl, sie bei ihren akrobatischen Flugspielen zu beobachten, die sie meist vor dem Schlafen in der Dämmerung aufführten. Heute lebe ich in einer südlicheren Region mit wenigen Dohlen und vermisse ihre klangvollen Rufe an manchem Abend.

Ich erinnere mich an einen Sommer in meiner Kindheit, in dem ich mit einem bandagierten Zeh auf unserer Terrasse saß. Aus den Augenwinkeln sah ich eine Bewegung, die sich als eine vorsichtig heranschreitende Dohle entpuppte. Etwa zwei Meter vor mir blieb sie stehen. Schaute mich an und entschied wohl, dass ich harmlos sei. Näherte sich weiter mit etwas seitlichen Hüpfern, eher wie eine Elster, immer ein Auge auf mich gerichtet. Und zupfte schließlich vorsichtig an dem weißen Verband um meinen Zeh. Hüpfte wieder fort, kam heranschreitend wieder näher. Zupfte. Das Spiel wiederholte sich mehrmals. Wer will es mir verdenken, dass ich Dohlen ganz besonders mag!

Dohlen sind wie alle Corviden intelligente Vögel. Sie sind sozial, haben aber eine ausgeprägte Rangordnung in ihren Kolonien. Vermutlich gehen sie lebenslange Paarbindungen ein, was auch bei ihnen, wie bei den meisten Singvögeln, nicht zwingend lebenslange Treue bedeutet. Der Rang der Dohlenfrauen wird von ihrem Partner bestimmt, Männer stehen grundsätzlich höher in der Hierarchie. Vorteile hat ein hoher Rang vor allem bei der Wahl des Nistplatzes und bei der Nahrungssuche. Offenbar geht mit dem Rang aber auch eine Verpflichtung einher, denn es wurde von Forschern beobachtet, dass ranghohe Dohlen den rangniederen zur Hilfe eilen, wenn sie bedrängt werden. Kämpfe um den besten Platz in der Hierarchie scheint es nicht zu geben.

Dohlenpaare finden schon in der frühen Jugend zueinander. Wenn sich die Partnerschaft mindestens sechs Monate bewährt, hält sie bis zum Tod eines Partners. Selten sieht man Dohlen daher allein, der Partner ist meist in der Nähe und sie bleiben über ein reiches Lautrepertoire ständig in Kontakt. Man krault sich, lehnt sich schlafend aneinander und führt viele Bewegungen synchron aus, um die Bindung aufrechtzuerhalten. Ist ein Vogel verletzt oder schwach, wird er oft von seinem Partner gefüttert. Dieses Verhalten zeigen Dohlen aber auch bei anderen Mitgliedern der Kolonie, wenn sie um Futter betteln. Wenn ein Partner stirbt, bemüht sich der verbleibende Vogel allerdings schnell um einen neuen Partner, weil er ansonsten in der Hierarchie sinkt und seinen Nistplatz verliert. Unverpaarte Vögel stehen am niedrigsten in der Rangordnung. Allerdings sind sie es oft, die neue Nahrungsquellen oder Brutplätze erkunden und erschließen, weil sie am meisten davon profitieren können. Damit haben sie auch eine wichtige Funktion für die Gemeinschaft.

Mehr als die anderen Corviden sind Dohlen auf Insekten angewiesen, die ihre Hauptnahrungsquelle sind. Extensiv bewirtschaftete Weiden bieten ihnen eine gute Nahrungsgrundlage, sie zupfen auch Parasiten aus dem Fell von Weidetieren oder sitzen auf dem Rücken von Schafen, um zu schauen, was die mit ihren Hufen so aufstöbern. Als kleinste Rabenvögel können sie auch Beeren und Insekten von Bäumen pflücken, sich an und unter Ästen entlanghangeln. Leben sie in der Nähe menschlicher Siedlungen, ernähren sie sich auch von Abfall.

Ich lebe heute in einer Region, in der es kaum Weideflächen gibt und damit nur wenige Dohlen. Sie begleiten hier im Sommer meist die unverpaarten Rabenkrähen bei ihren Flügen zu den Schlafbäumen am Fluss und im Winter sehe ich sie auf dem Feld mit den überwinternden Saatkrähen (S. 134). Da sie selbst nur einen schwachen Schnabel haben, suchen sie häufig gemeinsam mit Saatkrähen die Äcker ab. Die Saatkrähen zirkeln mit ihrem kräftigen Schnabel den Boden auf, für die Dohlen fällt dabei immer etwas ab. Konkurrenz zwischen den Arten wird dabei nie beobachtet. Wenn ich diese friedlich gemeinsam feldernden Vögel beobachte, stelle ich mir die Frage, warum viele die schwarzen Krähenvögeln nicht mögen. In meiner Heimat verflucht man Dohlen, weil sie mit ihren Nestern die Schornsteine verstopfen, was durchaus gefährlich sein kann, sowohl für die Dohle als auch für den Menschen, wenn er seinen Kamin anheizt. In anderen Ländern versieht man die Öffnungen der Schornsteine mit hohen Schutzgittern, eine einfache Methode, um das Zusammenleben zu erleichtern. Doch sollte man bei Gebäudesanierungen darauf achten, nicht alle Öffnungen zu verschließen, viele Vogelarten profitieren davon.

Haben Sie Glück und einen winterlichen Dohlenschlafplatz in der Nähe? Fliegen sie laut «tschack-tschack» rufend jeden Abend über Ihr Haus oder sammeln sich in Schlafbäumen in Ihrer Nähe? Bevor Ruhe einkehrt, festigen die Dohlen noch einmal ihre Gemeinschaft und veranstalten lautstarke Flugspiele. Schauen Sie nach oben und sehen wild in den Himmel stürmende Dohlen, die kreisen, sich wieder fallen lassen, übereinander, untereinander, miteinander. Miteinander!

Iris Lichtenberg

Le Choucas.
Femelle – Mâle.

Drosselrohrsänger – knarrt und quietscht

(Acrocephalus arundinaceus)

Der Drosselrohrsänger ist der größte der Rohrsänger. Darauf weist auch schon sein Name hin, obwohl er an die Größe einer Drossel wie etwa der Amsel nicht heranreicht. Aber er ist deutlich größer als seine Verwandten.

Meist fällt er uns durch seinen lauten, knarrenden Gesang auf, der auch ein gutes Kennzeichen zur Artbestimmung ist, denn wie viele Rohrsänger verhält er sich nicht gerade «offensiv», sondern schlüpft im Röhricht umher und ist am besten zu sehen, wenn er singend einen Schilfhalm emporklettert, der sich oft unter seinem Gewicht biegt. Sein Gesang hat ihm den volkstümlichen Namen «Karekiet» eingebracht. Laut, rau knarzend, schrill und monoton lässt er sein «Kare, kare, kiet, kiet» aus dem Schilf erschallen. Das Thema Gesang ist für uns, die wir die Gattung der Rohrsänger kennenlernen wollen, sehr interessant. Betrachtet man die Rohrsänger in ihrer Habitatnutzung vom Schilfrand des Gewässers ausgehend, kann man eine interessante Zonierung der Gesänge ausmachen. Denn je weiter weg vom Wasser sich ihr jeweiliger Lebensraum befindet, desto weniger rau erscheint uns ihr Gesang. Zwischen dem rauen Knarzen des Drosselrohrsängers und dem kunstvollen Imitationsgesang des Sumpfrohrsängers (S. 166), der zu den nach menschlichem Empfinden besten Sängern der europäischen Vogelwelt zählt, liegen nicht nur akustische Welten, sondern auch Vegetationszonen. Beides zusammen – Gesang und Lebensraum – sind wichtige Kriterien für die Vogelbeobachter, die die kleinen, oft versteckt lebenden, unscheinbaren Rohrsänger bestimmen wollen.

Da, wo das Schilf im Wasser steht und an den offenen Wasserspiegel grenzt, singt der Drosselrohrsänger, «der Karekiet». Es gibt aber auch einen sehr ähnlichen Rohrsänger, der – allerdings viel kleiner – ähnliche Strophen singt. Das ist der Teichrohrsänger, der bezeichnenderweise im Holländischen den Namen «Kleiner Karekiet» trägt. Er ist nicht so streng an das im Wasser stehende Schilf gebunden und kann auch an der landseitigen Schilfkante beobachtet werden. Sein Gesang ist von längeren Strophen geprägt, aber auch sehr rhythmisch und rau. Weiter landwärts finden wir im Ried immer mehr Kräuter, Stauden und erste Gehölze. Hier steht nicht ganzjährig das Wasser und im Sommer kann es auch richtig trocken werden. Das ist ein typischer Lebensraum für den Schilfrohrsänger, dessen Name daher etwas irreführend ist. Wie das Blaukehlchen bevorzugt er wechselfeuchte Lebensräume mit Schilf, Rohrkolben, aber auch unbedingt Weidengebüsch oder einzelne Erlen. Sein Gesang ist sehr viel melodischer, trillernd und pfeifend trägt er mitunter auch kleine Imitationen vor. Auch äußerlich ist er gut zu unterscheiden vom großen und kleinen Karekiet, durch seinen markanten, rahmfarbigen Überaugenstreif und seine gestreifte Oberseite. In der Landschaft folgen typischerweise jetzt Entwässerungsgräben, die staudenreiche Wiesen durchziehen. Auch hier gibt es Weidengebüsche und einzelne Bäume. Zu wenig Röhricht für den Schilfrohrsänger, aber genau richtig für den Sumpfrohrsänger. Er sieht dem Teichrohrsänger zum Verwechseln ähnlich, aber der Gesang ...! Da flötet, tiriliert, orgelt, schwätzt der Sumpfrohrsänger! Er ist einer der besten Sänger unserer Vogelwelt und kann durchaus in einen Rang mit Nachtigall (S. 112), Gelbspötter und Amsel (S. 10) gestellt werden.

Je weiter weg wir uns vom Wasser bewegen, an dessen Rand der Drosselrohrsänger lebt, desto lieblicher werden die Gesänge! Möglicherweise hat das etwas mit der akustischen Umwelt der Rohrsänger zu tun. Im Rauschen des Schilfwaldes könnte das Schwätzen der lieblichen Sänger untergehen, und raue Töne werden erhört.

Als Letztes, etwas speziell und noch weiter weg von Teich und See, treffen wir bei unserer Wanderung durch die nassen Vogellebensräume auf Feuchtwiesen, die periodisch überschwemmt werden, zum Beispiel in offenen Flussauen ohne Auwald. Hier breiteten sich früher große Seggenbestände aus, die von den Bauern als Sauerwiesen bezeichnet werden und nur mühsam in trockenen Sommern oder bei Frost gemäht werden können – für die wenig technisierte Landwirtschaft früherer Zeiten unbrauchbares Unland. Das ist der Lebensraum des Seggenrohrsängers (S. 148). Kein Wunder, dass es nur noch kleine Restvorkommen in Osteuropa gibt und er in Deutschland seit wenigen Jahren ganz verschwunden ist. Denn Sümpfe und Moore wurden entwässert und die Agrarindustrie schafft es auch hier, Mais anzubauen. Der Gesang des Seggenrohrsängers ist einfach strukturiert, weder rau noch vielseitig. Wie der Schilfrohrsänger ist er für Rohrsängerverhältnisse bunt gefärbt, unterscheidet sich durch einen auffälligen Scheitelstreif. Sein spezieller, besonders nahrungsreicher Lebensraum mit drei- bis fünfmal mehr Kleintieren erlaubt es den Rohrsängern in Polygynie oder Promiskuität zu leben. Die männliche Hilfe beim Füttern der Brut ist entbehrlich, eine Ehe nicht zweckdienlich. Aber das ist eine andere Geschichte.

Die Beschäftigung mit den Rohrsängern kann uns viel lehren über Evolution, die Spezialisierung und ihre Tücken und die für uns faszinierenden körperlichen und ethologischen Anpassungen an Lebensräume, die die Vielfalt hervorgebracht hat, die nun so arg gefährdet ist.

Thomas Griesohn-Pflieger

l: Drosselrohrsänger, r: Teichrohrsänger

La Rousserolle turdoïde.
♂ ♀

L'Effarvatte.
♀ Nid ♂

Eichelhäher – Warner, Täuscher, Sammler

(Garrulus glandarius)

Ein lang gezogenes Miauen klingt aus den Bäumen am Bachufer und ich falle immer wieder darauf herein. Ist es diesmal vielleicht doch der Mäusebussard (S. 100)? Nein, wie immer lässt sich wenige Minuten nach den ersten Rufen ein Eichelhäher mit ausgebreiteten Flügeln aus der Eiche auf die Futterschale fallen. Sein Aufprall ist immer heftig, seine Haube zur Warnung aufgestellt. Er sichert mehrfach nach allen Seiten und bedient sich schließlich zunächst an den Erdnüssen mit Schale. Er nimmt mehrere abwechselnd in den Schnabel, wie um zu testen, welche am besten ist und fliegt schließlich mit einer Erdnuss davon. Anders als beim Transport von Eicheln nimmt er nie mehr als eine Erdnuss mit. Mal schält und verzehrt er sie direkt auf einem der benachbarten Bäume, mal trägt er sie fort. Die Eichelhäher nähern sich immer zu zweit, landen aber nie gemeinsam an der Futterstelle. Ein Vogel wartet, bis der andere abgeflogen ist und bedient sich erst dann am Futter. So halten sie es auch, wenn sie in Gruppen unterwegs sind, sie wahren gebührend Abstand zueinander, überqueren offene Flächen nie gemeinsam, sondern nacheinander. Behalten sich dabei immer im Auge.

Eichelhäher sind eigentlich nicht territorial, nur während der Brutzeit verteidigen sie die Umgebung des Nestes, und zwar oft mit Erfolg. Ihre rätschenden Alarmrufe locken mit Glück Nachbarvögel an, die bei der Verteidigung gegen Eichhörnchen, Marder, Krähen oder Waldkäuze (S. 182) helfen und anschließend selbst wieder vertrieben werden. Die Alarmrufe sind es auch, die wir alle vom Eichelhäher kennen, wenn wir im Wald spazieren gehen. Seine Rufe werden von allen Tieren des Waldes verstanden, weshalb er bei Jägern nicht beliebt ist. In Frankreich schreit man nicht «wie am Spieß», sondern «wie ein Häher». Was aber vielleicht auch die meisten Franzosen nicht wissen, ist, dass der Eichelhäher nicht immer mit gleichbleibenden Krächzen warnt, sondern dass er zumindest in seinen Alarm vor geflügelten Feinden eine Imitation des Vogels einbaut, vor dem er warnt. So baut er zum Beispiel die Rufe des Waldkauzes ein, wenn ein Kauz sich nähert. Achten Sie darauf!

Der Eichelhäher kann auch singen, schließlich gehört er zu den Singvögeln. Es war im Mai, als ich durch die offene Terrassentür ein leises Murmeln hörte, das ich nicht zuordnen konnte. Ich näherte mich vorsichtig. Auf der Terrasse saß ein Eichelhäher, der mit halb geschlossenen Augen scheinbar selbstvergessen, ohne seine übliche Wachsamkeit leise vor sich hinsang. Es war ein Schnurren und Wispern, ein Summen und Murmeln. Es war ein glücklicher Moment für mich, ein Bild, das man nicht vergisst. Irgendwann hörte er auf zu singen und widmete sich wieder dem Futter in der Futterschale, vor der er saß. Und flog schließlich mit einem Kehlsack voller Sonnenblumenkerne davon.

Im Herbst sammeln Eichelhäher geradezu manisch Eicheln. Ein Verhalten, das ihnen den Namen gegeben hat. Eicheln haben einen großen Wert für sie, weil sie nur langsam verrotten und sich auch im nächsten Frühjahr noch an die Jungvögel verfüttern lassen. Sie pflücken die noch nicht reifen Eicheln direkt vom Baum, bis zu zehn können sie in ihrem Kehlsack transportieren, die letzte wird immer im Schnabel getragen. Sie verstecken die Eicheln einzeln, bis zu 5000 pro Saison, dennoch werden die Verstecke auch unter Schnee immer wiedergefunden. Da der Eichelhäher mehr sammelt, als er schließlich benötigt, pflanzt er auf diese Art weit verstreut Eichen, was die Förster ihm heute danken. Im 19. Jahrhundert riefen Förster dagegen zur Ausrottung des Eichelhähers auf, weil er die jungen Triebe von Fichten abknipste. Er wurde vehement bejagt, obwohl die Förster durch ihre Waldwirtschaft selbst zu diesem Verhalten beitrugen, denn inzwischen ist bekannt, dass Eichelhäher nur auf die Fichtentriebe zurückgreifen, wenn andere Nahrung knapp ist, also vor allem in Monokulturen.

Der Eichelhäher sammelt auch andere Baumsamen und Haselnüsse und ja, er frisst auch Jungvögel und Eier. Den Bestand von Singvögeln gefährdet er dadurch genauso wenig, wie seine Verwandten Elster (S. 50), Rabenkrähe (S. 118) und Co. es tun. Sein eigener Bestand ist stabil, in Deutschland nimmt er sogar zu. Er profitiert vom Ausbau der Mischwälder. Die Fichten ermöglichen ihm, sein Nest geschützt vor Feinden zu bauen, Buche und Eiche ernähren ihn. Und wenn er Glück hat, gibt es auch ein paar Waldameisen, die ihm ein interessantes Komfortverhalten ermöglichen: das Einemsen, im englischen treffender «anting» genannt. Er setzt sich dazu auf einen Ameisenhügel, spreizt die Flügel und die Federn ab, beugt sich mit Bauch und Hals so herunter, dass die Ameisen ihm unter die Federn krabbeln können. Dass die Ameisensäure, mit der er als vermeintlicher Angreifer nun bespritzt wird, der Abtötung von Parasiten dient, ist wahrscheinlich, aber nicht wissenschaftlich abgesichert. Nach dem «Säurebad» nimmt der Eichelhäher immer ein richtiges Bad und putzt sich anschließend ausgiebig.

Irgendwann einmal werde ich mir einen schönen Ameisenhügel suchen, mich in Sichtweite versteckt hinsetzen und auf den Eichelhäher warten. Vielleicht habe ich Glück.

Iris Lichtenberg

Le Geai.
Femelle.

Le Geai.
Mâles.

Eisvogel – blauer Blitz und cooler Rechner

(Alcedo atthis)

Der Eisvogel hat das Kinderkarussell erfunden! Um seine Eier abzulegen, gräbt er in Steilufer oder Prallwände von langsam fließenden oder stehenden Gewässern eine Höhle mit einem 50 bis 90 Zentimeter langen Zugang. Er gräbt mit den Füßen und schiebt die Erde dann beim Rückwärtsgehen mit dem etwas schaufelförmigen, kurzen Schwanz hinaus. Oskar und Magdalena Heinroth, zwei berühmte Vogelforscher Anfang des 20. Jahrhunderts, fragten sich, wie der Eisvögel es in dem dunklen Gang schafft, seine immerhin bis zu sieben Nestlinge gleichmäßig zu füttern, sodass alle ihren Anteil am Futter erhalten. Sie fanden heraus, dass die Küken mit dem Rücken zueinander in der Höhle sitzen, immer ein Küken mit dem Schnabel zum Eingang der Höhle. Wenn ein Elter mit Nahrung kommt, füttert es nur den Vogel am Eingang. Hat dieser seinen Anteil bekommen, rücken alle Nestlinge um einen Platz vor, sodass beim nächsten Anflug des Altvogels ein anderer Jungvogel gefüttert wird. Und so dreht sich das Karussell immer im Kreis und sorgt gleichzeitig auch für Hygiene im Nest, denn nur der Jungvogel, der am Gang sitzt, spritzt auch seinen Kot hinaus. Nun ja, wobei Sauberkeit relativ ist. Die Nestlinge werden mit Fisch gefüttert und speien Gräten und andere unverdauliche Teile als Speiballen aus, die sich in der Höhle sammeln. Da eine Bruthöhle gerne auch mehrfach genutzt wird, sitzen die Nestlinge der dritten Brut schon auf einem beachtlichen Haufen Speiballen, die von den Altvögeln nicht entfernt werden.

Eisvögel sind keine treuen Seelen, sie suchen sich oft auch innerhalb einer Saison für jede Brut neue Partner. Das sorgt für genetische Vielfalt und genetische Vielfalt ist für das Überleben und die Entwicklung einer Art immer von Vorteil. Hat ein Brutpaar sich gefunden, arbeiten beide zusammen. Für die Wahl des Neststandortes ist der männliche Vogel zuständig. Wenn ihnen keine bereits vorhandene Bruthöhle geeignet erscheint, graben beide Partner gemeinsam eine neue Höhle. Das Gelege wird gemeinsam ausgebrütet und die Aufzucht teilen sich die Partner ebenfalls.

Um einen Eisvogel zu beobachten, muss man vor allem hinhören, denn meist kündigt er sich durch seine lauten Rufe an. Wenn man hinschaut, hat man vielleicht das Glück, ihn blitzschnell knapp über der Wasseroberfläche, oft nah am Ufer, vorbeifliegen zu sehen. Das türkisfarbene Aufleuchten verrät ihn trotz seiner Schnelligkeit. Der Eisvogel jagt bevorzugt von einem Ansitz aus, und so wird ihm dieser von Fotografen vor Beobachtungshütten oft angeboten, indem sie Stöcke in das kahle Ufer stecken. Dann benötigt man nur noch etwas Geduld, um aus der Hütte heraus ein gutes Foto zu schießen. Nicht immer wurde der Eisvogel nur mit der Kamera gejagt, früher galt er als «Fischräuber» und erlitt das gleiche Schicksal wie Kormoran und Co. Er wurde von Fischern getötet, die der Ansicht waren, dass der Eisvogel ihnen etwas nimmt, was nur dem Menschen zusteht.

Was tut der Eisvogel an vegetationslosen Ufern, wenn keine Fotografen vor Ort sind, die ihm Stöcke in den Boden stecken? Er rüttelt! Ich hatte einmal das Glück, einen Eisvogel bei der Jagd im Rüttelflug zu beobachten. Ein unwirkliches Bild, er schwebte in etwa zwei Metern Höhe direkt vor mir über einer portugiesischen Lagune, es glich fast dem Schwirrflug eines Kolibris, denn von Zeit zu Zeit bewegte er sich wie an einem Faden gezogen ein Stück seitwärts, um dort weiter zu rütteln.

Um einen Fisch zu erbeuten, muss der Eisvogel einige Schwierigkeiten überwinden: Die Spiegelungen auf der Wasseroberfläche, ein Kräuseln durch Wind, die Lichtbrechung im Wasser müssten es fast unmöglich machen, dass er den anvisierten Fisch erwischt. Hier hat die Evolution für eine anatomische Anpassung gesorgt: Der Eisvogel verfügt über zwei Sehgruben – das sind die Bereiche des schärfsten Sehens – in jedem Auge. Das hat er mit Kolibris, Schwalben, Würgern und Greifen gemeinsam. Die zweite Sehgrube sorgt für eine Vergrößerung und höhere Auflösung des Bildes. Das Zusammenspiel der beiden Sehgruben und die Anordnung seiner Augen im Schädel ermöglichen dem Eisvogel durch Drehen und Wenden seines Kopfes ein sehr gutes dreidimensionales Sehen und die genaue Abschätzung von Entfernungen bewegter Objekte. Nun muss sein Gehirn «nur noch» die Lichtbrechung herausrechnen und er kann im Sturzflug ins Wasser eintauchen und den erspähten Fisch mit dem Schnabel greifen. Etwas Übung und Erfahrung gehört auch dazu, damit sein Gehirn die richtige Rechenleistung erbringt.

Die Luxemburger nannten den Eisvogel «Mattevull», also Mottenvogel, weil man glaubte, dass seine getrocknete Haut Motten vertreibt. Tuchhändler legten seine Haut zwischen ihre Stoffe. Und im deutschen Mittelalter galt er als Glücksbringer, wohlhabende Bürger legten einen toten, in Seidentücher gewickelten Eisvogel mit einem goldenen Ring um den Hals in ihren Schrank, weil sie hofften, so ihren Wohlstand zu erhalten. Bauern hängten ihn tot an die Decke, weil sie glaubten, die Richtung, in die sein Schnabel zeigt, würde etwas über das Wetter sagen. Zum Glück haben wir dafür inzwischen den Wetterbericht und so kann der Eisvogel heutzutage unbehelligt als türkisfarbener Blitz über das Wasser schießen.

Iris Lichtenberg

Le Martin-pêcheur.
Mâle. 4

Le Martin-pêcheur.
Femelle. 3

Elster – Sündenbock in Schwarz-Weiß

(Pica pica)

Über die Elster ist viel gesagt worden, das meiste davon ist Unsinn und sagt eher etwas über den Menschen als über die Elster. Neben ihrer abergläubischen Bedeutung als Todesbote und Unheilverkünder wird sie auch heute noch als Dieb und Schädling bezeichnet. Keine dieser Aussagen ist wissenschaftlich belegt, im Gegenteil, gerade ihre Rolle als Schädling von Singvogelpopulationen ist inzwischen widerlegt. Zumal wir nicht vergessen sollten, dass die Elster selbst ein Singvogel ist, einer der wenigen, die auch heute noch in vielen Ländern Europas gejagt werden dürfen. Die Jagd hat im letzten Jahrhundert ihre Bestände so stark dezimiert, dass selbst Jäger zwischenzeitlich ein Jagdverbot gefordert hatten. Dennoch war es auch in Deutschland bis vor wenigen Jahrzehnten noch üblich, bebrütete Elsternester mit Schrotflinten auszuschießen oder sie auch außerhalb der Brutzeit zu zerstören. Damit schadete man dann in erster Linie jenen Vögeln, die alte Elsternester gerne nutzen, wie Waldohreulen und Baumfalken, denn Elstern nutzen ihr Nest nur eine Brutsaison lang. In Europa werden noch heute mehr als 900 000 Elstern im Jahr durch Bejagung getötet.

Subjektiv mag der Eindruck entstehen, dass die Bestände der Elster dennoch steigen, wir sehen sie immer häufiger. Tatsächlich sind ihre Bestände in Mitteleuropa zwar wieder stabil, aber nicht steigend. Die Elster wurde zur Landflucht gezwungen, die halboffenen Weidelandschaften mit Hecken und Bäumen sind Monokulturen und Äckern ohne Baum und Strauch gewichen. Hier regieren nun die Aaskrähen, der größte Nahrungskonkurrent der Elster. Und so kommen sie in unsere Siedlungen, wo ihre natürliche Nahrung, die Wirbellose, Früchte und kleinere Wirbeltiere umfasst, durch Abfall und Aas in Form überfahrener Tiere ergänzt wird. Auch sind sie hier vor ihren beiden größten Feinden geschützt, dem Menschen, der in Siedlungen nicht auf sie schießt, und dem Habicht. Und ist die Elster nicht eine Bereicherung unserer Städte? Schauen Sie sich diesen wunderschönen Vogel einmal im Sonnenlicht an, wie sein Gefieder metallisch in Grün, Violett und Blautönen schimmert. Der elegante lange Schwanz, der ihren Flug etwas schwerfällig aussehen lässt, mit dem sie aber geschickt in Sträuchern und Bäumen klettern kann.

Doch wie leben Elstern nun tatsächlich, jenseits all unserer Mythen und Vorurteile? Wenn Sie einen Winterspaziergang machen, können Sie im Januar die Elstern schon beim Zusammentragen von Nestbaumaterial beobachten. Das Revierpaar, das ein Leben lang zusammenbleibt, wenn ihnen erfolgreiche Bruten gelingen, hatte seit dem Herbst eher lockeren Kontakt, nun rücken sie wieder enger zusammen und suchen in ihrem Revier nach guten Neststandorten. Die männliche Elster zeigt seiner Partnerin einen guten Standort an, indem er sich gegrätscht in eine Astgabel stellt und schackert, manchmal stellt seine Partnerin sich unter ihn und zittert mit den Flügeln, wenn ihr ein Standort gefällt. Sie testen nun oft mehrere Standorte aus, indem sie Zweige in Astgabeln platzieren, und beginnen mit dem Nestbau, obwohl die Eiablage erst im April erfolgt. Es gibt eine Hypothese, dass der frühe Nestbau mit der Plünderung durch Aaskrähen zusammenhängt: entdeckt eine Aaskrähe ein Nest, ist noch immer genug Zeit, ein neues zu bauen. Elstern bauen gemeinsam an dem großen Kugelnest aus grünen Zweigen, die sie abknipsen, manchmal auch aus alten Nestern lösen. Innen formen sie eine Mulde aus Erde oder Lehm aus, die weich gepolstert wird. Je erfahrener Vögel sind, desto stabiler wird ihr Nest sein. Ist es fertig, wird das Nest bewacht, auch wenn noch keine Eiablage erfolgt ist. Die männliche Elster wird während der gesamten Brutzeit das Nest bewachen und verteidigen und seine brütende Partnerin mit Nahrung versorgen.

Junge Elstern schließen sich wie Krähen zu Nichtbrütergemeinschaften zusammen. Manchmal versuchen sie, einem Revierpaar sein Territorium streitig zu machen, das misslingt aber meist. Viel häufiger kommt ein Nichtbrüter zu einem Revier, weil ein Brutpartner ausfällt, denn auch wenn Elstern ein Leben lang zusammenbleiben, wird der Partner sofort ersetzt, wenn er stirbt. Manchmal trennen sich Paare auch, weil der Bruterfolg ausbleibt. Da ist es von Vorteil, dass auch die Revierinhaber sich ab dem späten Herbst oft den Schlafgemeinschaften der Nichtbrüter anschließen. Elstern erkennen sich individuell, man kennt sich also schon, wenn man einen neuen Partner benötigt. Übrigens kommen Inhaber sehr guter Reviere immer als Letzte am Gemeinschaftsschlafplatz an und verlassen ihn morgens als erste, sie befürchten wohl doch eine «feindliche Übernahme» bei Abwesenheit.

Die Elster gehört zu den wenigen Vögeln, die sich im Spiegel selbst erkennen können, also sicher ein Bewusstsein ihrer selbst hat. Ich finde, man sieht es ihr an: die offensichtliche Klugheit, mit der sie ihre Umgebung beobachtet und untersucht. Beobachten Sie einmal, wie eine Elster Ihren Garten erkundet, sie schreitet gemessen und ruhig dahin, schaut sich um, hüpft vielleicht ein kleines Stück, wenn sie ein Beutetier entdeckt. Wirkt sie nicht neugierig und klug, scheint nicht eine Absicht hinter allem zu stehen? Ist sie unseren Schutz nicht wert, trotz ihres schlechten Rufes?

Iris Lichtenberg

La Pie.

Erlenzeisig – nervöser Pinzettenschnabel

(Spinus spinus)

Ein wogender Schwarm kleiner Vögel im Tal der Ruhr, leise schnatternde Rufe sind von den etwa 50 Winzlingen zu hören. Jetzt fliegen sie die Krone einer alten Erle an und werden endlich zur Ruhe kommen und ich hebe schon das Fernglas. Aber nein! Während einige schon Platz genommen haben, geht der unstete Flug weiter, wogt mal über der Ruhr, dann wieder über den Erlen, steuert eine Krone an und dann eine andere und nach Minuten des Abwartens kann ich sie dann sogar mit dem Spektiv sehen und sie den anderen in der Gruppe zeigen: Typisch Erlenzeisig! Erst wenn die Mehrheit der kleinen Finken im Trupp auf das Landen eingestimmt ist, fallen sie in die Krone wie aus der Wolke geschüttelt. Das Schnattern geht indes weiter. Dies ist ein Zeisigwinter. In manchen Jahren sieht man nur sehr wenige der kleinen Samenfresser und in anderen sind sie regelrecht häufig.

Das erratische Flugverhalten der kleinen Finken könnte bestimmt sein durch das Sicherheitsgefühl der Vögel. Dafür sprechen auch andere Beobachtungen, die man in guten Zeisigjahren machen kann. Dann ist es oft so, dass bereits futternde Schwärme mit ihrem «tetetet»-Geschnatter andere Erlenzeisige anziehen. Die Neuankömmlinge landen meist ohne langes Zögern in dem bereits mit Zeisigen geschmückten Baum – meist eine Erle oder eine Birke. Die bereits die Samen erntenden Artgenossen signalisieren durch ihre bloße Anwesenheit den Neuankömmlingen, dass hier die Luft offensichtlich rein ist. Rein vom Sperber, dem gefürchteten Kleinvogelfänger. Auch große Schwärme, mitunter gemischt mit Distelfinken und Birkenzeisigen, können wir dabei beobachten, wie sie plötzlich aus der Baumkrone stieben, sich im dichten Pulk im Luftraum versammeln und dann manchmal Minuten brauchen, ehe sie wieder landen und weiter die Erlenzapfen plündern. Fehlalarme sind in der Kleinvogelwelt alltäglich.

Wie alle Zeisige gehört auch der Erlenzeisig zu den Finken. Sie bilden dort eine eigene Gattung, mit ihrem einzigen Vertreter bei uns, dem Erlenzeisig. Andere, die den Zeisig im Namen tragen, wie der Birkenzeisig, bilden eigene Gattungen. Birken- und Erlenzeisig haben sehr ähnliche Techniken entwickelt, um an ihre Samennahrung zu gelangen, aber äußerlich sind sie recht verschieden. Während der Birkenzeisig mit dem Bluthänfling näher verwandt ist und ihm auch ähnlich sieht, steht der Erlenzeisig dem Girlitz nahe.

Woher kommen die Erlenzeisige und von was ernähren sie sich außerhalb der Erntezeit der Erlensamen, die meist im Oktober beginnt? Allen Finken ist der kräftige, konische Schnabel gemeinsam. Den hat auch der Zeisig und dazu einen sehr spitzen. Jede Finkenart ist auf andere Samen spezialisiert, von den feinen Erlen- und Birkensamen bei Erlen- und Birkenzeisig über die vom Stieglitz (S. 160) bevorzugten Samen der Disteln bis hin zu Kirschkernen und den Nüsschen der Hainbuche beim Kernbeißer (S. 88). Die Beschaffenheit der Schnäbel sind unterschiedliche Spezialisierungen der Vögel, die so eine Nahrungskonkurrenz vermeiden. Ein klassischer Fall von adaptiver Radiation, der Herausbildung spezifischer Anpassungen, ausgehend von einer gemeinsamen Grundform. Der Zeisig hat sich auf Samen spezialisiert, deren Gehäuse er mit seinem spitzen Schnabel nicht zerknackt, wie es der Grünling macht, sondern die er geschickt aus einem Zapfen oder einem anderen Gehäuse zieht. Einen Hinweis auf die Sommernahrung der Zeisige gibt uns ihre Verbreitung, denn sie kommen hauptsächlich in den Gebirgen und Mittelgebirgen vor und in der Ebene nur dann, wenn es dort Fichtenwälder gibt und bevorzugt dann, wenn die Fichten in Mastjahren reichlich fruchten. Der kundige Lesende wird nun fragen: «Aber was füttern die Zeisige ihren Kindern? Die können doch unmöglich harte Fichtensamen zerbeißen und verdauen! Da müssen doch Insekten gesammelt werden!» Eine berechtigte Frage, denn fast alle Singvögel füttern ihren Nachwuchs mit proteinreicher, tierischer Nahrung in Form von Raupen, Larven und auch fertigen Insekten. Nicht so der Erlenzeisig. Er füttert seine Kinder mit vorverdautem Körnerbrei. Der Hauptbestandteil sind Sämereien, die auch die Eltern essen, nämlich Fichten- und Erlensamen. Das erklärt auch die Bestandsschwankungen der Zeisige, die mit dem Samenangebot zur Brutzeit korreliert sind. In manchen Jahren tauchen Zeisige auch in der Stadt an winterlichen Vogelfütterungen auf. Das geschickte Hangeln an den dünnsten Zweigen und Herausziehen der winzigen Samen aus den Zapfen der Erlen und Birken findet seine Entsprechung an Meisenknödeln oder Futterkörben. Wie kleine Akrobaten hängen die Erlenzeisige, oft mit dem Kopf nach unten, an den Futterspenden und kommen manchmal tagelang zuverlässig wieder oder sind nach wenigen Minuten auf Nimmerwiedersehen verschwunden. Unstete Gesellen sind sie! In manchen Jahren treten sie als Invasionsvögel auf. Wenn die Vorräte an Birken- und Erlensamen beispielsweise in Skandinavien oder im Baltikum erschöpft sind, ziehen die Vögel weit umher und überraschen uns dann mit ihrem merkwürdigen Schwarmflügen im Ruhrtal bei Bochum.

Zeisige sind sehr gesellig. Rührend mutet es an, wenn man, was nicht oft vorkommt, einzelne, Kontakt suchende Zeisige umherfliegen sieht oder besser hört. Sie rufen dann ein saugendes «zie-üh». Ich meine, es klingt etwas traurig einsam, aber das ist sicher Einbildung.

Thomas Griesohn-Pflieger

Le Tarin.
Mâle. 9

MR

Le Tarin. 10
Mâle: Femelle

Feldlerche – tirilierender Steppenvogel

(Alauda arvensis)

Warum tut sie sich das an? Seit einer Viertelstunde singt sie da oben im kreisenden Flatterflug. Als ob das Fliegen auf der Stelle nicht schon anstrengend genug ist, muss man dabei auch noch singen? Keine Amsel, kein Buchfink, keine Meise kommt auf solche Ideen. Warum macht sie das? Keine Elitetruppe der Welt würde «Oh du schöner Westerwald» singend den Feldherrenhügel stürmen.

Mit zwei interessanten Erklärungen können wir uns beschäftigen, wenn wir die – nicht ernst gemeinte – Eingangsfrage untersuchen. Wir können sie aufteilen in zwei Fragen: Nämlich WARUM macht sie das und WIE macht sie das?

Schon ihr tarnfarbenes Gefieder, das an trockenes Gras und offenen Boden erinnert, deutet darauf hin, dass die Feldlerche eine Bewohnerin des offenen Geländes ist. Wir können sicher sein, dass sie schon länger tirilierend den Wolken entgegensteigt, als Menschen Felder bestellen und so können wir annehmen, dass sie von vegetationsarmen, niedrig bewachsenen Lebensräumen wie der Steppe in die ersten «Feldlandschaften» eingewandert ist. Wer seine Evolution in den Steppen und anderen baumlosen Landschaften durchlaufen hat, und in der nahezu markierungslosen Graslandschaft sein Revier verteidigen will, hat keinen Weidezaun, keinen Weißdornbusch, keinen Dachfirst, von dem herab er sein kleines Reich bewachen und eingrenzen kann. Eine gute Möglichkeit ist es dann, in die Luft zu steigen und damit zu zeigen: «Hier bin ich und ich bin so fit, dass ich minutenlang singen und fliegen kann. Und ich habe von hier einen guten Überblick!» Fast alle der über 90 Lerchenarten, die es gibt, singen im Flug, mal sehr weit oben in bis zu 200 Metern Flughöhe und mal nur in zwei Metern Höhe im Flugsprung. Zaunpfosten, Steinhaufen, Hecken oder alleinstehende Bäume werden von den Lerchen kaum genutzt. Sie spielen in ihrer Kultur keine Rolle.

Die Frage nach dem «Wie?» gestaltet sich schwierig. Denn wir Menschen gehen von unseren bescheidenen Fähigkeiten aus, wenn wir meinen, laufen und singen würden zusammen nicht funktionieren. Beim Singen stoßen wir Luft aus und beim Laufen müssen wir sehr viel Luft einatmen und beides gleichzeitig können wir nicht. Die Lerche kann das.

Bei uns haben die Stimmbänder ihren Sitz im Kehlkopf (Larynx), der Klangapparat der Vögel sitzt viel tiefer (Syrinx), in der Gabelung der Luftröhre. Sie erzeugen Töne mit der ausströmenden Luft, die aus den zum Beispiel im Bauchraum liegenden Luftsäcken entweicht. Vögel können Ton, Klang und Lautstärke mühelos kombinieren und so eine unglaubliche Klangfülle erzeugen. Während wir entweder schlucken, atmen oder singen können, können Vögel das alles gleichzeitig. Und sie singen auch viel lauter! Während wir nur zwei Prozent der ausströmenden Luft zur Klangerzeugung nutzen können, nutzen Vögel nahezu 100 Prozent.

Der Gesang selbst ist auch nicht ohne, denn nicht nur tirilierend ist der Lerchenmann unterwegs, sondern auch rollend, zirpend, leiernd und zum Überfluss auch noch imitierend – fünf Minuten lang in einer Höhe von 50 bis 200 Metern, sodass er kaum noch zu sehen ist. Die Lerchenmänner legen darauf Wert, dass sich ihr Gesang von dem des Nachbarn unterscheidet und so lassen sich Lerchenreviere bestimmten Sängern zuordnen. Der kreisende Singflug wird nach einer Weile zum Sinkflug und die Lerchensänger schrauben sich tiefer, um dann die letzten Meter stumm vom Himmel zu fallen und auf dem Boden mit dem Untergrund zu verschmelzen. Auch Lerchenfrauen singen, allerdings singen sie vom Boden aus und deshalb leiser und auch weniger intensiv. Oft sieht man Streitereien an den Reviergrenzen, wenn ein Lerchenmann einen anderen, der vielleicht ohne böse Absicht nur vorbeifliegen will, attackiert und vertreibt. Unterscheidbar davon und deshalb für Beobachtende interessant, sind die Flüge, die die Lerchenmänner unternehmen, wenn eine Lerchendame entweder vorbeifliegt oder die Revierfrau das Revier verlassen will. Dann versucht er durch Überholmanöver und Abschneiden des Flugweges die potenzielle oder tatsächliche Partnerin zurück ins Revier zu drängen. Was nicht immer gelingt. Im Revier spielt sich fast das ganze Familienleben ab und es hat auch für den Paarzusammenhalt eine zentrale Bedeutung. Es gilt der Grundsatz: Kein Revier – kein Paar! Kein Wunder, dass die Reviere so erbittert verteidigt werden und nur zum Trinken oder Sammeln von Nistmaterial verlassen werden.

Der optimale Neststandort für die Bodenbrüterin ist bewachsen und nicht zu dicht bedeckt. Er ist sehr gut getarnt. Als Kinder haben wir manchmal versucht, ihn zu finden und suchten dort, wo die Lerche gelandet war, und waren damit schon auf die List des Vogels hereingefallen. Bis zu 100 Meter laufen die Lerchen nach der Landung, um zum Nest zu schleichen. Nur einmal fanden wir ein Nest und haben es natürlich unberührt gelassen. Die jungen Lerchen waren kaum zu erkennen. Sie tragen ein Dunenkleid mit relativ langen und dünnen Dunen, sodass sie eher einem kleinen Büschel trockener Grashalme ähnlich sehen als einem Vogelküken.

Mit dem Bild von spielenden und forschenden Kindern auf Wiesen und Äckern fällt es schwer, über den Niedergang der Lerchenbestände und die Jagd auf sie, die in vielen Ländern immer noch erlaubt ist, zu schreiben und so lausche ich lieber einen Augenblick der Lerche, die jetzt in meinem Kopf singt.

Thomas Griesohn-Pflieger

L'Alouette des champs.

Feldsperling – nie alleine

(Passer montanus)

Den meisten Naturfreunden ist gar nicht bewusst, dass es DEN Spatzen nicht gibt, sondern es sich um mehrere Arten handelt. In Mitteleuropa gibt es zwei recht ähnliche Arten, wir haben für dieses Buch den unbekannteren und selteneren ausgesucht: den Feldsperling.

Wer sich nicht explizit für die Vogelwelt interessiert, kann Haus- und Feldsperlinge kaum auseinanderhalten. Denn wer schaut schon genau und interessiert einen Spatzen an? Allgemein sind sie ja auch und populär dazu. So populär, das «Spatz» auch oft im übertragenen Sinne gebraucht wird. «Der Spatz» kann nämlich vieles sein. Er steht generell für etwas Niedliches, Kleines. Ein Laugengebäck in Schwaben wird Spatz genannt, und dort gibt es auch die Spätzle, die sich vom Spatzen ableiten. Ein Spatzenhirn wird dem Mitmenschen zugesprochen, den man als kleingeistig oder gar dumm beleidigen will. «Mein Spatz» dagegen drückt Zuneigung aus und wird als Kosewort gebraucht. Heute hat sich der Name Spatz vor allem für zwei Sperlingsarten durchgesetzt: den Haussperling und den Feldsperling.

Feldsperlinge sind immer leicht zu erkennen, wenn wir aufmerksam hinschauen. Ob Sperlingsfrau oder -mann oder -kind, alle sehen mehr oder weniger gleich aus. Der schwarze Wangenfleck ist immer gut zu sehen. Der gesamte Oberkopf ist rein braun. Der nahe verwandte Haussperling ist hingegen manchmal weniger eindeutig erkennbar, denn dieser tschilpt in drei verschiedenen Kleidern. Die Wange des Hausspatzes ist grau und unbefleckt und beim Spatzenmann ist der Oberkopf grau statt braun. Hausspatzenfrauen und -kinder sind ohne markante Zeichnung graubraun gefärbt.

Wie sein Name schon andeutet, lebt der Feldsperling auf dem Land. Zumindest bei uns ist das so, da besiedelt er Feldgehölze, Obstgärten, Alleen und Gärten in Siedlungen, aber im Mittelmeerraum und Asien tritt er auch als Stadtvogel auf und ersetzt dort den Haussperling.

An den Vogelfütterungen ziehen sie kleinere Samen wie Hanf und Hirse vor und können auch sehr geschickt – und oft – Meisenknödel vertilgen. Die Spatzenkinder bekommen aber keine Sämereien, sondern werden hauptsächlich mit Insekten und Raupen gefüttert. Feldsperlinge sind typische Besucher von Brachflächen und suchen dort oft in Gesellschaft von Hänflingen, Grünlingen oder anderen Samenessern nach Samen von Beifuß, Melde, Löwenzahn und auch Gras. Ihre tschilpenden Rufe lassen sich kaum vom Haussperling unterscheiden. Typisch ist aber ein doppeltes «Tjett-ett» und bei Ärger oder Erregung eine lange Reihe von «tjett-ett-ett-ett-ett-ett».

Im Winter bilden die geselligen Vögel Schlafgemeinschaften. Sie übernachten dann in ihren Höhlen und mancher Gartenbesitzer hat sich schon gewundert, dass sie im Herbst – ähnlich wie im Frühjahr – Nistmaterial in die Höhlen schleppen. Warme Schlafnester sind dann ihr Projekt, die bei Frost noch wärmer sind, wenn mehrere kleine Spatzen dort gemeinsam aneinandergekuschelt übernachten.

Feldsperlinge halten keine Reviere. Ihnen genügt eine Nisthöhle, die sie als monogame Paare beziehen. Nur selten brüten sie alleine, fast immer finden sich Kolonien. Das ist fast bei allen «unseren» Sperlingen so. Denn neben Haus- und Feldsperling können wir in Mitteleuropa noch eine weitere Art und in Europa insgesamt sogar sechs Arten beobachten. Der Reihe nach: Neben Feld- und Haussperling brütet in den Alpen noch der Schneesperling. Als man ihn noch nicht verwandtschaftlich (taxonomisch) einordnen konnte, wurde er auch als Schneefink geführt. Er brütet manchmal an Wanderhütten und anderen touristischen Anlagen im hochalpinen Bereich und ist dann wenig scheu, sondern lässt sich sogar füttern. Auffällig sind seine im Flug schwarz-weißen Flügel.

Eine andere weit verbreitete Sperlingsart ist der Weidensperling, der den westlichen und östlichen mediterranen Raum – und auch Sardinien und Sizilien – besiedelt. Oft fällt er auf, weil er in großen Nestern von Störchen, Reihern oder auch Adlern als Untermieter brütet. Und welcher Tourist, der in Rom auf einer der 136 Stufen der Spanischen Treppe saß, weiß, dass die Spatzen, die dort nach Krümeln suchen, nicht «unsere Spatzen» sind, sondern zu einer eigenen Art gehören? Der Italiensperling kommt auf dem gesamten Stiefel und auch in Sizilien und Korsika vor. Er unterscheidet sich vom Haussperling durch seinen nicht grauen, sondern braunen Oberkopf. Und dann ist da noch der Steinsperling, der einsame, offene Landschaften mit vegetationsarmen Böden besiedelt. Er knackt die Sämereien seines Lebensraumes mit einem besonders dicken Schnabel, ist fahlbraun gefärbt, mit einer markanten Strichelung auf Brust und Flanken.

Mein besonderer Liebling ist der Moabsperling. Er ist viel kleiner als der Hausspatz, hat einen sehr kleinen Schnabel und die Moabmänner zeigen im Brutkleid eine hübsche, gelbe Zeichnung am Kopf. Er kommt in wüstenartigem Gelände im Südosten der Türkei und Israel und dann weiter bis nach Afghanistan vor. Ich sah ihn flüchtig in Israel und träume von einem Wiedersehen. Bis dahin freue ich mich über jede Begegnung mit einem Spatz. Denn wo er tschilpt, fühle ich mich zu Hause.

Thomas Griesohn-Pflieger

l: Haussperling, r: Feldsperling

Le Moineau Franc.
Mâle - Femelle - Jeunes.

Le Moineau Friquet.
Mâles - Femelles.

Flussregenpfeifer/Sandregenpfeifer – Rolling Stones

(Charadrius dubius/Charadrius hiaticula)

Früher, bevor wir sie begradigt haben, waren Flüsse dynamische Lebensräume. Sie spülten Sand und Kies in die Kurven, häuften Inseln an und ließen sie wieder verschwinden, wenn Hochwasser ihren Verlauf veränderte. Die Ufer wurden durch wechselnden Wasserstand an vielen Stellen von Vegetation freigehalten, wurden weggespült und neu aufgebaut. Die Dynamik der Flussufer im Jahresverlauf glich der Küstendynamik mit ihren wechselnden Wasserständen durch Ebbe und Flut, den wegbrechenden Ufern und neu geschaffenen Stränden.

An diese wandelbaren Lebensräume haben sich Fluss- und Sandregenpfeifer angepasst. Beide sind Bodenbrüter, die vegetationsfreie Flächen benötigen, um darauf ihre Nestmulden anzulegen. Durch ihre schwarz-weiß-braune Zeichnung sind sie perfekt getarnt. Wenn sie auf dem Boden sitzen, lösen sich ihre Konturen auf. Jeder Vogelbeobachter kennt das: Man bemerkt eine Bewegung auf dem Sand oder Kies – ein kleiner Regenpfeifer rennt mit so schnellen Schritten, dass er zu rollen scheint. Man sieht ihn gut, verfolgt ihn mit dem Fernglas und dann bleibt er abrupt stehen. Noch sieht man ihn, aber wenn man nur einmal blinzelt, hat man oft Mühe, ihn wiederzufinden. In Bewegungslosigkeit verschmilzt er mit seiner Umgebung. Wenn man ihn wiederfindet, hat man vielleicht das Glück, ihn beim «Fußtrillern» zu beobachten: Er steht dabei auf einem Bein und trippelt mit dem anderen schnell auf den Boden. Er scheucht dadurch wohl Insekten auf, denn im Gegensatz zu anderen Watvögeln hat er keinen langen Stocherschnabel, er sucht Insekten und Spinnen vom Boden auf und läuft seiner Beute dabei auch schnell hinterher. An der Küste lockt der Sandregenpfeifer durch das Trippeln vielleicht auch Weichtiere aus dem Boden.

Die dynamischen Lebensräume Mitteleuropas haben die beiden Arten sich aufgeteilt: der einzelgängerische Flussregenpfeifer bevorzugt Kiesbänke in der Nähe von Süßwasser, der gesellige Sandregenpfeifer ist auf die Meeresküsten und ihre Sandbänke spezialisiert. So vertraut nebeneinander wie auf der nebenstehenden Bildtafel sieht man sie daher höchstens zu Zugzeiten. Man sollte meinen, dass es dem Sandregenpfeifer besser geht, denn der Flussregenpfeifer hat seine ursprünglichen Brutgebiete auf den Kiesbänken der Flüsse durch ihre Begradigung verloren. Da er es aber von jeher gewohnt war, seinen Brutplatz vom Vorjahr bei der Rückkehr aus dem afrikanischen Überwinterungsgebiet nicht mehr vorzufinden, weil er vielleicht überflutet wurde, nimmt er sehr schnell neue Brutplätze an. Diese Flexibilität führte dazu, dass er heute zu etwa 90 Prozent in menschengemachten Lebensräumen brütet: in Kiesgruben, Industriebrachen, Steinbrüchen. Selten sogar auf Flachdächern mit Kiesbelag, die als Brutplatz aber wenig geeignet sind, weil die jungen Nestflüchter darauf nicht genug Nahrung erbeuten können. Der Sandregenpfeifer ist dagegen auf eine freie Küstendynamik und auf vom Menschen nicht genutzte Sandflächen angewiesen. Durch Eindeichungen und den hohen Freizeitdruck an allen Küsten ist er in Mitteleuropa als Brutvogel vom Aussterben bedroht. Als Wintergast sieht man die Sandregenpfeifer anderer Regionen aber regelmäßig an der Nordsee.

Die Bedürfnisse des Flussregenpfeifers nach vegetationslosen Flächen lösen auch immer wieder Grundsatzdiskussionen im Naturschutz aus. Auf den überdüngten Flächen Mitteleuropas wachsen Brachen schnell wieder zu. Um sie als Brutplatz für Flussregenpfeifer zu erhalten, müsste man die Vegetation regelmäßig entfernen. Lässt man der «Natur» freien Lauf oder greift man ein und pflegt das Habitat? Dabei sollte man nicht vergessen, dass es ja erst unsere Eingriffe waren, die zum einen das Freilegen von Flächen durch dynamische Flüsse verhindern und zum anderen dafür sorgen, dass durch den hohen Stickstoffeintrag unserer Landwirtschaft selbst auf kargen Böden Pflanzen aufwachsen. Dadurch wird die natürliche Entstehung diese Habitate verhindert.

Der Flussregenpfeifer brütet in der Nähe von Kiebitzen (S. 90), wenn er die Möglichkeit hat. Er profitiert dann von ihrer hohen Verteidigungsbereitschaft, die er selbst allerdings auch erst einmal überwinden muss. Zu Beginn der Brutperiode versuchen die Kiebitze noch das Brutpaar zu vertreiben, sitzt ein Vogel aber erst einmal still auf den Eiern, wird er von den Kiebitzen geduldet. Das Nisten in der Nähe verteidigungsbereiter Vögel ist eine verbreitete Strategie in der Vogelwelt. Fluss- und Sandregenpfeifer selbst verteidigen ihre Nester vor allem, indem sie durch Verleiten mit scheinbar verletztem Flügel einen möglichen Feind vom Nest fortführen. Bei Flussregenpfeifern wird das Paar beim Brutgeschäft oft von einem dritten Vogel unterstützt, der vielleicht seine Brut verloren oder keinen Brutplatz gefunden hat. Gegen Konkurrenten verteidigen sie ihren Brutplatz mit Singflügen, die ihre Fitness und Bereitschaft, den Nistplatz zu behaupten, demonstrieren. Ihre Partnerinnen beeindrucken die Regenpfeifer dagegen durch eine imponierende Bodenbalz, bei der sie die volle Schönheit ihres Gefieders präsentieren.

Lassen Sie sich von der nebenstehenden Bildtafel übrigens nicht irritieren: wenn Sie einen kleinen Regenpfeifer mit einem deutlichen gelben Augenring sehen, ist es ein Flussregenpfeifer.

Iris Lichtenberg

1941.
P.A.Robert.

Gartenbaumläufer – laufende Rinde

(Certhia brachydactyla)

Im zeitigen Frühjahr sind die Gartenbaumläufer am auffälligsten. Dann hört man ihren Gesang allenthalben aus den kleinen Feldgehölzen genauso wie im alten Eichenwald. Selbst in den Gärten, wenn einige ältere Bäume mit rauer Borke in ihnen wachsen, kann man ihre sehr hohen und kurzen Strophen vernehmen. Und mit ein wenig Glück sieht man die mausgrauen Vögelchen ruckweise einen Stamm hochrutschen und ihr Liedchen vortragen. Und wenn das so ist, ist das größte Problem, dass Vogelgucker mit Baumläufern haben, schon gelöst: Die Garten- und Waldbaumläufer unterscheidet man am leichtesten am Gesang! Meist sind es die kurzen, scharfen «ti»-Rufreihen, die uns auf sie aufmerksam machen oder der charakteristische Gesang, der sie auch für uns «Normalbeobachtende» unterscheidbar zum verwandten Waldbaumläufer macht.

Wenn sie im Winter und im Frühling auf jeder Tagesliste bei den vogelkundlichen Ausflügen stehen, so machen sie sich schon Ende April sehr rar, zählen im Sommer zu den zufälligen Beobachtungen und tauchen erst im frühen Herbst wieder auf. An der Anzahl – also der rein stochastischen Wahrscheinlichkeit eines Zusammentreffens – kann es nicht liegen. Im Gegenteil: Die Populationsdichte der Baumläufer dürfte im ausgehenden Winter zu Beginn der Paarungszeit eher die geringste im Vergleich zum restlichen Jahresverlauf sein. Unter den vielen unerfahrenen Jungvögeln haben Hunger, Kälte, Krankheiten mächtig aufgeräumt, Sperber und Waldkauz werden zusätzliche Opfer verlangt haben.

Es ist allein das für Baumläufer-Verhältnisse unerhört auffällige Verhalten, das sie uns zur ihrer Paarungszeit vor das Fernglas bringt. Andersherum heißt das, dass ihr unauffälliges Verhalten, gepaart mit ihrer geradezu verblüffenden Tarntracht, sie für uns den Rest des Jahres fast unsichtbar werden lässt. Denn alles an ihnen ist auf Unauffälligkeit abgestimmt. Ihr ganzes Leben verbringen sie damit, an Baumstämmen oder dicken Ästen hochzurutschen. Ruckweise laufen sie, gesichert von einem spechtähnlichen Stützschwanz, auf der Rinde der Bäume nach oben und suchen mit ihrem Pinzettenschnabel nach Spinnen, Springschwänzen und anderen winzig kleinen Beutetieren. Es gibt keinen Singflug, keine rücksichtslosen Verfolgungsjagden, kein protzendes Balzgehabe.

Bei unseren Baumläufern sind die Schwanzfedern versteift und zugespitzt, ganz ähnlich wie bei den Spechten, die sich ebenfalls mit dem Schwanz am Stamm abstützen, wenn sie den Baum hochklettern. Damit sie das auch bei der Mauser können, mausern sie die belastbaren und extra versteiften Schwanzfedern nacheinander und nicht auf einmal. Der typische Bewegungsablauf bei der Nahrungssuche besteht darin, dass die Baumläufer – das machen beide Arten so – einen Baum in Bodennähe anfliegen und sich dann mehr oder weniger spiralförmig nach oben arbeiten, um dann wieder den nächsten Baum im unteren Bereich anzufliegen und wieder nach oben zu «ruckeln».

Baumläufer sind Höhlenbrüter. Dass sie sich ihre Nisthöhlen nicht selbst zimmern können, versteht sich bei ihrer Schnabelform von selbst. Sie haben den Raum hinter abgeplatzter Rinde als ihre Brutnische entdeckt. Dort schlafen sie auch – im Winter manchmal in großen Gesellschaften. Immer wieder gibt es Berichte von Baumläufern, die an Häusern Schlafgemeinschaften bilden. In einer Nische am Hausgiebel, in der Überdachung von Eingangstüren oder hinter Klappläden suchen sie dann gemeinsam Schutz. Je tiefer die Temperaturen sinken, desto mehr Vögel finden sich zusammen, um Energie zu sparen. Baumläufer bilden «Schlafrosetten», bei der die Vögel die Köpfe zusammenstecken und so aufgeplustert einen Kreis formen. Die Überlebensstrategie «Kuscheln» ist wichtig, denn in einer einzigen Winternacht kann ein etwa meisengroßer Vogel bis zu zehn Prozent seines Körpergewichtes verlieren! Der kleine Vogel – sie wiegen nur elf Gramm – muss viel Fett verbrennen, um die Körpertemperatur zu halten. Als Insektenfresser, der mit seinem langen, dünnen Schnabel keine Pflanzensamen verwerten kann, ist der Gartenbaumläufer nur selten an Vogelfütterungen zu sehen. Aber ab und zu scheinen ihn die lebhaften Meisengruppen doch anzulocken und er schaut, ob es nicht doch eine Chance für ein paar Kalorien gibt. So kann es passieren, dass man Baumläufer an Meisenknödeln im Fett stochern sieht. Oder sie «ruckeln» auf dem Erdboden umher und suchen die Fettbröckchen, die die Meisen runterfallen ließen. Wer regelmäßig Baumläufer im Garten hat, kann ein wenig Fettfutter in die Rinde von umstehenden Bäumen reiben. Mit Futterhäusern kann der Stammspezialist nichts anfangen.

Gartenbaumläufer haben sich an Laubwälder angepasst, während Waldbaumläufer eher in Nadelwäldern anzutreffen sind. Da Nadelgehölze durch den Menschen auch im Tiefland angepflanzt werden, kommen die beiden Arten, die früher einmal in unterschiedlichen Höhen vorkamen, nun in Mitteleuropa nebeneinander vor. Früher gab es den Waldbaumläufer eher in den Höhenlagen der Mittelgebirge. Aber die Spezialisierung, die sich auch in der Schnabelform und der Form der «Hinterkralle» ausdrückt, ist geblieben. Mit dem Mauerläufer (S. 102) oder gar dem Kleiber (S. 92) sind die Baumläufer übrigens nicht näher verwandt.

Thomas Griesohn-Pflieger

Le Grimpereau.
Mâle – Jeunes – Femelle.

Gartenrotschwanz – singender Schönling

(Phoenicurus phoenicurus)

Der muss sich wahrlich nicht verstecken – der Gartenrotschwanz! In puncto Schönheit und Farbenpracht kann er es locker mit Wiedehopf, Bienenfresser oder Eisvogel aufnehmen. Dazu kommt noch, dass er ein guter Sänger ist.

Die Stirn des männlichen Gartenrotschwanzes schmückt wie ein Diadem ein weißer Fleck, der umso mehr leuchtet, da er in einem scharfen Kontrast mit dem schwarzen Gesicht und der schwarzen Kehle des schönen Vogels steht. Nach hinten zum Nacken schließt sich an den weißen Tupfer ein langsam dunkler werdendes, bläulich schimmerndes Aschgrau an. Brust und Schwanz sind rostrot. Die Schwingen sind graubraun. Am schönsten sind die Rotschwanzmänner im Frühjahr, wenn sich die Federsäume abgewetzt haben und so das Prachtkleid unter dem etwas schlichteren Winterkleid erscheint. Im Herbst, wenn das Gefieder frisch vermausert ist, wird die weiße Stirn durch graue Federsäume verdeckt und die Rückenfedern haben rotbraune Kanten.

Der früher häufige Vogel, der nicht umsonst der GARTENrotschwanz ist, ist leider recht selten geworden. Natürlich gibt es noch Landschaftsteile, in denen er «gewöhnlich» ist, aber aus der Fläche hat er sich zurückziehen müssen, da einfach die Lebensbedingungen fehlen. Besonders im Westen Deutschlands haben die Bestände dramatisch abgenommen und er ist vor allem aus den Siedlungen verschwunden. Gärten mit alten Obstbäumen, die ausgefaulte Höhlen bieten, entsprechen nicht der Ästhetik der Schottergarten-Generation. Lückige, wenig gemähte Wiesen, auf denen er Insekten jagen kann, sind kurzgeschorenen Rasen gewichen. Und die Insektenbestände, von denen er lebt, befinden sich im Sturzflug, nehmen dramatisch ab. Als junger Mensch konnte ich in fast allen Gärten unseres Stadtteils Gartenrotschwänze singen hören. Heute muss ich um die 100 Kilometer fahren und dann auch noch Glück haben, dass der Revierinhaber des vorigen Jahres wieder heil in seinem Brutrevier angekommen ist.

Als Insektenjäger, der in Baumhöhlen brütet und der Ansitzwarten benötigt, von denen aus er seine Fangflüge in die Luft nach Fluginsekten oder auf den Boden nach Raupen und Käfern startet, ist er ein typischer Bewohner von Obstwiesen oder Obstweiden. Aber die müssen entsprechend gepflegt werden: Die Bäume sollten hochstämmig sein und das Gras sollte geschnitten werden, damit die Sonne den Boden erreichen kann und die wärmeliebenden Insekten sich vermehren können. Dabei spielt die Art der Mahd eine wichtige Rolle! Es reicht nicht, mit dem Kreiselmäher oder Mulchmäher unter den Bäumen alles kurz und klein zu «schlegeln», was den Halm oder Kopf nach oben reckt. Am schonendsten ist sicher die Mahd mit der Sense, hier überleben 95 Prozent der Kleintiere, während bei dem motorgetriebenen Gemetzel ebenso viele auf der Strecke bleiben. Wer nicht sensen kann und es auch nicht lernen will, sollte zu einem Balkenmäher greifen. Zudem, genauso wichtig, muss das Mahdgut von der Wiese abtransportiert werden. Leider sind die Mehrzahl der oft pauschal falsch bezeichneten «Streuobstwiesen» (denn Einstreu braucht die Agrarindustrie nicht mehr) vielleicht ein optischer Hoffnungsschimmer, aber ökologisch erreichen sie längst nicht den Wert, den sie haben könnten, denn sie werden falsch bewirtschaftet. Hier kann man lange auf den Gartenrotschwanz warten – er wird nicht kommen, denn die Speisekammer ist leer.

Lange Zeit war das anders und der Bewohner der Waldsteppe, Windwurf- und Brandlichtungen in sommerwarmen, lückigen Wäldern profitierte von der Auslichtung der Wälder durch Waldweiden. Die Gemälde der deutschen Romantik zeigen verklärend oftmals typische Gartenrotschwanzreviere. Der Schweinehirte, malerisch unter einer riesigen Solitäreiche zum Mittagsschlaf ausgestreckt, im Hintergrund lagert das Vieh und im Geäst tummeln sich Vögel. Man hört es förmlich brummen vor lauter Insekten und Pirol, Trauerschnäpper, Heidelerche und Gartenrotschwanz singen um die Wette. Solche Zustände sind unwiederbringlich vorbei, denn die kleinbäuerlich geprägte Kulturlandschaft wurde zur Agrarlandschaft. Möglicherweise werden aber die Gartenrotschwänze profitieren von den Veränderungen, die sich in unseren Wäldern anbahnen. Trockene Sommer in Verbindung mit sich häufenden heftigen Stürmen, die Schneisen in die Forste schlagen, könnten ihm neue Lebensräume schaffen. Im Atlas Deutscher Brutvogelarten (2014) heißt es wissenschaftlich unprosaisch «der Gartenrotschwanz besiedelt lichte Zerfallsphasen von Laub- und Mischwäldern …». Zerfallsphasen dieser Art werden in einem sich ändernden Klima häufiger zu finden sein. Die Hoffnung wird aber eingetrübt, wenn man weiß, dass Gartenrotschwänze in der Sahelzone überwintern. Was passiert, wenn diese zur Wüste wird, kann man sich vorstellen. Schon früher, in den 1970er- und 1980er-Jahren, haben Dürrezeiten im Winterquartier, das in den Savannen West- und Zentralafrikas liegt, seine Bestände schrumpfen lassen, die sich davon bis heute nicht erholt haben. Käme es in der Sahelzone wieder zu langen Trockenperioden, was die globale Erwärmung mit sich bringen wird, gibt es dort weniger Insekten mit dramatischen Folgen für die Gartenrotschwänze. So lasst uns denn ein Apfelbäumchen pflanzen. Einen Hochstamm …

Thomas Griesohn-Pflieger

Le Rossignol de murailles.

Le Rossignol de murailles.

Gebirgsstelze – immer in Bewegung

(Motacilla cinerea)

Da war doch – nein doch nicht, aber da ist doch – ich hab doch was gesehen … Ein Winterspaziergang am Bach und ich bin mir sicher, gerade etwas gesehen zu haben, eine Bewegung am steinigen Ufer. Ein gelbes Aufblitzen, ein graues Davonhuschen, ein schwarzes Wippen. Kein Eisvogel (S. 48) also, kein leuchtender Smaragd über dem Wasser, der, kaum dass man ihn gesehen hat, in einem Aufblitzen gleich wieder weg ist. Etwa 20 Meter weiter sehe ich es wieder, auf den großen Steinen am Ufer, eine kleine schwarz-weiße Flagge wird geschwenkt und nun ist es sicher, die Gebirgsstelze ist wieder da, ein regelmäßiger Wintergast hier an diesem Bach. Sie ist scheu und fliegt weiter flussaufwärts, sobald ich näher als 20 Meter komme, aber mit dem Fernglas ist sie gut zu sehen. Ihr Hinterleib mit dem langen, schwarz-weißen Schwanz wippt unaufhörlich schnell auf und ab, wie es bei vielen Vögeln, die ihr Leben an Fließgewässern verbringen, beobachtet werden kann. Man vermutet, dass das Wippen als Signal für Artgenossen dient, da die Stimme oft vom rauschenden Wasser übertönt wird. Die Rufe der Gebirgsstelze sind allerdings scharf und durchdringend, sie übertönen auch das Tosen eines Gebirgsbaches, und so hat das hektische Wippen vielleicht noch zusätzliche Funktionen. Ich stelle mir die ständige Bewegung sehr anstrengend und energieraubend vor, aber die Natur verschwendet keine Energie und so wird es seinen Sinn haben.

Die Gebirgsstelze ist ein eleganter Vogel, sie hat einen auffällig langen Schwanz, ihre graue Oberseite kontrastiert harmonisch mit der gelben Unterseite, die schwarze Kehle der männlichen Vögel setzt sich mit der weißen Begrenzung noch einmal besonders auffällig ab. Mit diesem Pfund wuchert die Gebirgsstelze, wenn es darum geht, eine Partnerin von sich zu überzeugen. Der Stelzenmann trägt seinen Gesang von einer Singwarte vor, die er regelmäßig wechselt, in seinem charakteristischen, wellenförmigen Flug, sodass er sein ganzes Revier «besingt» und Konkurrenten klar macht, welche Grenzen sie zu wahren haben. Sieht er nun eine weibliche Stelze, verlässt er die Warte in einem beeindruckenden Sinkflug: Er hebt seinen Schwanz an und fächert ihn weit auf, plustert sein Gefieder, vibriert mit den halb ausgebreiteten Flügeln und wirft den Kopf in den Nacken, um seine schwarze Kehle zu präsentieren. Dabei singt er aus vollem Halse und landet in der Nähe der Angebeteten. Nun nähert er sich ihr mit weiterhin weit aufgefächertem, aber auf dem Boden schleifenden Schwanz, erhobenem Kopf und vibrierenden Flügeln. Wenn er Glück hat, erwidert die weibliche Stelze mit ebenfalls vibrierenden Flügeln und er kommt zu seinem Ziel. Wenn nicht, fliegt er wieder in die Höhe und das Schauspiel beginnt von vorn. Wir müssen nicht in tropische Länder fahren, um beeindruckende Balzrituale zu sehen, dafür ist die Gebirgsstelze ein Beispiel von vielen.

Mehr als die Bachstelze ist die Gebirgsstelze an das Wasser gebunden und verbringt ihr ganzes Leben in dessen Nähe. Am liebsten an schnell fließenden, schattigen Bächen mit steinigen Ufern und flachen, ruhigen Zonen für die Jagd. Ein paar Bäume als Singwarte noch sowie Nistgelegenheiten in Spalten und Löchern, gerne auch in Mauern oder an Brücken, und schon fühlt sie sich wohl. Vorausgesetzt, das Wasser ist zumindest so sauber, dass ihre Hauptbeute darin überleben kann: Wirbellose und ihre Larven, vor allem wassergebundene Insekten, wie Mücken, Köcherfliegen, Eintagsfliegen, aber auch Spinnen, Schnecken und Libellen. Sie pickt ihre Beute von der Wasseroberfläche oder knapp darunter oder fängt sie im Laufen, Springen, Fliegen. Sind insektenreiche Wiesen in der Nähe, jagt sie auch dort und an Wegrändern, sie sammelt im Rüttelflug Spinnen von Mauern und verfolgt Fluginsekten hartnäckig, wobei sie extrem wendig ist, da ihr langer Schwanz als Steuer dient.

Gebirgsstelzen sind keine geselligen Vögel, sie verteidigen ihr Revier während der Brutzeit vehement gegen Artgenossen und suchen es sogar im Herbst und Winter regelmäßig auf, um nach dem Rechten zu sehen, wenn sie in der Nähe überwintern. Nur die Geschwister bleiben manchmal noch einige Wochen zusammen und streifen umher, nachdem sie flügge geworden sind. Sie werden im elterlichen Revier geduldet, auch wenn die zweite Brut begonnen hat. Erwachsene Gebirgsstelzen umfliegen fremde Reviere im weiten Bogen oder in einer Höhe über den Baumwipfeln, um keinen Kampf zu provozieren. Die Aufzucht der Jungen ist anstrengend genug, da braucht es keinen kräftezehrenden Kampf, wenn man schon ein gutes Revier hat. Für die Aufzucht einer Brut müssen bis zu 45 000 Insekten gesammelt werden! Da gute Reviere nicht leicht zu finden sind, haben Gebirgsstelzen eine ausgeprägte Brutplatztreue entwickelt und so findet sich das gleiche Paar oft mehrere Jahre in der Brutsaison zusammen, auch wenn sie im Winter getrennte Wege gehen. Aber um sicherzugehen, wird der Stelzenmann seine Partnerin auch im Frühjahr mit seinem aufwendigen Balzritual an sich binden und wenn wir Glück haben, können wir ihn dabei beobachten.

Iris Lichtenberg

La Bergeronnette jaune.
Automne: Mâle.

La Bergeronnette jaune.
Automne: Femelle. – Mâle.

Gimpel – Dompropst mit Flügeln

(Pyrrhula pyrrhula)

Vogelstimmenexkursion mit der Volkshochschule: Die Gruppe hatte sich an diesem Sonntagmorgen im Mai schon bei Morgengrauen auf dem Parkplatz des Zentralfriedhofs getroffen, der überwältigende Chor der singenden Amseln und Singdrosseln war nach einer Stunde Beobachtung und Genuss deutlich dünner geworden. Nun erreichten wir zwischen den Gräberreihen pirschend einen kleinen Eibenbestand, der den Gottesacker gegen die Straße abgrenzte. Dort hatte ich als Exkursionsleiter ein weiches, fast sehnsüchtiges «düh» gehört. Mit gespitzten Lippen die Luft einsaugend, ahme ich den Laut nach. Schon nach vier Wiederholungen deute ich langsam mit der Hand auf den Gipfel einer kleinen Blautanne. Dort sitzt, prächtig von der Morgensonne beschienen, der so herangelockte Vogel: Die Vorderseite leuchtend rot (kardinalrot), Kopfplatte, Gesicht und Schnabel schwarz, der Rücken ist weichgrau gefärbt. Der hochgereckte Gimpel wendet den Kopf hin und her und sucht ganz offensichtlich den lockenden Artgenossen. Wenige Augenblicke später lässt er sich zusammen mit seiner Partnerin beobachten. Eng sitzen die beiden zusammen in der Birke, fliegen dann hinunter auf den Rasen und machen sich an Löwenzahnblüten zu schaffen. Die Gimpelfrau ist mit Ausnahme der warmbraunen Vorderseite sehr ähnlich wie der Gimpelmann gefärbt. Alle Farben sind allerdings kontrastärmer pastellfarbig ausgeführt. Also statt kardinalrot zu leuchten, bedeckt ein elegantes Braungrau die Vorderseite von der Kehle bis zum Unterbauch.

Sie sind selten allein und daher ist das Heranlocken von Gimpeln durch Nachahmen ihres Kontaktrufes relativ leicht. Dass sie sich auch von Lockvögeln ihrer Art, besonders zu den Zugzeiten, heranlocken lassen, trug ihm in vergangenen Zeiten bei den Vogelfängern, die an ihren Vogelherden lauerten, den Ruf einer gewissen Einfalt ein. Die Redensart «Du Gimpel!» stammt wohl daher. In dem Lied «Die Vogelhochzeit» nimmt der Dompfaff – wie der Gimpel auch heißt – die Trauung vor und wegen seines Aussehens heißt er in vielen Ländern ähnlich wie bei uns. Dabei wird wohl die schwarze Kappe an eine Mönchskappe erinnern, die graue Oberseite an einen Umhang und das satte Rot der Vorderseite an das Rot, das in einigen Rängen der klerikalen Hierarchie anzutreffen ist.

Eine Anekdote berichten die Volkstumsforscher Ernst und Luise Gattiker aus dem Aargau. Dort habe ein Mann seinen Dompfaff seinem Chorherrn gezeigt und auf die Frage, warum denn der Vogel so heiße, geantwortet: «Weil er nicht schön singt, aber desto mehr frisst.»

Diese Geschichte zeigt auch, dass der Gimpel ein beliebter Stubenvogel war. In vielen Handwerkerstuben, wie bei Schuhmachern oder Webern, standen Vogelbauer mit Gimpeln und Buchfinken. Die Gimpel wurden zu hohen Preisen gehandelt. Am meisten Geld brachten die Vögel, die ein oder mehrere Lieder nachpfeifen konnten. Ein willkommenes Zubrot für so manchen Handwerker, der sich andererseits seinen langen Arbeitstag damit vertrieb, dem Gimpel durch Vorpfeifen der Melodien («anleiern») Musikstückchen beizubringen.

Der arteigene Gesang des Gimpels ist nicht unbedingt ein Ohrenschmaus. Er besteht aus einer Reihe mehr oder weniger unreiner Töne, die mehr an «das Quietschen der Wetterfahne» erinnert, wie der überragende Naturautor Richard Gerlach formulierte, als an die ausgeprägten Gesänge seiner Finkenverwandschaft. Besser als es Richard Gerlach in seinem Buch «Die Gefiederten» tat, kann man wohl den sehnsüchtigen Ruf des bunten Finkenvogels kaum beschreiben: «Die Lockstimme klingt ‹diü, diü›, manchmal auch leiser ‹büt, büt›. Sie ist von bänglicher Milde. Das Schweigen der großen Wälder wird tiefer durch sie.»

Gimpel verteidigen keine Reviere, halten aber sehr eng paarweise zusammen. Nur ausnahmsweise wird man für längere Zeit einen Gimpel solo sehen. Vielleicht ersetzt die enge Paarbindung die Verteidigung eines Reviers. Viele Gartenbesitzer kennen den Gimpel, weil er sich regelmäßig an den winterlichen Futterstellen sehen lässt und dort mit seinem dicken Quetschschnabel den Hausspatzen Paroli bietet. Der Name Gimpel hat nichts mit «Simpel» zu tun, auch wenn beide Namen manchmal synonym gebraucht werden. Gimpel leitet sich von «gumpen» ab, was hüpfen bedeuten soll. Während einige Ornithologen meinen, der Name Gimpel bezöge sich auf die behäbigen, nicht sehr eleganten Bewegungen des Gimpels am Boden, erklärt der Vogelnamenexperte Viktor Wember es anders. Er erklärt das Hüpfen als Form des «aus der Reihe Tanzens» und meint damit das auffällige Äußere des Gimpelmannes. Wer Gimpel lange beobachtet, könnte Wember zustimmen, denn der Gimpel bewegt sich nicht weniger elegant oder schwerfällig als Buchfink, Grünling oder Hänfling, tanzt aber durch seine auffällige Färbung «aus der Reihe».

Einen prächtig rot gefärbten Gimpelmann mit seiner mildgetönten Frau in der strahlenden Wintersonne vor frostblauen Himmel dabei zu beobachten, wie sie blutrote Hagebutten zerbeißen, gehört zu den besonderen optischen Leckerbissen winterlicher Vogelkunde.

Thomas Griesohn-Pflieger

Le Bouvreuil.
♂

Le Bouvreuil.
Femelle. – Mâle

Girlitz – klirrender Zwerg

(Serinus serinus)

Bei einem Spaziergang Mitte März tritt plötzlich ein Laut in mein Bewusstsein – «zippzapp-zippzapp». Ein Zilpzalp! Hat man den ersten gehört, bemerkt man sie überall, in jedem Baum und Busch, ihre monotonen Rufe. Über Nacht scheinen sie eingewandert zu sein, zurück aus ihren Überwinterungsgebieten. Wenige Tage später, ich sitze im Büro, ertönt ein klirrender, hoher Gesang vor dem offenen Fenster. Hier, mitten in einem Frankfurter Industriegebiet ohne Brachflächen, das kann nicht sein! Aber doch, hoch oben im Ahorn vor meinem Fenster sitzt ein Girlitz und lässt seinen metallischen Gesang hören, der erste in diesem Jahr, und doch erkenne ich seinen Gesang sofort wieder, so wie auch die Rufe des Zilpzalps. Er bleibt nur diesen einen Tag, wohl auf dem Durchzug hat er die kleine Futterstelle bemerkt, die ich dort eingerichtet habe.

Aber am nächsten Abend höre ich ihn auch in meinem Garten und nun erscheint ein Girlitzpaar jeden Tag an der Futterstelle und sucht die kleinen Wildsamen, die auch die Stieglitze so mögen, vom Boden auf. Er wirkt dort winzig neben den streitlustigen Rotkehlchen, und tatsächlich ist er Europas kleinster Fink.

Girlitze sind ursprünglich Vögel des Mittelmeerraumes, erst zu Beginn des 19. Jahrhunderts folgten sie langsam der traditionellen Landwirtschaft, die die bewaldeten Landschaften Mitteleuropas öffnete, und breiteten sich über Österreich und die Schweiz bis in die norddeutsche Tiefebene und weiter nordöstlich aus. Inzwischen haben wir unsere Agrarflächen in tote Steppen verwandelt. Als Ersatz dienen dem Girlitz die Vorortsiedlungen mit ihren Gärten, die Parks und Friedhöfe. Er benötigt halboffene Landschaften mit lichten Baumgruppen, den Wechsel von niedriger und hoher Vegetation und die Samen der Staudenfluren und Wildkräuter. Alte Nadelbäume bevorzugt er für den Nestbau, da sie einen besseren Sichtschutz bieten als Laubbäume. Da er von schnell aufwachsenden Wildkräutern in Gartenbeeten profitiert, wie andere Finken auch, sollte man es nicht zu genau mit dem «Unkraut»-Zupfen nehmen, wenn man Girlitze vom Wohnzimmerfenster aus beobachten möchte.

Gefährdet sind Girlitze nicht, im Mittelmeerraum sind sie sogar weiterhin sehr häufig, und ich erinnere mich an einen Frühlingsabend in der spanischen Stadt Trujillo, in der von jedem Baum und Gebäude ihr hohes Klirren so laut erklang, dass es fast schmerzhaft war. Ich verstand plötzlich, warum der Girlitz auch der «Glasschneider» genannt wird. Eine unwirkliche Stimmung – die gelben, klirrenden Zwerge, in der Ferne das «hupp-hupp» des Wiedehopfes (S. 196), kreisende Rötelfalken in der Luft, dazwischen Schwalben, ein Gänsegeier segelnd auf Patrouille und auf jedem Vorsprung der Kirche ein gewaltiges Storchennest. War es in unseren Städten auch einmal so? Ich habe es nicht mehr erlebt.

Seinen Gesang trägt der Girlitz immer in Bewegung und von hoher Warte aus vor. Egal, ob auf den oberen Ästen eines Laubbaumes oder auf einer Fernsehantenne sitzend, Hauptsache, er hat freie Sicht und wird gesehen. Dann schwenkt er seinen Kopf und Körper, den Schwanz leicht angehoben, die Flügel mal hängend, mal leicht geöffnet und fliegt in einem taumelnden Schmetterlingsflug um seine Singwarte herum oder den nächsten hohen Standort an. Erhört ihn eine Girlitzfrau, ist das Paar für diese Brutsaison immer gemeinsam unterwegs, auch an meine Futterstelle kommen sie zu zweit, zumindest solange, bis sie auf dem Nest sitzt und er mit der Nahrungssuche für seine Partnerin und den Nachwuchs beschäftigt ist. Wissenschaftliche Beobachtungen in Portugal, wo einige Girlitze eng beieinander brüteten, enthüllten ein interessantes Verhalten: die männlichen Girlitze suchten oft die auf dem Nest sitzenden Partnerinnen der Nachbarn auf und versuchten, sie zu begatten. Alle weiblichen Girlitze wehrten sich jedoch vehement dagegen und in keinem Nest fanden sich Eier, die von einem anderen Girlitz als dem Saisonpartner befruchtet wurden. Das ist eher ungewöhnlich bei Singvögeln und die Forscher fragten sich, warum die männlichen Girlitze dennoch so beharrlich versuchten, fremdzugehen. Sie vermuteten, dass dieses Verhalten dazu diente, potenzielle zukünftige Partnerinnen zu gewinnen.

Dass die Intensität der Gelbfärbung des Gefieders Rückschlüsse auf die Fitness eines Vogels gibt, ist auch von anderen Arten bekannt. Das Gelb wird von eingelagerten Karotinoiden hervorgerufen, die bei weniger fitten Vögeln zur Stärkung des Immunsystems dem Gefieder entzogen werden – der Vogel wird blasser. Dass eine intensive Färbung zumindest bei Girlitzen nicht nur Vorteile hat, fanden spanische Forscher in einer langjährigen Studie mit beringten Vögeln heraus. Die besonders intensiv gelb gefärbten Girlitze hatten eine ebenso niedrige Lebenserwartung wie die Geschwächten mit mattem Gefieder. Die höchste Lebenserwartung haben laut dieser Studie die «verhaltenen Schönheiten». Die Ursache liegt wahrscheinlich in dem erhöhten Feinddruck, dem auffallend gefärbte Vögel ausgesetzt sind, aber auch am Stress der Revier- und Partnerverteidigung, denn natürlich gelang es den «brillanten Schönheiten» regelmäßig, eine Partnerin zu finden.

Der klirrende Gesang des Girlitzes im März kündet für mich ebenso vom Frühling wie die Rufe des Kleibers und der Gesang der Amsel. Dann noch eine unermüdliche Singdrossel und der Bogenflug der Ringeltaube – was will man mehr!

Iris Lichtenberg

Le Serin cinis.
Mâle. – Femelle. 6

Le Serin cinis.
Jeunes. 8

Goldammer – Beethovens Muse

(Emberiza citrinella)

Im Februar beginnt die Goldammer zu singen. Viele (ältere) Menschen kennen die bekannteste Umschreibung des Liedes. Sie singt: «Wie, wie hab ich dich doch so lieb!» Es ist das Lied der sonnenbeschienenen Landstraßen im Sommer, der Feldwege, sofern sich dort noch Bäume und vielleicht sogar Hecken finden, der Obstgärten draußen vor der Stadt. Und es ist das Lied, das so typisch für die offene Landschaft war, dass es Komponisten verarbeitet haben. Die kleine, monotone Strophe ist in Hochkultur und Folklore gleichermaßen zu Hause. Mozart erhebt sie zum Leitmotiv in der Arie vom Vogelfänger in der Oper «Die Zauberflöte». Und dann Beethovens Fünfte! Der fast schüchterne Gesang des kleinen Vogels wird zum furiosen Auftakt der berühmtesten (Schicksals-)Sinfonie des großen Komponisten verwandelt und damit gleichfalls – wenn auch anonym – weltbekannt. Die Melodie des Ammerliedes war bis etwa in die 1970er-Jahre in der bäuerlichen Landschaft so präsent, dass es zur Melodie des Landmannes, der hinter dem Pfluge geht, wurde. Im Volksmund fand es vielfältige Verwendung. Fängt die Arbeit beim Morgengrauen an, ruft dem Volksmund nach die Goldammer: «Es ist, es ist ja noch viel zu friih!» Dann, wenn die Mittagshitze die Arbeitenden quält: «Bauer, Bauer, willst du ein Bier?» Die pragmatischen Engländer reimen zum Gesang der Yellowhammer «A little bit of bread and no cheese!» («Ein bisschen Brot und keinen Käse!»). Auf das Wetter bezieht man sich mit «Wie, wie wie ist es doch so – schwüüül!», im Mecklenburgischen klingt es handfest «Lick, lick, wat ik schiet.»

Nur wenige Vogelarten sind oder waren im Volkswissen so präsent und so mit dem dörflichen Alltag verwoben wie die Goldammer. Sicher trägt dazu bei, dass der Goldammermann unermüdlich ist im Vortragen seiner Strophe; bis zu 7000-mal stimmt er sein Liedchen in einer Saison an. Nicht irritieren lassen sollte man sich auf Reisen, wenn die Goldammern in Schweden oder Dänemark anders singen als in Bayern oder Westfalen. Sie bilden regionale Dialekte aus, mit denen sich eine eigene Webseite beschäftigt (www.goldammerdialekt.de). Goldammern singen schon früh im Jahr, beispielsweise von Buschspitzen, Zaunpfählen oder Leitungsdrähten. Sie beginnen mit ihrer Schicksalsmelodie bei gutem Wetter schon im Februar und geben ihre kleinen Ouvertüren bis in den Herbst hinein zum Besten.

So volkstümlich die Goldammer ist, hinderte es die arme Landbevölkerung nicht, sie in großer Zahl zu verspeisen. Ihrem Bestand hat das aber vermutlich nicht geschadet. Noch im 19. Jahrhundert waren die Ammern so zahlreich, dass sie gejagt wurden und eine willkommene Fleischspeise auf den Tischen der armen Landbevölkerung war. Der große Ornithologe Johann Friedrich Naumann († 1857) beschreibt die Jagd mit dem Schrotgewehr so: « … und wenn man im Winter nahe bei den Gehöften auf einem Längsstreif den Schnee wegkehrt, und ihn mit Stroh, Spreu und Körnern bestreuet, wo sie haufenweise auffallen, so kann ein einziger Schuss eine große Menge zu Boden strecken.»

Im Gefieder der Goldammer ist ein Zitronengelb wie bei einem Sittich, und viele, die den Vogel zum ersten Mal im Freien aus der Nähe sehen, sind erstaunt, dass es so viel Blütengelb in unserer Vogelwelt gibt. Die Ammerfrauen sind dezenter und mehr tarnfarben gefärbt. Bei vielen Ammern sind die Schneidkanten der Schnäbel nicht parallel, sondern S-förmig verbogen, das kann irritierend sein, wenn man einer singenden Goldammer in den Schnabel schaut. Als Insektenesser im Sommer und Samenesser im Winter müssen sie aber «multifunktional aufgestellt» sein. Die Goldammer bleibt auch im Winter bei uns. Wir können sie dann in größeren Trupps von vielen Dutzend Vögeln beobachten. Ihre Rufe sind im Winter besonders oft zu hören, sie klingen bei Störungen wie «tsr», aus den Trupps hört man auch ein sehr typisches «zürrl». Im Spätwinter beginnen die Ammermänner damit, ihre Reviere aufzubauen und energisch zu verteidigen. Das Nest wird auf dem Boden oder bodennah angelegt. So vielgestaltig der Lebensraum der Goldammer sein soll, so vielgestaltig ist ihre Nahrung. Sie essen größtenteils Samen, füttern ihren Nachwuchs aber mit Spinnen, Käfern, Hautflüglern, Schmetterlingslarven und Heuschrecken. Goldammern brüten zweimal im Jahr.

Der Bestand der Goldammern ist rückläufig und in den Randbereichen ihres Vorkommens hat sie schon manche Gegend geräumt. Aus intensiv genutzten, ausgeräumten Agrarlandschaften ist die Goldammer weitgehend verschwunden. Flächenzusammenlegungen, Beseitigung der natürlichen Parzellenbegrenzungen mit Altgrasstreifen, kleinen Böschungen und Brachen, die Asphaltierung von Straßen und Feldwegen sowie der Einsatz von Herbiziden sind nur einige Gründe, die in diesem Zusammenhang genannt werden müssen. Man kann ihr relativ einfach helfen. Heckenstrukturen, unterbrochen von einzelnen, höheren Bäumen, Blühstreifen und breite, brachfallende Feldränder, die nur alle paar Jahre mal umgebrochen werden, bieten ihr Nahrung und Schutz.

Nah verwandt ist die Goldammer mit der Zaunammer, die auch in Deutschland, vor allem in den Wärmeinseln am Rhein vorkommt. Dort trifft sie auf die Zippammer, die felsige Lebensräume bevorzugt, die sie in steilen Weinbergen findet. Die Grauammer, die ebenfalls eine Bewohnerin der Feldflur ist, sowie die Rohrammer (S. 124), die Gewässerränder besiedelt, werden in diesem Buch ebenfalls vorgestellt.

Thomas Griesohn-Pflieger

Le Bruant jaune.
Mâles - Femelle (Automne)

Grauammer – Trillerjahn und Wintersänger

(Emberiza calandra)

Grauammern sind ursprünglich Steppenvögel und meine intensivsten Erfahrungen mit ihnen habe ich in steppenähnlichen Gebieten oder Landschaften mit extensiver Weidebewirtschaftung gemacht. Denke ich an die Grauammer, steigen Erinnerungen an milde Frühlingsluft, an einen weiten Blick über offene Landschaften und an Weidezäune auf. Spanien im Frühling, hoch in der Luft singt die Kalanderlerche unermüdlich ihr Lied, in der Ferne ruft ein Wiedehopf und in gebührlichem Abstand zueinander stehen Grauammern auf den Stromleitungen oder Zäunen und stimmen ihren unverkennbar metallischen Gesang an. Sie sind nicht scheu, nur ein Konkurrent, der die für uns unsichtbare Reviergrenze verletzt, oder der strategische Wechsel von einer Singwarte zur nächsten kann sie zum Auffliegen bewegen. Die Flügel leicht hängend, den Schnabel weit geöffnet tragen sie ihre einfache Strophe in unendlichen Wiederholungen vor. Wenn dieser einfache, aber durchdringende Gesang und auch ihre dickköpfige Erscheinung nicht wären, könnte man die Grauammer in dieser Landschaft für eine Lerche halten, sie ist ebenso unauffällig gefärbt. Sie treibt ihre Unauffälligkeit so weit, dass sie auf ein Prachtkleid verzichtet und beide Geschlechter am Gefieder nicht voneinander zu unterscheiden sind. Wenn man davon absieht, dass die männliche Ammer etwa 20 Prozent größer ist als die weibliche, sehen sie gleich aus, und zwar das ganze Jahr über. Unter anderem aufgrund dieser Eigenschaften wurde die Grauammer früher einer eigenen Gattung zugeordnet.

Trillerjahn, Lerchenammer und Kornquaker sind bei uns volkstümliche Bezeichnungen für die Grauammer. In Italien nannte man sie auch Strillozzo, was so viel wie «Geschrei» oder «Gezeter» heißt. Viele dieser Namen beziehen sich auf ihren Gesang, wohl nicht nur, weil er so eindringlich ist, sondern, weil sie ihn auch im Winter hören lässt, weshalb eine weitere Bezeichnung bei uns Winterammer war. Sucht man in der einschlägigen Literatur, findet man wenig über die Grauammer. Sie ist vor allem für den Naturschutz interessant, weil sie besonders sensibel auf landschaftliche Veränderungen reagiert und ihr Verschwinden aus einem Gebiet frühzeitig anzeigt, dass es für Offenlandarten an Qualität verliert.

Hinter ihrem schlichten Äußeren verbirgt die grösste Ammer Europas ein durchaus interessantes Familienleben. Grauammern gehen keine Paarbindungen ein. Die männliche Ammer kehrt früh ins Brutgebiet zurück und gründet ihr Revier. Sie schmettert ihr klingelndes Lied am liebsten von der höchsten Warte aus, von einer Stromleitung oder von einem hohen Zaun, und verteidigt die Reviergrenzen vehement gegen Konkurrenten, wenn nötig auch in einem kurzen Luftkampf. Das ist anfangs aber kaum nötig, weil die Grenzen von den männlichen Nachbarn üblicherweise respektiert werden. Jetzt kommen aber die Frauen hinzu, und denen sind die Reviergrenzen vollkommen gleichgültig. Und auch wenn die Revierinhaber sie nun mit langsamen Imponierflügen mit herausgedrückter Brust und hängenden Beinen zu beeindrucken suchen, interessiert die weibliche Grauammer offenbar nur eines: Wo ist ein idealer Neststandort? Die Fitness des Revierinhabers ist dabei zweitrangig, da sie bei der Aufzucht der Nestlinge weitestgehend auf seine Hilfe verzichtet. Bei der Suche nach dem idealen Neststandort, aber auch später bei der Nahrungssuche für sich und die Jungvögel überfliegen sie die Reviergrenzen und lösen damit regelmäßig Kämpfe zwischen den männlichen Ammern aus. Hat ein Grauammermann ein gutes Revier besetzt, mit guten, geschützten Standorten für das Bodennest, kommt es vor, dass mehrere Weibchen ihr Nest in seinem Revier bauen, die sich untereinander vollkommen ignorieren. Diese darf er dann auch begatten und bei der Nahrungssuche begleiten, manchmal hilft er auch bei der Aufzucht der Jungvögel, sobald sie das Nest verlassen haben, was bei Grauammern schon sehr früh geschieht – oft schon am achten Tag nach dem Schlüpfen.

Doch auch wenn die weiblichen Grauammern ihre Wahl nach dem Neststandort treffen und keine Bindung zu der männlichen Ammer eingehen, gibt es ein Ausschlusskriterium: der Ammermann darf keinen Dialekt singen! Im Revier einer «fremdsprachigen» Ammer werden keine Nester gebaut. Es ist nicht klar, warum das so ist, vielleicht vertrauen die weiblichen Vögel darauf, dass eine einheimische Grauammer eine bessere Revierwahl trifft, weil sie sich auskennt.

Ich erinnere mich an frühherbstliche Beobachtungsstunden in einer dieser zugigen Vogelguck-Fehlkonstruktionen, die in der Hauptwindrichtung gebaut wurde, mit Ausblick auf alles Mögliche, nur nicht auf die interessante Feuchtwiesenlandschaft nebenan. Aber ein kleines Trostpflaster gab es: eine Grauammer schrillte ihr Lied hinaus, lange, unermüdlich und mit diesem herrlich weit geöffneten Schnabel, der mich immer an Bilder von Kinderchören erinnert, auf denen die Kleinen mit zurückgelegtem Kopf, geschlossenen Augen und offenen Mündern Weihnachtslieder singen. Für kurze Zeit vergaß ich den schneidenden Wind, der durch die Hütte wehte, denn der Gesang der Ammer führte mich zurück in den spanischen Frühling.

Iris Lichtenberg

Le Bruant proyer.
Mâle 4

Le Bruant proyer.
Mâle - Femelle. 6

Graureiher – Jurassic Park ist jetzt!

(Ardea cinerea)

Dass Vögel Dinosaurier sind, fällt mir meist dann wieder ein, wenn ich einen Graureiher sehe. Vögel sind ja nicht nur irgendwie mit den Dinosauriern verwandt, sondern die direkte evolutive Weiterentwicklung der Dinosaurierlinie, die den Meteoriteneinschlag vor 66 Millionen Jahren überlebt hat. Viele ihrer anatomischen Besonderheiten, wie Federn, hohle Knochen und Sauerstoffaustausch über Luftsäcke im Körper, waren schon bei den Dinosauriern vorhanden. Sogar die Geschlechtsbestimmung der Fossilien erfolgt heute über ein Merkmal, dass typisch Vogel ist: die Einlagerung eines Calciumvorrates in den Oberschenkelknochen vor der Eiablage bei weiblichen Tieren. Einige der Dinosaurier in «Jurassic Park» hätten Federn tragen müssen, aber das war Stephen Spielberg wohl nicht gruselig genug. Dafür haben die Bewegungen seiner Velociraptoren aber etwas sehr Vogelartiges, wenn man genau hinschaut, und im letzten Film durften sie ein paar Federchen zeigen.

Warum ausgerechnet Graureiher mich an Saurier erinnern, weiß ich nicht so genau. Vielleicht liegt es an ihren rauen, urtümlich wirkenden Schreien, die man sich so durchaus auch bei dem vorstellen kann, was wir früher für große Echsen gehalten haben: den Sauriern. Vielleicht liegt es auch an der lautstarken Aggressivität, mit der sie Konkurrenten vertreiben, was sich an nahezu jedem Gewässer gut beobachten lässt. Oder an der stillen und regungslosen Art, mit der sie auf einer Wiese oder am Seeufer stehen und dann plötzlich mit ihrem Schnabel zustoßen und dabei oft Tiere erbeuten, die so groß sind, dass man sich fragt, wie sie durch den schmalen Hals passen. Auch ihre Flugsilhouette mit den getragenen Flügelschlägen und dem gewundenen Hals, ihre langen Beine scheinbar hinter sich herziehend, wirkt durchaus urtümlich. Und die Brutkolonien der Graureiher haben für mich mit ihrer Geräusch- und Geruchskulisse eine urzeitliche Ausstrahlung, so wie die Brutkolonien der Kormorane, der zweiten Vogelart, bei der ich unwillkürlich an Dinosaurier denken muss. Von den großen Seevogelkolonien an den Felsen unserer Weltmeere gar nicht zu sprechen!

Mit dem Kormoran teilt der Graureiher noch etwas: wie dieser wurde er bis in die Mitte des 20. Jahrhunderts gnadenlos verfolgt und noch heute müssen beide aufgrund illegaler Jagd und Ausnahmegenehmigungen zur «Vergrämung» durch Abschuss um ihr Leben bangen. Als «Fischräuber» werden sie bezeichnet und man fragt sich, wem sie etwas stehlen? Dem Menschen etwa? Sollten wir nicht über den Aberglauben hinweg sein, dass die Erde für uns geschaffen wurde und alles, was darauf lebt, nur zu unserem Nutzen existiert? Nun, sind wir offenbar nicht, und würden die Dinosaurier heute auch noch in anderer Gestalt als der der Vögel existieren, würden sie aufgrund ihrer Ernährungsweise sicher ebenso gnadenlos von uns gejagt. Man stelle sich nur vor, was ein T. Rex uns alles «weggefressen» hätte. Stattdessen führt er nun ein friedliches Leben auf Kinderpyjamas.

Der Graureiher dagegen unterliegt ständigen Bestandsschwankungen, in den letzten zehn Jahren haben die Sondergenehmigungen zum Abschuss in Deutschland, vor allem in Bayern, wieder zugenommen. In anderen Ländern Europas wurde er erst gar nicht geschützt. Dennoch ist seine Scheu vor Menschen in vielen Regionen geringer geworden, da er nicht mehr flächendeckend bejagt wird und so gibt es heute auch stadtnahe Bestände. Graureiher sind Koloniebrüter und häufig gesellen sich auch andere Koloniebrüter zu ihnen, zum Beispiel Kormorane oder Sichler. In ihren grob strukturierten Nestern brüten auch Singvögel, wie Sperlinge, Kohlmeisen oder Stare (S. 154). So kann man in einer gut besiedelten Graureiherkolonie viele interessante Beobachtungen machen. Wie in einer Kleinstadt treffen sich dort die unterschiedlichsten Typen. Die Graureiher selbst verhalten sich in der Kolonie wenig aggressiv, sie verteidigen aber die Nestumgebung gegen Artgenossen. Im Nahrungsrevier sieht das anders aus, da ist eine größere Distanz zwischen den einzelnen Vögeln gefragt, und wenn sie nicht eingehalten wird, kommt es zu den lautstarken Vertreibungen, die man immer wieder beobachten kann. Zu Verletzungen führt dieses Verhalten aber üblicherweise nicht.

Graureiher jagen im flachen Wasser, dort erbeuten sie Fische oder Amphibien, aber durchaus auch mal einen Zwergtaucher oder unvorsichtige Jungvögel. Im Herbst und Winter schreiten sie oft über Felder und Wiesen, wo sie kleine Säuger wie Wühlmäuse, aber auch Ratten jagen.

Wie bei allen häufigen Tieren verlieren wir oft den Blick für ihre Schönheit, deshalb möchte ich mit einem Zitat abschließen. Richard Gerlach hat in seinem Buch «Die Gefiederten», das leider nicht mehr aufgelegt wird, den Graureiher, damals noch Fischreiher genannt, unvergleichlich beschrieben: «Der Fischreiher trägt das Gewand der Nebelfrühe, ein Grau, das durch die helleren, lanzettlichen Rückenfedern, die locker über die Flügel zurückfallen, wie der Abglanz des Seeufers unter dem Rohr ist […] Der ruhige Flügelschlag der Reiher verleiht einer Flusslandschaft Weite und Gelassenheit und macht den Himmel hoch, wie auf den Gemälden der alten Niederländer.»

Iris Lichtenberg

1940.
P. A. Robert.

Grauschnäpper – eleganter Flugjäger

(Muscicapa striata)

Abwartend steht er auf dem dürren Eichenast, der wie ein Finger aus der grünbelaubten Krone zeigt. Dickköpfig, mit kurzem Hals und breitem Schnabel. Die Flügel hängen und die Füße sind durch das Bauchgefieder halb verhüllt. Große, dunkle Augen erzeugen ein sympathisches Äußeres. Der Vogel trägt ein graues Alltagskleid, aber Kehle und Bauch sind hell, fast weiß, die Brust fein gestrichelt.

Er dreht und wendet den Kopf, schaut zur Seite und nach oben, den Kopf schief gelegt. Erst als er den Brummer – eine dicke Fliege oder eine von den größeren Wildbienen – schon fast erhascht hat, realisiere ich überhaupt, dass dort ein Insekt entlangfliegt. Sein Flug beschreibt eine Parabel, an ihrer Spitze schnappt er den kleinen Flieger und stürzt mit zwei, drei Flügelschlägen bremsend wieder zurück zu seiner Ansitzwarte. So kurz und schnell, so elegant und effektiv. Keine Kalorie wird zu viel verbraucht, kein Flügelschlag ist überflüssig. Wie kann er so schnell die Flugbahn seiner Beute berechnen?

Wir alle haben schon einmal versucht, ein Insekt zu fangen. Und nur sehr selten gelingt es, dabei sind wir doch schlau. Aber was wir als schnellen Flug sehen, ist für den Fliegenschnäpper ein Zeitlupenfilm. Noch nie habe ich gesehen, dass er daneben schnappte, wohl aber, dass er ein Insekt dann nicht verschluckte, sondern mit einer wegwerfenden Schnabelbewegung fallen ließ und den Schnabel durch Abreiben am Zweig putzte. Ob er wählerisch ist? Ornithologen wissen, dass der Geschmackssinn der meisten Singvögel nicht so ausgeprägt ist, wie der der Menschen. Hier braucht es also starke Reize.

Viele Giftstoffe in Pflanzen und – hier interessant – auch in Insekten schmecken bitter. Mag sein, dass das den Fliegenschnäpper dazu brachte, den kleinen Brummer nicht zu vertilgen. Was einmal als eklig empfunden wurde, wird nicht noch mal verschluckt. Das machen sich viele Insekten zunutze. Der Kohlweißling etwa kann sich seine sehr auffällige Färbung und seinen weniger erratischen Flug wohl deshalb erlauben, weil er widerlich schmeckt. Die Raupen leben an bestimmten Kreuzblütlern, die Senföle enthalten. Die nimmt der erwachsene Falter mit auf seinen Flug und die machen ihn ungenießbar. Vermutlich nur einmal in seinem Leben wird ein gefiederter Insektenfresser einen Kohlweißling fangen und essen, dann weiß er Bescheid: Igitt – nie wieder! Giftige Insekten machen ihre Jäger oft durch eine gelbschwarze Warnfarbe auf ihre Ungenießbarkeit aufmerksam. Das wird nicht nur individuell gelernt, sondern Versuche mit von Hand aufgezogenen Fliegenschnäppern zeigen, dass die Vögel grell gefärbte, giftige Beute sogar dann ablehnen, wenn sie noch nie selbst negative Erfahrungen damit machen konnten. Der Ekel ist in das Gengut gewandert …

Der Grauschnäpper lebt unauffällig, nicht im Verborgenen, aber farblich und akustisch sehr zurückhaltend, drängt er sich nicht auf, wie singende Amseln, tschilpende und streitende Spatzen und anmutig singende Rotschwänze. Dazu ist er noch in dezentem Grau gehalten. Sein akustischer Auftritt ist in der Regel ein unauffälliges «zz», sein selten zu hörender, leiser Gesang bietet nicht viel mehr als Variationen davon als «zi, dzz, zit, zrr, dzz».

Er besiedelt lichte Wälder, in denen die Sonne den Boden wärmt und das Insektenleben – vor allem das der Fluginsekten – reich ist. Fliegen, Schwebfliegen und viele Hautflügler, wie Bienen, Hummeln, Wespen, aber auch Libellen, sind seine Beute. Sie haben als Abwehr nicht nur Bitterstoffe entwickelt, sondern meiden die Ansitzwarten der Insektenfänger, die sie im Vorbeifliegen entdecken. Deshalb muss der Insekten fangende Vogel auch seinen Anwarteplatz nach etwa zehn Minuten wechseln; sitzt er zu lange an einem Ort, nimmt die Frequenz der vorbeifliegenden Insekten ab. Ideale Lebensräume sind waldnahe Gärten mit alten Bäumen oder Gärten in wenig verdichteten Siedlungen sowie lichte Parks und Feldgehölze.

Häuser und Ställe bieten Nistgelegenheit: Nischen unter Dachsparren, ausgesparte Steine, Winkel im Gebälk, Verstecke unter dem Efeu. Angst vor Menschen hat der schnelle Vogel nicht, und so brütet er bei Gelegenheit auch in alten Blumentöpfen, einer alten Baseballkappe, in seit Jahren vergessenen Schuhen auf der Fensterbank des Schuppens oder in Schmuckkränzen, die an der Haustür hängen. Halbhöhlenbrüter nennt man die Vögel, die nicht frei im Geäst, aber auch nicht verborgen in dunklen Höhlen ihr Gelege betreuen. Es gibt für sie spezielle Nistangebote (Halbhöhlen) zu kaufen. Der NABU empfiehlt für den Grauschnäpper eine sogenannte «Giebelhalbhöhle», die sowohl an Wänden als auch in Bäumen angebracht werden kann. Alle Fliegenschnäpper finden Höhlen attraktiv, in die Licht einstrahlen kann. Bauanleitungen findet man im Internet. Beneidenswert, wer ihn im Garten als Brutvogel hat und seine Flugkünste bestaunen darf.

Als reiner Insektenjäger erst im Mai gekommen, verlässt der Grauschnäpper unsere Breiten schon Anfang September. Dann wandern die Fliegenschnäpper nach Afrika, bis weit in den Süden hinunter. Alle Grauschnäpper, auch die der weit im Osten gelegenen asiatischen Populationen, überwintern im tropischen Afrika südlich der Sahara von Gambia bis in den Nordosten Südafrikas.

Thomas Griesohn-Pflieger

Le Gobe-mouches gris.

Haubenlerche – Steppenvogel auf Flachdächern

(Galerida cristata)

Lerchen sind für uns die Himmelsboten, mit kaum einer anderen Vogelart verbinden wir so sehr den leichten Flug, den Himmelsgesang. Wer einmal auf einem Feld voller Lerchen stand, kennt diesen Blick in den Himmel. Unfassbar, wie sie dort oben unermüdlich ihr Lied vortragen, das Blau der Lüfte scheint ihr Element zu sein, sie erobern es mit ihrem Lied. Und doch ist das genaue Gegenteil der Fall: Lerchen sind sehr erdgebundene Vögel, der Boden ist ihr Element und bei keiner anderen mitteleuropäischen Lerchenart wird das so deutlich wie bei der Haubenlerche.

Meine ersten heimatlichen Haubenlerchen sah ich vor vielen Jahren bei einem Gestüt auf dem verschmutzten Betonboden nach Nahrung suchen. Es waren zwei Vögel, vermutlich ein Paar, das die Brutperiode hinter sich hatte und sich nun gemeinsam auf das Überwintern vorbereitete. Dafür hatten sie sich einen der wenigen guten Plätze ausgesucht, die es für Haubenlerchen in Mitteleuropa noch gibt, ein Gestüt, in dem die Pferde auch im Winter noch freien Auslauf bekamen. Denn Pferdeäpfel sind eine gute Nahrungsgrundlage für Haubenlerchen – sie suchen die unverdauten Haferkörner daraus hervor, eine auch im Winter nicht versiegende Quelle. Die Verbreitung der Haubenlerchen unterlag in den vergangenen Jahrhunderten großen Schwankungen, gebunden an Klimaänderungen, an die extensive Bewirtschaftung von Ackerflächen und, ja, an die Transportmittel der Menschen. Solange es Pferde waren, suchten sie die Nähe des Menschen. So folgten sie sogar Napoleons Kavallerie bei seinen Kriegen, die großen Truppenrastplätze waren ihre neuen Steppen und die Pferde sorgten für Nahrung. So erweiterten sie erfolgreich ihr Verbreitungsgebiet nach Osten, zogen sich aber wieder zurück, als die Bedingungen schlechter wurden. Als es noch Pferdefuhrwerke in den Städten gab, gehörten sie dort zu den häufigsten Vogelarten, die offenen Acker- und Brachflächen um die Siedlungen boten ihnen ein hinreichendes Brutgebiet. Als die Pferde von Zügen abgelöst wurden, erweiterten die Haubenlerchen erneut ihr Verbreitungsgebiet entlang des Gleisbaus. Die spärlich mit Wildkräutern bewachsenen Schotterflächen der Bahngleise waren für die genügsamen Haubenlerchen ein guter Lebensraum. Auch Industriebrachen und Neubaugebiete genügten ihren Ansprüchen, sie brüteten auf Flachdächern und suchten ihre Nahrung auf den Randstreifen der Pausenhöfe und Parkplätze. So gleichen die Bestandsentwicklung und die Verbreitung der Haubenlerchen in den vergangenen Jahrhunderten Ebbe und Flut, sie kamen und gingen wie das Meer, je nach den Umweltbedingungen, die sie vorfanden. Diese Zeiten sind jetzt aber vorbei, wir haben dauerhaftes Niedrigwasser erreicht, selbst an Bahngleisen werden Herbizide eingesetzt, Pausenhöfe und Parkplätze müssen ebenso «gepflegt» aussehen wie geschotterte Vorgärten. Der Haubenlerche nützen freie Flächen nichts, wenn sie nicht einen Randstreifen hat, auf dem sie brüten und Nahrung suchen kann. Und so steht sie trotz ihrer Genügsamkeit in Deutschland und anderen mitteleuropäischen Ländern als «vom Aussterben bedroht» auf der Roten Liste der bedrohten Vogelarten.

Haubenlerchen sind Vögel der Halbwüste, Bodenvögel, sie scharren eine Nestmulde, meist unter schützender, niedriger Vegetation, sie schlafen selbst im Winter auf dem Boden in flachen Schlafmulden und suchen dort ihre Nahrung. Sie hacken mit ihrem kräftigen Schnabel den Boden bis zu zwei Zentimeter auf, und haben sie ein Insekt gefunden, schlagen sie es auf den Boden, bis ihm Beine und Flügel abfallen. Auch Samen, ihre bevorzugte Nahrung, öffnen sie nicht mit geschickten Schnabelbewegungen, wie etwa Finken, sondern schlagen sie ebenfalls auf den Boden, um den Spelz zu entfernen. Damit die Haubenlerche auf dem Boden nicht den Überblick verliert, darf die Vegetation nicht zu hoch sein, sie ist eben ein Steppenvogel, der sich die meiste Zeit seines Lebens am Boden aufhält. Im Gegensatz zur Feldlerche (S. 54) singt die Haubenlerche auch häufig vom Boden oder von kleinen Sitzwarten aus. In Südeuropa habe ich sie häufig auf einem Stein ihren Gesang vortragen hören, aber natürlich steigt auch sie in den Himmel auf, wenn auch nicht ganz so ausdauernd wie ihre Verwandten, und sie zieht dort immer wieder Schleifen, nach kurzen Gesangseinlagen im Schwebeflug. Haubenlerchen sind sehr gute Imitatoren, sie bauen die Gesänge nahezu aller Singvögel, die in ihrer Umgebung leben, in ihre Lieder ein. Ihr Gesangstalent hat leider auch bei ihr, wie bei anderen guten Sängern, dazu geführt, dass sie im Käfig gehalten wurde und dort die Liedchen ihrer Fänger nachpfeifen musste. Neben ihrem Gesang verständigen sich Haubenlerchen auch mit flötenden Rufen, die für uns immer gleich klingen, eine wissenschaftliche Analyse hat aber gezeigt, dass leichte Modulationen und Variationen der Rufe sehr genau die Stimmung und den Erregungszustand des Rufenden wiedergeben.

Was wir durch unseren unmäßigen Einsatz von Herbiziden und der Bewirtschaftung von Brachflächen verloren haben, mag ein Zitat von Richard Gerlach verdeutlichen: «Gleichzeitig beginnt sie ihr weiches, flötendes Lied … ein von Gefühlen getriebener Federball, dessen unregelmäßiges Auf und Ab doch nicht das Zeichen eines Unvermögens ist. Denn allmählich sinken die Menschen, die Stadt und die Anger unter ihr, und hoch oben ist sie nur noch ein heller Jubel …»

Iris Lichtenberg

L'Alouette cocheris.
Mâle.

L'Alouette cocheris.
Femelle - Mâle.

Hausrotschwanz – im Häusergebirge

(Phoenicurus ochruros)

In der Frühe schallt eine knirschende Strophe vom Giebel des Nachbarhauses. Es ist noch dunkel, als wir Spektiv, Fernglas und Kamera ins Auto packen und uns auf den Weg machen, um Vögel zu beobachten. Aber den frühen Sänger lassen wir uns auch nicht entgehen und lauschen ihm ein paar Minuten. Im Osten erhellt eine leichte Morgenröte den Himmel. Was wir hören, ist kein «schönes» Lied, wenn wir den gängigen Menschengeschmack als Maßstab nehmen. Es beginnt mit einer Reihe kurzer Pfeiftöne, dann folgt ein merkwürdiges, fast räusperndes Knirschen, wie mühsam herausgepresst, und dann wieder annähernd trillernde Pfeiftöne. Das Tolle ist – der Gesang ist unverkennbar, und wenn er frühmorgens ertönt, ist es, zumindest in den Städten, der einzige tierische Gesang.

Aus dem Gebirge ist der Hausrotschwanz in den letzten 250 Jahren zu uns in die Städte gezogen. Wir treffen ihn immer noch in den Schluchten und Steilwänden und auf den Geröllfeldern der Gebirge, doch häufiger ist er in den Siedlungen, wo ihm die Häuser und Schuppen, Türme und Dächer, Fabrikhallen und Kamine als Ersatzfelsen dienen. In den Zeiten, als die Städte noch vom Ruß gefärbte dunkle Wände boten, erschien das ebenso rußfarbene Gefieder des «Hausrötels» wie eine ideale Tarnung. Heute ist das anders.

Der Hausrotschwanz ist der gefiederte Profiteur der menschlichen Bautätigkeit und konnte durch unsere Bauwut sein Brutgebiet erheblich erweitern. Früher erklang sein kleines Lied nur in den baumfreien Regionen der Gebirge, vorzugsweise über der Waldgrenze. In den europäischen Alpen nimmt die Bevölkerungsdichte mit der Höhe zu, aber er steigt nur selten über die Marke von 2400 Höhenmetern. Heute besiedelt er die Tiefebene bis in die Häfen an Nord- und Ostsee.

Ein britischer Ornithologe, der mich besuchte, erstaunte mich, als er nach Vorkommen des Hausrotschwanzes fragte. Am nächsten Morgen konnte ich ihm einen zeigen, singend auf dem Dachfirst und typisch mit dem roten Schwanz zitternd, wie es sich gehört. Auf den Britischen Inseln ist er nicht weit verbreitet und kommt nur punktuell in der südlichen Hälfte der Hauptinsel vor, überwintert an der geschützten Südwestküste. Das europäische Festland ist dagegen bis auf den Norden nahezu lückenlos besiedelt. Für britische Birder ist das Erblicken eines Hausrotschwanzes ein ungewöhnliches Erlebnis.

Meist steht der Rotschwanz aufgerichtet still auf einer Dachrinne, dem First oder auf dem Zaun. Erregt etwas seine Aufmerksamkeit, macht er einen Bückling. Dieses Knicksen scheint ein Ausdruck von Erregung zu sein, denn nähert sich ein Rivale, nimmt das ständige Verbeugen, begleitet von Warnrufen, die wie «iht, teck, teck» klingen, stark zu. Die plötzlichen, ruckartigen Bewegungen teilt er mit dem Gartenrotschwanz (S. 62), auch das Leichte und Wendige, das gute Flugvermögen in engen Kurven und plötzliche Stürzen nach unten, um ein Insekt zu erhaschen, und die kurzen Beuteflüge steil nach oben mit kräftigen Flügelschlägen, die elegant auf einem Gebäudevorsprung enden. Es macht Freude ihm zuzusehen, doch die meisten Menschen werden ihn gar nicht kennen – den Bewohner der Häuserschluchten, die sie durcheilen.

Unsere mitteleuropäischen Hausrotschwänze ziehen im Winter nicht weit weg. Manche – und ihre Zahl wird zunehmen – versuchen jetzt schon den Winter bei uns in den wärmeren Städten zu überstehen und sparen sich dadurch den anstrengenden und gefahrvollen Zug nach Spanien oder Frankreich. Kommen die Kollegen aus dem Süden nach Hause, hat der hiergebliebene Standvogel schon lange damit begonnen, mit seinen kleinen Strophen das Revier auf den Dächern abzustecken.

Interessant ist das Gefieder der Hausrotschwänze. Die Rotschwanzfrauen sind deutlich unscheinbarer, der Schwanz ist weniger leuchtend und die beim Mann fast schwarzen Gefiederanteile sind bei ihr graubraun gezeichnet. Aber nicht jeder Rotschwanz, der graubraun erscheint, ist ein weiblicher Vogel. Denn auch die Jungvögel tragen dieses schlichte Kleid und – das ist etwas besonderes – selbst der Großteil der männlichen Rotschwänze im zweiten Jahr sieht noch wie ein weiblicher Vogel aus! Im dritten Jahr dann tragen sie das «Prachtkleid» und sind als Rotschwanzmänner klar erkennbar. Dieses «Hemmungskleid» im zweiten Lebensjahr, die «verzögerte Gefiederreifung» kommt auch bei anderen Singvögeln, die je nach Geschlecht deutlich unterschiedliche Kleider tragen, vor. Allerdings tragen beim Hausrotschwanz etwa 15 Prozent der männlichen Youngster noch ein anderes Kleid, das «Fortschrittskleid», mit dem sie schon stark den adulten (ausgefärbten) Rotschwanzmännern ähneln – ihnen fehlen nur die weißen Flügelspiegel und die dunklen, schwärzlichen Flügelfedern der Mehrjährigen.

Um noch mehr zu verwirren: Wer sich im Urlaub mal die Hausrotschwänze in Portugal und Zentral- und Südspanien anschaut, kann feststellen, dass diese etwas anders aussehen als «unsere», denn sie sind an Nacken und Rücken deutlich schwärzer. So schwarz wie unsere Vögel an Kehle und Brust. Sie werden von manchen Ornithologen als *Phoenicurus ochruros aterrimus* in eine eigene Unterart gestellt.

Eine gute Nachricht zum Schluss: Der Hausrotschwanz gilt aus ungefährdet und gehört zu den Arten, die in Europa ihr Verbreitungsgebiet weiter ausdehnen können und dadurch noch zunehmen.

Thomas Griesohn-Pflieger

Le Rouge-queue. [6]
Femelle - Jeunes au sortir du nid.

Le Rouge-queue. [4]
Femelle - Mâle d'1 an.

Heckenbraunelle – Sodom und Gomorrha

(Prunella modularis)

Nur wenige Vogelbücher schaffen es in die Rezensionen auf den Literaturseiten der großen Tageszeitungen. Die Heckenbraunelle hat es geschafft – oder vielmehr der britische Autor Nigel Hinton, der Ende der 1990er-Jahre mit dem Titel «Im Herzen des Tals» Furore machte. Er beschreibt, ohne Ornithologe oder Verhaltensforscher zu sein (was einige Rezensenten vermuteten), ein Jahr im Leben der Heckenbraunelle. Die Handlung spielt in einem kleinen Tal in England. Wir erleben die kleinen und großen Dramen der Heckenbraunellen und auch der Menschen und der anderen Lebewesen. In einer Rezension heißt es: «Ein bewegendes Jahr, das wir als Leser begleiten dürfen, obwohl die Hauptperson so klein ist.»

Ja, sie ist nicht besonders groß und fällt kaum auf. Sie lebt im Verborgenen, macht kein lautes Geschrei, singt flüchtig und huscht in Hecken und auf dem Erdboden herum. Unter den einheimischen Singvögeln kann die Heckenbraunelle auf den ersten Blick als graue Maus gelten. Aber sie hat es faustdick unter den Flügeln, jedenfalls, was ihr Sexualleben angeht, wie wir noch sehen werden.

Schon Mitte Februar stimmt sie lauthals ihr klirrendes, hastiges Liedchen an und verstummt erst nach dem Schlüpfen der Jungen im Mai. Der schnelle Gesang erinnert ein wenig an ein quietschendes Wagenrad. Vorzugsweise singt sie etwas verborgen und immer zum Weghuschen bereit, von einer Busch- oder niedrigen Baumspitze. Einsteiger können die Heckenbraunelle mit einem Spatzen verwechseln. Nicht umsonst heißt sie mit einem alten englischen Namen «Hedge-Sparrow» – Heckensperling. Nacken und Vorderseite sind fein graubraun gefärbt, Rücken und Flanken dunkelbraun gestrichelt. Auf den ersten Blick ist sie damit einem weiblichen Haussperling ähnlich.

Heckenbraunellen bevorzugen Nadel- und Mischwälder mit viel Unterwuchs, doch ist sie auch in größeren, naturnahen Gärten und Parks zu finden. Ihre Bestände nahmen zu, als immer mehr Fichtenschonungen auch außerhalb der Mittelgebirge gepflanzt wurden, hier erreicht sie nach den Kartierungsergebnissen der Ornithologen die höchste Dichte. Bis in die Krummholzzone kommen sie in den Alpen vor. Aber auch in den Siedlungen hat man große Chancen, Heckenbraunellen zu erleben. Wo Gärten, Friedhöfe und an Hecken und Gebüsch reiche Grünflächen das Stadtbild auflockern, ist sie zu erwarten. Ihre Häufigkeit oder besser Dichte (Brutpaare pro Flächeneinheit) ist recht unterschiedlich über die Deutschlandkarte verteilt. Sehr hohe Dichten erreicht sie zum Beispiel im Schwarzwald und – man staune – im Nordwesten des Landes. Vor allem im Ruhrgebiet ist sie ausgesprochen häufig. Möglicherweise spielen hier milde Winter und die Wärme der großen, flächigen Siedlungen mit den vielen Vorgarten-Koniferen eine Rolle. Für diesen Zusammenhang spricht auch, dass sie eine ähnlich hohe Dichte in Hamburg erreicht.

Die Zahl der Überwinterer nimmt stetig zu und in den meisten Siedlungen dürfte sie mittlerweile ein Jahresvogel sein. Dabei könnte auch eine Rolle spielen, dass die Zahl der Futterstellen in den Gärten seit Jahren zunimmt. Moment! Hat sie nicht den schlanken Schnabel eines Insekten fressenden Vogels? Ja, hat sie. Aber sie kann beides! Bei einer Untersuchung in Schleswig-Holstein wurden Heckenbraunellen an 25 bis 50 Prozent der ausgewerteten Fütterungen beobachtet. Im Westen und Süden Deutschlands dürfte – abseits der Hochlagen – der Anteil eher noch höher sein. Im Winterhalbjahr ernährt sie sich jedoch auch von kleinen Samen. Ähnlich wie ausgeprägte Körnerfresser hat sie deshalb sogar einen Kropf. Typisch ist ihre Herangehensweise an den Futterstellen in den Gärten. Dort sucht sie unter den Futterhäuschen und -Silos nach Fettkrümeln aus den Meisenknödeln, kleinen Hanf- und Nigersamenkörnchen oder Bruchstücken von Erdnüssen. Nicht selten wird sie dabei allerdings von Rotkehlchen verscheucht, die die Krümelstationen ebenfalls für sich erschlossen haben.

Man bemerkt es kaum, denn die Geschlechter sind ja gleich gefärbt, dass bei den Heckenbraunellen sowohl die Männer als auch die Frauen singen. Das muss etwas mit der Fortpflanzung der Vögel zu tun haben, denn der Gesang ist ja Revierabgrenzung, Demonstration von (Fortpflanzungs-) Fitness und sexueller Attraktor. Das Erstaunliche ist, dass bei unserer «grauen Maus» sowohl Männer als auch Frauen Reviere haben können. Die Lage ist – wie sagt man in der Wissenschaft so schön – komplex. Männer verteidigen nicht nur ihr eigenes «Klein-Revier», sondern versuchen auch Frauen-Reviere zu erobern und gegenüber anderen Männern zu verteidigen. Und die Frauen machen es ebenso. Gleichzeitig gibt es aber offenbar auch reine Männer- und Frauenreviere, die jeweils gegen das eigene Geschlecht verteidigt werden. Und dass es auch zu Seitensprüngen mit dem Revierinhaber oder der Revierinhaberin von nebenan kommt, muss man nicht erwähnen.

Der Fachausdruck für ein solches Verhalten ist «Polygynandrie», was etwa Vielweiberei und Vielmännerei gleichzeitig bedeutet. Oder mit dem erhobenen moralischen Zeigefinger: Sodom und Gomorrha in unseren Hausgärten. Wer hätte das von den so harmlos aussehenden Heckenbraunellen gedacht? Unglaublich? Dabei liest man das doch allenthalben in der Klatschpresse. Auch wenn da weniger Heckenbraunellen die Hauptrollen spielen …

Thomas Griesohn-Pflieger

L'Accenteur mouchet.
Femelle. – Mâle.

L'Accenteur mouchet.
Mâle. – Femelle.

Jagdfasan – Fremder im Revier

(Phasianus colchicus)

Der Jagdfasan ist für viele Vogelbeobachter kein Höhepunkt auf ihrer Jahresliste. Man hört und sieht ihn in der offenen Feldflur noch immer regelmäßig, vor allem im Winter und während der Zeit der Revierbildung, wenn der Fasanenhahn sein Revier rufend kennzeichnet. Der Grund für die mangelnde Euphorie liegt vielleicht darin, dass der Jagdfasan kein einheimischer, sondern ein von Menschen in Europa angesiedelter Vogel ist. In vielen Ländern Europas wird er weiterhin jährlich von Jägern ausgesetzt, um ihn anschließend zu bejagen. Das wirft auch kein gutes Licht auf die Jäger, die immer wieder betonen, dass ihre Jagd ausschließlich der Hege gelte und nicht dem Vergnügen. Und manche Vogelbeobachter freuen sich eher über einen verflogenen, seltenen Irrgast auf ihrer Liste, der nur in Ausnahmefällen eine Überlebenschance hat, als über einen Neozoen, der versucht, sich zu behaupten.

Sowohl Jäger als auch Birder tun dem Vogel Unrecht, denn der Jagdfasan ist nicht nur ein prachtvoll gefiederter Vogel, er hat auch ein interessantes Sozialleben. Beginnen wir im Winter, die Zeit, in der ich Jagdfasane am häufigsten sehe. Das liegt sicher daran, dass sie sich nun in getrennt-geschlechtlichen Trupps zusammengetan haben, die Hähne in Trupps bis zu zehn Individuen, die Hennen sind etwas geselliger und bilden Gruppen von bis zu 30 Vögeln. Sie bleiben dabei nicht unbedingt in ihren Sommerrevieren. Wenn diese nicht ausreichend Deckung bieten, weichen sie auch auf Auwälder oder Feldfluren mit mehr Sträuchern aus. Sie benötigen im Winter besonders dichte Sträucher zum Schutz vor Wind, Regen und Feinden, aber auch ausreichend offenes Gelände für die Nahrungssuche. In und unter den Wintertrupps bilden sich Hierarchien aus, die Hennen besetzen dabei die untere Stufe, wenn sie Hähnen begegnen, aber auch innerhalb der Männertrupps gibt es dominante und unterlegene Hähne.

Diese Hierarchie bildet sich auch ab, wenn Ende Februar die Revierbildung beginnt. Die im Winter dominanten Hähne besetzen zuerst ein Revier und werden dabei in den ersten Wochen oft von einem unterlegenen Hahn begleitet. Diese vorübergehende Paarbildung unter Männern finde ich sehr interessant, weil man sich fragt, welche Motivation dahintersteht. Vielleicht folgt der unterlegene Hahn dem zukünftigen Revierinhaber, weil er darauf vertraut, dass dieser ein gutes Revier finden wird, mit ausreichendem Nahrungsangebot. Denn auch wenn sich das Paar auflöst, weil der dominante Hahn beginnt, sich auf die Reviersicherung und Haremsbildung zu konzentrieren, bleibt der revierlose Jagdfasan oft in der Nähe, durchstreift die Randgebiete zwischen Revieren oder schleicht möglichst unauffällig auf Nahrungssuche hindurch.

Der Revierinhaber dagegen schreitet nun mehrmals täglich sein Revier ab, stellt sich dabei immer wieder auf kleine Anhöhen, ruft seinen charakteristischen Doppelruf und schlägt schnell mit den Flügeln. Manchmal kann man nach den Rufen ein Flügelburren vernehmen, wenn man ganz genau hinhört. Die Fasanenhennen durchstreifen in dieser Zeit frei die Reviere, schauen sich um und entscheiden, welcher der Revierinhaber, die sich mit Balzposen von ihrer besten Seite zeigen, gefällt. Das heißt vor allem, von wem sie sich den überlebensfähigsten Nachwuchs erwarten. So können sich um einen erfolgreichen Hahn im Laufe der Wochen mehrere Hennen scharen, sein Harem. Es ist allerdings ein recht lockerer Harem, denn wenn es an die Eiablage geht, bestimmt die Henne, wo sie ihr Bodennest anlegt, meist im Schutze eines Gebüsches, das nicht zwingend im Revier des Fasans liegen muss, der sie begattet hat. Der Hahn lässt sie ziehen und überlässt ihr die Brutpflege, solange er noch einige Hennen ohne Nest hat. Der letzten Henne, die zur Brut schreitet, folgt er dann oft und manchmal hilft er ihr auch bei der Brutpflege. Sein Revier gibt er auf, sobald die letzte Henne ihr Nest bezogen hat. Die Hennen brüten und ziehen die jungen Nestflüchter auf, bis sie sich selbst gut ernähren können. Manchmal, man weiß nicht genau unter welchen Umständen, verlässt sie die Jungvögel schon, bevor sie flügge werden und gesellt sich wieder zu den anderen Hennen.

Wo und wie schlafen Jagdfasane eigentlich? Sie schlafen auf Bäumen und zwar oft zu mehreren auf einem Baum! Und obwohl sie gesellige Vögel sind, halten sie dabei immer gebührenden Abstand zu ihren Nachbarn. Nur in sehr strengen Wintern rücken sie etwas näher zusammen, um sich gegenseitig zu wärmen. So eine Schlafgemeinschaft habe ich leider noch nie beobachten können.

Der Jagdfasan hebt sich, wenn man seine Beziehung zum Menschen betrachtet, aus einigen Gründen von anderen Vögeln ab. So ist er sicher der einzige, dessen Bestandsentwicklung in Mitteleuropa durch die jährliche Jagdstrecke ermittelt wird und nicht durch Feldbeobachtungen. Leider gehen seine Bestände unter anderem aufgrund von Habitatverlust zurück. Auch ist es ungewöhnlich, dass man über den Jagdfasan mehr aus Internetseiten und anderen Publikationen von Jagdverbänden erfährt als durch ornithologische Feldforschung. Und so lebt dieser prachtvolle Vogel sein kurzes Leben weit ab von seiner asiatischen Heimat, versucht den Jägern zu entkommen und seine Stellung hier bei uns zu halten. Wir haben ihn nicht gefragt, als wir ihn herholten, nun sollten wir ihm helfen, zu bleiben.

Iris Lichtenberg

1938
P. A. Robert

Kampfläufer – barocker Tanz und Travestie

(Philomachus pugnax)

Mein Patenonkel ist ein begeisterter Naturliebhaber und hat die gleiche Leidenschaft früh bei mir erkannt. Zu allen Anlässen schenkte er mir schon als Kind reichhaltig illustrierte Bände über die Tierwelt Europas und der Welt. In einem dieser Bücher gab es eine Abbildung von Kampfläufern in der Balzarena. Ich war fasziniert und sicher, dass ich diese so unglaublich exotisch wirkenden Vögel mit den barocken Halskrausen und Perücken in allen möglichen Farben und Mustern niemals in meinem Leben sehen würde. Ein Vogel war in geziertem Sprung dargestellt, ein anderer in einer tiefen Verbeugung, den Schnabel auf den Boden gestützt. Wie bizarr!

Als ich dann meinen ersten Kampfläufer an einem kühlen Märzmorgen auf einer Feuchtwiese sah, war ich – natürlich – enttäuscht. Dieser unproportionierte, bucklig wirkende Vogel mit dem viel zu kleinen Kopf und dem lockeren Federkleid, das bei jeder Windböe flatterte, sollte der barocke Tänzer sein? Natürlich wusste ich schon, dass der Kampfläufer nur im Prachtkleid seine Halskrause, die Gesichtswarzen und die Federohren trägt, aber ganz so klein und unspektakulär hatte ich mir das dann doch nicht vorgestellt. Auch mein erster Kampfläufer im Prachtkleid hat mich nicht vom Hocker gerissen. Es war in Lappland, nahe der Straße stand der Vogel, der Federschmuck des Prachtkleids hing schlaff herab und sein warziges Gesicht wirkte dadurch noch winziger. «Gott, sieht der behämmert aus!», rutschte es mir heraus und die Mitreisenden im Auto konnten das nur bestätigen. Doch nur wenige Hundert Meter weiter revidierten wir unser Urteil, denn hier hatten Kampfläufer in einem Moorgebiet direkt an der Straße ihre Balzarena eingerichtet. Männliche Kampfläufer in allen Farb- und Mustervarianten waren hier versammelt, einige ruhten, andere fochten kleine Luftkämpfe aus. In einiger Entfernung sahen wir auch weibliche Vögel, die aber im Moment kein Interesse an den Darbietungen zeigten.

Die soziale Struktur in der Arena der Kampfläufer ist hochkomplex und noch immer sind nicht alle ihre Rätsel entschlüsselt. Welche Rolle ein männlicher Vogel in dieser Struktur einnimmt, ist genetisch festgelegt und drückt sich in der Farbe seines Prachtgefieders aus. Die dunkel gefärbten Männchen sind territorial, sie besetzen und verteidigen in der Balzarena ein kleines Areal, etwa 25 bis 30 Zentimeter im Durchmesser. Je älter ein Kampfläufer ist, desto weiter ins Zentrum rückt sein Revier, wird er zu alt, rückt er wieder nach außen. Dann gibt es die Satelliten-Männchen. Sie sind durch ihr sehr helles Prachtgefieder gekennzeichnet. Sie verteidigen kein Territorium und halten sich eher am Rand auf, werden aber von den territorialen Männchen dort nicht nur geduldet, sondern teilweise sogar in ihr Revier eingeladen. Warum das so ist, ist noch immer nicht ganz klar. Fungieren die Satelliten-Männer als eine Art Leuchtfeuer, ziehen sie mit ihren hellen Farben die Aufmerksamkeit der weiblichen Vögel auf sich? Sie kämpfen nicht, das überlassen sie den territorialen Männern, die mit ihrem Balztanz beginnen, sobald ein weiblicher Vogel die Arena betritt. Im Stepptanz oder in strammer Haltung marschierend, mit Verbeugungen und Ausfällen gegen die Konkurrenten, alles mit aufgerichteter Halskrause und Perücke.

Die weiblichen Vögel bevorzugen keine Farbe, sie paaren sich ebenso mit den dunklen Revierinhabern wie mit den Satelliten. Kampfläufer bilden keine Paare, die Frauen besuchen verschiedene Balzarenen und entscheiden, mit wem sie sich paaren, die Jungen ziehen sie alleine auf. Wozu also dieser barocke Tanz, die Luftkämpfe und die energiezehrende Ausbildung dieses ungewöhnlichen Prachtgefieders, die kräftezehrende Mauser? Vor allem Letzteres versteht man nicht, wenn man von der dritten Art männlicher Kampfläufer hört, den sogenannten Faeders. Sie mausern nicht in das männliche Prachtkleid, sie bleiben ihr Leben lang weibchenfarben, Männer in Frauenkleidern sozusagen. Von den Weibchen unterscheiden sie sich lediglich durch ihre Größe. Weibliche Kampfläufer sind etwa 20 Prozent kleiner als die männlichen, die Faeders liegen mit ihrer Größe und der Flügelspannweite, an der man sie vor allem erkennt, dazwischen. Früher hielt man sie für große Weibchen, und wenn es ihnen gelang, sich eine Paarung zu erschleichen, dachte man an eine gleichgeschlechtliche Kopulation. Denn auch den Faeders gelingen Paarungen, indem sie sich unerkannt zwischen einen balzenden Kampfläufer, der alles gibt, um sein Prachtkleid zu präsentieren, und seine Angebetete schleichen und den Moment abpassen, in dem sie paarungsbereit ist. Ein beherzter Sprung und der prachtvolle Platzhahn hat das Nachsehen. Auch Mauerblümchen kommen also zum Zuge. Wer traut den gesellig im Binnenland rastenden, unauffälligen Kampfläufern eine so komplexe Sozialstruktur zu?

Während des Herbstzuges sieht man oft gleichgeschlechtliche Trupps, da die männlichen Kampfläufer das Brutgebiet schon früh verlassen, wenn im Nest der weiblichen Vögel die Jungen schlüpfen. Sie räumen das Feld und überlassen damit die Nahrungsreserven den Jungvögeln und Frauen. Diese verlassen das Brutgebiet, sobald die Jungen flügge sind, die dann wiederum noch etwas später den Zug in die Überwinterungsgebiete beginnen. Selten sieht man Kampfläufer allein, sie rasten gemeinsam, bleiben meist nah beieinander auf der Suche nach Nahrung. Nichts deutet mehr hin auf barocken Tanz und Travestie.

Iris Lichtenberg

1941.
P. A. Robert.

Kernbeißer – unsteter Besucher

(Coccothraustes coccothraustes)

Ich war mir so sicher. Zwei Kernbeißer kamen hoch über die Randbäume des Platzes geflogen, drehten eine Runde und verschwanden in der Krone der alten Eiche. «Da! Kernbeißer!» Mein Ruf ließ die kleine Gruppe von Beobachtenden innehalten und mich anschauen. «Jetzt oben in der Eiche!» «Gut gebrüllt, Löwe!» Denn ich sah sie nicht mehr und die anderen sahen sie auch nicht. Aber zwei junge Frauen aus der Gruppe hörten was: «Sind die das?» Was soll ich dazu sagen? Ich höre das sehr hohe typische «zick» nicht mehr. «Was hört ihr denn?» «So einen hohen kurzen Laut, wie «tipps» oder «klick»!» «Ja, dann hört ihr sie.» Wir suchten die Krone Ast für Ast ab, aber in einer voll belaubten Eiche im Mai zwei Vögel zu finden, die sich nicht bewegen, ist schon nicht so einfach. Dann flog einer aus der Krone auf den höchsten Zweig, wartete dort zwei Sekunden und flog dann mit dem anderen großen Fink ab. So ist das oft mit den Kernbeißern, die häufig hoch oben in den Baumkronen unterwegs sind.

Es geht aber auch ganz anders. Ich füttere seit Jahren Vögel auf meinem Balkon. Eines Tages, es war wohl im Oktober, traue ich meinen Augen nicht. Ein männlicher Kernbeißer, der das ganze Häuschen ausfüllt, mampft dort Sonnenblumenkerne! Keine vier Meter von mir entfernt! Ich mache die Schreibtischlampe aus, stehe auf und gehe langsam, ohne ihn direkt anzuschauen, zur Balkontür. Und schließlich stehe ich einen halben Meter entfernt vom Finkenkönig, wie er auch genannt wird. So kann es auch gehen mit dem Kernbeißer, der manchmal überraschend ganz vertraut an der Vogelfütterung auftaucht und sich dann monatelange nicht mehr sehen lässt.

Im Juni habe ich dann auf dem Parkplatz vor dem Haus einen jungen Kernbeißer gesehen, der mich auf den ersten Blick verwirrte, aber die blauen, etwas verbreiterten Basen der Handschwingen und natürlich der dicke Schnabel und überhaupt die Größe des juvenilen Vogels waren doch sehr eindeutig. Aber in kaum einem Bestimmungsbuch findet man dieses juvenile, erste vollständige Kleid des Kernbeißers.

Der Kernbeißer ist der größte Fink in unseren Breiten, aber nicht das ist wirklich eindrucksvoll, sondern sein Schnabel ist es. Er trägt einen so mächtigen Kegelschnabel, dass dieser zu seinem Kennzeichen wird. Die besondere Konstruktion des Schnabels mit Versteifungen und Hohlräumen versetzt ihn in die Lage, Kirschkerne und andere äußerst harte Samen zu knacken. Es gelingt ihm, mit seinem Schnabel eine Kraft von etwa 50 Kilopond aufzuwenden! Das muss er auch, wenn er einen Kirschkern knacken will. Wer schon versucht hat, einen Hainbuchensamen zu öffnen – ein kleines Kügelchen mit Propellerblatt und eine weitere Lieblingsspeise des Kernbeißers – kann einschätzen, wie genau der Vogel seine Kräfte einsetzt. Sogar Oliven- und Pflaumenkerne werden von ihm geknackt! Der große Schnabel ist dabei nur das Werkzeug. Die Kraft kommt von Muskeln, die dem Kernbeißer einen Stiernacken einbringen und ihn wegen der profilierten Ansatzpunkte am Schädel einen strengen Gesichtsausdruck mit starken Augenbrauen verleihen. Die Schnabelfarbe variiert im Laufe des Jahres. Im Sommer ist er blaugrau bis dunkelgrau-bläulich gefärbt, während er im Winter von dunkelgrau über hornfarben bis rötlichgelb mit dunkler Spitze variiert. Unterschiedliche Färbungen des Schnabels sind also eher saisonaler Natur und lassen keinen Rückschluss auf das Geschlecht der Vögel zu, wie manche Vogelbeobachter meinen.

Der Kernbeißer bewohnt Laub- und Mischwälder, brütet aber auch in Parks, Friedhöfen und großen Gärten. Aber hohe Bäume müssen dort stehen, wo er sich niederlässt. Nur selten wird man ihn im Gebüsch sehen. Im Winter streifen die Kernbeißer in kleinen Trupps umher. Und dann können wir ihn, wegen der entlaubten Baumkronen und an den Fütterungen, leichter zu Gesicht bekommen. Diese These findet ihre Bestätigung durch eine Auswertung der Kernbeißer-Beobachtungen in www.naturgucker.de. Die Kurve im Diagramm ist deutlich. Die meisten Beobachtungen fallen in den Monat Januar, dann sinkt die Kurve auf bis ein Viertel des Januarwertes im Mai. Im Sommer werden so gut wie nie Kernbeißer beobachtet und erst im Oktober baut sich die Kurve wieder auf. Der Spitzenwert im Januar ist wahrscheinlich auf das Erscheinen von Kernbeißern am Futterhaus zurückzuführen. Das ist der bequemste Weg, zu Kernbeißerbeobachtungen zu kommen. An den Futterstellen ist der Kernbeißer der König, der unangefochtene Herrscher. Sein dicker Schnabel verschafft ihm anscheinend so viel Respekt, dass alle anderen Gefiederten ihm aus dem Weg gehen. Tun sie es nicht sofort, genügt ein kurzes, nach vorne weisendes Drohen mit geöffnetem Schnabel, damit Meise, Fink und Star Reißaus nehmen. Selbst der vorwitzige Kleiber, der ansonsten den Platz dominiert, geht dem Kernbeißer aus dem Weg.

Leider sind die Kernbeißer an fast allen Futterstellen nur unstete Gäste. Regelmäßig besuchte Plätze, «gute Kernbeißerstellen», sind auch guten Kennern nicht bekannt. Sie erscheinen und machen einen durchaus vertrauten Eindruck, aber es kann Wochen dauern, bis der zweite Besuch ansteht. Dass sie im Sommer fast unsichtbar sind, liegt auch daran, dass sie die Wipfelzonen der Bäume bevorzugen, denn ihren Nachwuchs füttern Kernbeißer nicht mit Kirschkernen, sondern ausschließlich mit tierischer Kost, sehr beliebt scheinen Raupen zu sein. Diese sammelt der große Fink im Kronenbereich und ist somit für viele Wochen höchstens fliegend zu sehen.

Thomas Griesohn-Pflieger

Le Gros-bec.
Mâle. – Femelle.

Le Gros-bec.
♂ Printemps ♀ juv.

Kiebitz – Gaukler der Lüfte

(Vanellus vanellus)

Ein Morgen, wie für Vogelgucker gemacht. Der Himmel blau mit vielen weißen Wolken, die Sonne scheint und etwa 50 Meter vor dem Vogelguck im Rieselfelder Münster spiegeln sich im Flachwasser etwa 150 Kiebitze. Es ist Anfang September. Der Zwischenzug hat die Kiebitze in diese Raststätte im internationalen Geflecht von Zugstraßen gebracht.

Ich genieße den Anblick dieser wunderschönen Sympathieträger. Sie laufen nur sehr wenig umher, einige schlafen auf einem Bein, andere putzen sich oder dösen. Ab und zu ertönt einer dieser langen, wehmütig bis klagend dünnen Rufe. Wie hübsch sie sind! Wirken sie im Flug mehr oder weniger schwarz-weiß, entfalten sie am Boden und im Licht der Sonne selbst im Ruhekleid eine geheimnisvolle Pracht. Das Gefieder schillert metallisch grün und manchmal, je nach Wendung des großen Regenpfeifers, auch leicht purpurn. Kräftige Beine in gedecktem Rosa, die weiße Unterseite, die Federholle und weiß umrahmt das große Auge, dass alle Kiebitzarten haben. Nicht zu vergessen der orangebraune große Fleck am Steiß. Prächtige Vögel allesamt.

Wir sind so nah bei ihnen, dass wir auch die jungen Vögel gut unterscheiden können. Es sind nicht viele – vielleicht zehn bis zwanzig Prozent der Truppe. Ihre Holle auf dem Kopf ist deutlich kürzer und die Vögel wirken auf der Oberseite etwas geschuppt, was durch die hellen Ränder der Deckfedern bedingt wird. Zum Zählen kommen wir nicht mehr. Der ganze Trupp erstarrt und dann, binnen eines Sekundenbruchteils, sind alle in der Luft, formen eine runde Wolke aus schwarz-weißen Leibern, die schnell nach Höhe strebt. Ein Sperber, ein Habicht oder ein Wanderfalke? Wir wissen nicht, was sie hochgemacht hat. Aber das schnelle Steigen, die dichte Wolke, die sie bilden, spricht eher für einen der gefährlichen Luftjäger und weniger für eine Rohrweihe oder einen Bussard.

Wo mögen sie den Sommer verbracht haben? In Polen, Schweden, auf dem Baltikum oder noch weiter weg? Nach der Brutzeit vereinigen sich die Kiebitze, egal welchen Alters, zu Schwärmen und vagabundieren durchs Land, treffen sich an ergiebigen Nahrungsgründen, wie dem international bekannten Rieselfelder Münster, oder in großen Feuchtwiesen-Reservaten, an Flussmündungen oder auch trockenen Feldfluren und ziehen dann, wenn das Wetter ungemütlich wird, weiter nach Westen.

Wer sich fragt, welchen Sinn die Kiebitzholle haben könnte, sollte mal einen Kiebitz, am besten einen im Brutkleid, von hinten anschauen, wenn er sich nach vorne beugt. Dann erhebt sich die Holle wie ein Schnabel nach oben und die Enden der weißen Ohrstriche wirken im Kontrast zum dunkelgrauen Nackenband wie ein Augenpaar, das dem Sperber oder Habicht, der sich von hinten fliegend anpirscht, signalisiert: «Längst entdeckt! Überfall zwecklos!». Wenn nur wenige Prozent der Kiebitze deswegen Angriffe überleben, hat sich die Holle evolutionär schon gelohnt. *Occipitalgesicht* nennen die Biologen dieses Scheinantlitz und sehen es hauptsächlich bei kleinen Eulenarten und Falken. Ich denke aber, dass es auch bei Kiebitzen und Kleinvögeln, wie Haubenmeise, Haubenlerche und auch beim Wiedehopf und vielen anderen, eine Rolle spielt. Und sicher wird es auch im Werbeverhalten der Vögel ein Zeichen für gute körperliche Fitness sein.

Wie andere seiner Verwandten aus der Familie der Regenpfeifer erbeutet der Kiebitz seine Nahrung nicht, indem er wie ein Strandläufer oder eine Schnepfe im Boden herumstochert und mit seinem Schnabel wie mit einer Sonde nach tierischer Beute sucht, sondern er jagt mit dem Gehör und den Augen. Wir sehen Kiebitze über die kurzrasige Wiese laufen und plötzlich innehalten und nach hinten oder zur Seite etwas aufpicken, was sie gehört oder gesehen haben. Die großen Augen des Kiebitzes sitzen an den Kopfseiten. Und so kann der Kiebitz auch ein Gutteil des hinter ihm liegenden Raumes überblicken, ohne den Kopf zu drehen. Von dieser Fähigkeit des Vogels zu beobachten, was eigentlich verborgen sein sollte, kommt vielleicht der Ausdruck «kiebitzen» für anderen Leuten in die Spielkarten sehen, ohne das es auffällt.

Glücklich die Vogelbegeisterten, die Kiebitze im Brutgebiet erleben, wenn sie im zeitigen Frühjahr dort ihre Balzflüge vollführen. In Gemeinschaft mit den anderen Wiesenlimikolen Mitteleuropas, den Uferschnepfen, Brachvögeln, Rotschenkeln und Bekassinen, die allesamt mehr oder weniger lautstark und durch rasante Flugvorführungen ihre Hochzeitsstimmung ausdrücken, ist der prächtige Kiebitz ein besonderer Genuss. Es gibt nur noch wenige Feuchtwiesenlandschaften, wo die fünf Wiesenlimikolen zusammen den Frühling zelebrieren. Gerade die Flugbalz der Kiebitze hat es ihn sich. Sie werfen sich in die Luft von einer Seite auf die andere, steigen steil auf und lassen sich wieder fallen, rasen so schnell geradeaus, dass wir kaum mit dem Fernglas hinterherschwenken können und steilen dann plötzlich hoch. Die Kiebitzmänner haben besonders breite Flügel, mit verlängerten und breiteren Handschwingen (vierte bis neunte), die im wuchtelnden Flug ein «wummerndes» Fluggeräusch erzeugen.

Solche Frühlingstage in den Feuchtwiesen, in denen die Feldlerche singend am Firmament hängt, die Wiesenlimikolen rufen und schaufliegen, gelbe Schafstelzen im Bogenflug über die vom Wiesenschaumkraut weiß-violetten Wiesen sausen und vom Koppelpfahl ein Braunkehlchen sein Reich überwacht, sind Geschenke. Sie fallen mir ein, wenn die Herbstkiebitze Rast machen und ich sie bestaunen darf.

Thomas Griesohn-Pflieger

P. A. Robert.
1940.

Kleiber – Schmied und Baumeister

(Sitta europaea)

Ein lautes Trillern weckt mich aus meinem gedankenversunkenen Dahinschlendern im lichten Wald. Gleich noch einmal, laut und exotisch klingt es, das muss ein besonderer Vogel sein. Ich suche die Bäume ab und bald sehe ich ihn auf einem Ast ganz in der Nähe eines Nistkastens, der offenbar seine ganze Aufmerksamkeit fesselt. Wieder das Trillern! Ein kegelförmiger Kopf schaut jetzt aus dem Nistkasten und schließlich schiebt sich der spindelförmige Körper hinaus: ein Kleiber, vielleicht eine Kleiberdame, die den Nistkasten inspiziert, den ihr Partner ihr vorgeschlagen hat. Ein gutes Zeichen ist, dass sie Material im Schnabel hat, das sie nun auf einer breiten Astgabel ausbreitet und durchsucht. Sie reinigt den Nistkasten und bereitet ihn damit auf die nächste Brut vor. Ob sie aus dem Material, das sie genauestens inspiziert, die kleinen Insekten als willkommene Zwischenmahlzeit heraussucht oder prüft, ob ein Teil noch zu verwenden ist, weiß ich natürlich nicht. Aber ihr Partner beobachtet sie konzentriert und lässt von Zeit zu Zeit trillernden Gesang hören. Es ist noch früh im Jahr, Ende Februar, aber die lauten, charakteristischen Pfiffe, Triller und Rufe der Kleiber hört man schon seit zwei Wochen im Wald.

Der Kleiber fällt schnell ins Auge, seine ruckartigen Kletterpartien an Baumstämmen und Ästen, sein stämmiger Körper, der oft weit nach hinten gelegte Kopf, wenn er die Umgebung prüft, seine lauten Rufe. Wie ein kleiner Specht wirkt er manchmal, aber im Gegensatz zu Spechten und Baumläufern benötigt er seinen Schwanz nicht als Stütze, sondern verlässt sich beim Klettern ganz auf seine kräftigen Füße, die eine ungewöhnlich große Spannweite haben. Kopfüber den Stamm hinunter: kein Problem für den Kleiber, er ist der einzige europäische Brutvogel, der das hinbekommt, immer ein Fuß höher als der andere, der obere Fuß hält das Gewicht, der untere dient als Stütze. Und was hat er von dieser ruckelnden Akrobatik? Er gewinnt dadurch eine ganz neue Perspektive, nämlich von oben in die Ritzen und Spalten der groben Baumrinde hinein, die er als Jagdrevier bevorzugt. Hier findet er Insekten, Larven, Eier und Spinnen, die anderen Vögeln verborgen bleiben. Wenn nötig, biegt er dünne Rinde mit seinem kräftigen Schnabel auf, um an die Beute heranzukommen.

Überhaupt sein Schnabel – ein kräftiges Werkzeug, das ihm auch im Winter Zugang zu Nahrungsquellen verschafft, die anderen Vögeln seiner Größe verschlossen bleiben. Er kann mit ihm sogar Haselnüsse und andere harte Samen öffnen, von denen er sich im Herbst und Winter hauptsächlich ernährt. Zeugin dieser Schmiedearbeit wurde ich das erste Mal, als mich ein lautes Klopfen, das durch das ganze Haus hallte, unter das Dach lockte. Ein Blick aus dem Dachfenster zeigte einen Kleiber, der einen Sonnenblumensamen in die Ritze zwischen zwei Holzlatten am Dachvorsprung geschoben hatte und ihn nun energisch mit dem Schnabel bearbeitete. Später suchte der Vogel sich einen bequemeren Platz direkt vor der Terrasse. Er klemmte die Samen, die er von der Futterstelle oder dem nahen Haselstrauch holte, in eine furchige Astgabel des Sommerflieders und bearbeitete sie mit dem Schnabel – eine Kleiberschmiede. Oft reihte er auch zwei bis drei Samen im Schnabel auf und flog davon, sicher zu einem Versteck, in dem er seine Nahrungsvorräte deponierte. In Mischwäldern mit felsigen Regionen gehört der Kleiber zu den Baumpflanzern. Wenn er Eibensamen in Felsspalten zwängt und sie dort vergisst, wachsen Jahre später die Eiben daraus hervor. Aber auch Insekten, vor allem Käfer, werden in der Schmiede bearbeitet. Er befreit sie von den harten Chitinteilen und verspeist sie dann in kleinen Stücken.

Wurde der Kleiber daher in der Vergangenheit auch «Spechtmeise» genannt, verdankt er seinen heutigen Namen einem alten Berufsstand. «Kleiber» nannte man im Mittelhochdeutschen den Handwerker, der Lehmmauern errichtete. Und das tut der Kleiber, genauer die Kleiberfrau. Sie verkleinert den Eingang ihrer Bruthöhle, meist eine alte Spechthöhle oder eine Fäulnishöhle, mit Lehm und Erde so, dass er für alle größeren Vögel und auch andere Beutegreifer zu klein wird. Lediglich Spechte sind noch in der Lage, die Lehmwand wieder aufzustemmen. Auch Kanten und Ecken im Inneren des Nestes werden mit Lehm ausgekleidet. Selbst die Eingänge von Nistkästen werden so verkleinert.

Kleiber wirken auf mich immer energisch, ihr ruckelndes, durch die Fußhaltung schräges Klettern, ihr selbstsicherer Anflug an die Futterstelle, der oft auch größere Vögel in die Flucht schlägt, ihre kampfeslustige Haltung, wenn ein Konkurrent sich nähert. Als Standvogel ist es für den Kleiber wichtig, das ganze Jahr Zugang zu den Nahrungsquellen und Verstecken in seinem Revier zu haben, und so verteidigt er es auch außerhalb der Brutzeit gegen alle Nahrungskonkurrenten, insbesondere gegen seine Artgenossen. Jungvögel werden zeitweise unwillig im Revier toleriert. Das Kleiberpaar bewohnt und nutzt sein Revier das ganze Jahr gemeinsam und so sieht man selten nur einen Kleiber im Wald, wenn man etwas wartet, taucht der zweite sicher auf. Auch in gemischten Meisentrupps sollte man auf ihn achten, denn innerhalb seines Territoriums schließt er sich den Trupps vorübergehend an. Bis es dann wieder soweit ist, ein Nest zu beziehen und sein trillernder Gesang durch den Wald hallt.

Iris Lichtenberg

La Sitelle.

Kohlmeise – der Dorfschmied

(Parus major)

Auf dem Fußweg ins Büro nehme ich jeden Morgen, ohne mich selbst dazu aufzurufen, die Vogellaute der Umgebung wahr, registriere instinktiv und erwarte instinktiv. Das Bewusstsein erreichen dann weniger Sinneswahrnehmungen wie «Blaumeise links», sondern eher «warum kein Hausrotschwanz gegenüber dem Sonnenstudio»? So war es auch heute, wo ein Gartenbaumläufer zu hören war, was selten passiert, und der Hausrotschwanz jetzt Mitte Februar schon singt. Ich biege in der Fußgängerzone zur Sparkasse rechts ab, die Straße wird enger, geschorene Kugelahorne, in denen das Nest einer Amsel und eines vermutlich vom Stieglitz wie dunkle, knotige Büschel im Zweiggewirr hängen, stehen Spalier.

Eine Kohlmeise singt! Und zwar sehr laut und deutlich. Hat sie sich diesen Schallraum zwischen den glattwandigen Häusern ausgesucht, um ihre Lautstärke erhöhen zu können? «Tiet-hüüit» singt er, der Meisenmann. Laut und vernehmlich. Aber ich sehe ihn nicht.

Ich bleibe stehen und pfeife zurück – zwischen den Zähnen, was ich lange geübt habe – «tinke, tinke, tinke» pfeife ich. Eine Bewegung in dem letzten Kugelbaum, da steht er oben auf dem Wipfel: «Tiet-hüüit, tiet-hüüit, tiet-hüüit». Ich antworte mit «Tiet-züit – tüüht, tä, tüüt, tä, tüüt». So geht es zwei, drei Strophen lang, bis er über mir nur drei Meter hoch im Baum steht. Als ich nicht mehr antworte, reagiert er mit einem ärgerlich klingenden «tätätätätäh».

Wie unterschiedlich doch die eigentlich gleichfarbigen Kleider der Kohlmeise sein können! Dieser Meisenmann hier ist – wie es sich nach der Mauser im Herbst gehört – frisch befiedert. Die gelbe Vorder- und Unterseite kontrastiert zum schwarzen sich nach unten verbreiternden, kohlschwarzen Bauchstreifen, der oben in die schwarze Kehle mündet, von der er dann verzweigt und das Schwarze um die weißen Wangen herumführt, um den gesamten Oberkopf zu färben. Rücken, Flügeloberseiten und Schwanz sind graugrünlich gefärbt. So ließen sich alle Kohlmeisen beschreiben. Aber wenn man genau hinschaut, sieht man Unterschiede. Dieser Meisenmann hat ein kaltes Gelb. Der Meisenmann, der mich wenig später an der Fensterscheibenfütterung im Büro besuchen wird, hat ein graues Gelb und zu Hause gibt es auch einen mit einem warmen Gelb, immer noch zitronig, aber mit einem Hauch Orange. Meisenfrauen können auch unterschiedlich aussehen, sind aber immer gut von den männlichen Meisen zu unterscheiden, da der Bauchstreifen bei ihnen schon auf dem Unterbauch undeutlich wird und verschwindet. Junge Kohlmeisen im ersten Jahr tragen bis zum Herbst ein Jugendkleid, ohne weiße Wangen, und der Bauchstreifen ist eher ein Auslauf der mattschwarzen Kehle. Überhaupt ist bei ihnen alles matt, gedämpft – jedenfalls, was die Farben angeht, denn in den ersten zwei Wochen des Flüggeseins nerven sie mit ständigem Bettelgeschrei.

Nur wenige unserer Vögel sind so gut erforscht wie die Kohlmeisen. Wir wissen, dass japanische Kohlmeisen – und unsere dann wohl auch – wie Menschen nach syntaktischen Regeln kommunizieren. Je nachdem, in welcher Reihenfolge die Singvögel ihre Rufe kombinieren, haben diese unterschiedliche Bedeutungen und führen zu entsprechenden Interaktionen. Oder: Kohlmeisen zeigen unterschiedliche Persönlichkeiten. Draufgängerisch bis schüchtern. Wobei Draufgänger eine geringere Überlebenschance haben. Wir wissen, dass sie, wie andere Vögel übrigens auch, zwischen Boden- und Luftfeind unterscheiden und unterschiedlich warnen, und auch die Warnungen der anderen Vogelarten verstehen, das heißt deuten und interpretieren können. Und dass sie spezielle Warnlaute beherrschen, die der potenzielle Beutegreifer nicht orten kann. Und so geht es weiter. Sie zählen zu den häufigsten Gartenvögeln und doch weiß kaum jemand, wie man die Geschlechter am Federkleid unterscheiden kann. Oder, dass die Schnäbel in Größe und Form variieren. Für Gartenbesitzer gibt es hier noch viel zu entdecken …

Darf ich das eigentlich? Darf ich mich mit einem Meisenmann unterhalten? Darf ich ihn anlocken, neugierig machen, einen Nebenbuhler vortäuschen? Was wäre, wenn er die Flucht ergriffe und ich das Meisenrevier damit besitzlos gemacht hätte? Als ich ihn, vermutlich für Meisenohren, stümperhaft neugierig machte, floh er nicht, sondern näherte sich, sah mich und musste wissen, woher die Töne kamen. So wie er, die Stadtmeise, den Baum nicht verlassen würde, würde ich mich darunterstellen, tat er es auch nicht, als ich pfiff. Tage später, offenbar noch alleine, singt er immer noch aus den paradestehenden Kugelahornen, in denen es keine Nisthöhle gibt, die aber einen guten Konzertsaal abgeben.

Kohlmeisen können andere Meisen imitieren und beherrschen Dutzende verschiedener Strophen. Immer aber, und daran erkenne ich sie zuverlässig, ist es eine rhythmische, wenigsilbige Komposition. Damit sie sich das leichter merken können, erkläre ich meinen Zuhörenden auf Vogelstimmenexkursionen, dass die Kohlmeise früher den Namen «Dorfschmied» trug. Noch wissen die meisten Exkursionsteilnehmer, dass ein Schmied in einem bestimmten Schlagrhythmus den Hammer auf das Schmiedestück sausen lässt. Aber bald wird die Digitalisierung der Welt auch dieses Wissen überflüssig machen. Ich werde es dann anders erklären. Wenn es dann überhaupt noch jemand wissen will und ihm oder ihr nicht schon die «Birding-Datenbrille» den Vogelnamen auf die Netzhaut projiziert hat.

Thomas Griesohn-Pflieger

La Mésange grande charbonnière.

Kolkrabe – Tänzer am Himmel

(Corvus corax)

Es ist ein kalter, aber klarer Novembermorgen auf der Insel Rügen. Wir sind im Nordwesten der Insel auf dem Weg zu einem großen See, an dem ein Seeadlerpaar seinen Horst gebaut hat und dort seit vielen Jahren erfolgreich brütet. Der Adlerhorst liegt hoch in einem Baum auf der unzugänglichen anderen Seeseite, man kann beobachten ohne zu stören. Jetzt, außerhalb der Brutzeit, jagen die Adler oft auf dem See oder stehen in den Bäumen am gegenüberliegenden Ufer. Schon auf dem Weg dorthin, durch ein kleines Wäldchen auf einem schmalen Weg, an dem viele Beerensträucher wachsen, werden wir von einer anderen Vogelart abgelenkt. Melancholische Pfiffe machen uns aufmerksam – hier sind Gimpel (S. 66) unterwegs. Bald sehen wir sie auch, es sind mindestens sechs Vögel, die hier auf beiden Seiten des Weges ihre Beerenmahlzeit einnehmen, wenig scheu, mit ihren seltsam traurigen Rufen halten sie Kontakt untereinander. Rote und graue Farbkleckse im Gesträuch, ein schöner Beginn des Tages.

Uns fallen jetzt aber noch ganz andere Rufe auf, raue Töne, noch etwas entfernt, sie klingen wie Frage und Antwort, mehrere Vögel immer im Wechsel «korrp – korrp – korrp»: Kolkraben! Wir nähern uns dem See und treten ins Freie direkt auf eine Brücke, die über eine Schmalstelle führt. Und hier sehen wir sie auch: zwei Vögel fliegen uns in wenigen Metern Höhe entgegen, schwarze Schatten, laut rufend, sie drehen plötzlich ab, als sie uns bemerken. Kolkraben sind imposante Vögel, bussardgroß, kraftvolle Flieger, intelligent und leider sehr scheu. Ihre jahrhundertelange Verfolgung hat Spuren hinterlassen. Doch hier haben sie heute keine Zeit für Scheu und keine Augen für uns. Es ist etwas im Gange, mindestens acht Kolkraben fliegen und rufen hier. Eine kleine Gruppe von sechs Vögeln nähert sich immer wieder einer Reihe hoher Bäume, in der das Kolkrabenpaar, das uns so fulminant begrüßt hat, jetzt steht. Kurz bevor sie die Bäume erreichen, dreht der Trupp immer wieder ab, ruft, kehrt um, dreht ab. Eine gewaltige Geräuschkulisse, die hallenden Rufe so vieler Kolkraben lassen uns die Seeadler ganz vergessen, die wir eigentlich gesucht haben. Von Zeit zu Zeit verlassen die beiden Raben ihren Baum und fliegen auf den Trupp zu, scheinen anzugreifen. Versucht hier eine Gruppe von Nichtbrütern das Revierpaar zu vertreiben oder sind vielleicht die Jungvögel vom letzten Jahr im Trupp und können sich nicht lösen? Schließlich gelingt es dem Paar, die Halbstarken zu vertreiben und dann geht das eigentliche Schauspiel erst los: eine Flugschau, wie ich sie noch nie gesehen habe.

Kolkraben-Paare bleiben vermutlich ihr Leben lang zusammen, sie bilden eine eigene Sprache aus, entwickeln Gesten und Laute, die nur sie verstehen, sprechen sich mit Namen an und heute denke ich, sie tanzen auch miteinander, denn nichts anderes ist diese Flugschau, bei der sich ein Partner immer wieder auf den Rücken dreht, der andere über ihm, sie berühren sich kurz mit den Füßen, jauchzen, steilen gemeinsam auf, fliegen Kreise, trudeln hinab, fliegen über- und untereinander und immer wieder diese Rolle im schnellen Flug. In Wales riskierte man die Todesstrafe, wenn man einen Kolkraben tötete, denn es ging die Legende, dass König Artus in Gestalt eines Raben auf seine Wiederkehr wartet. Und das ist der Kolkrabe: ein königlicher Vogel, der Klugheit und Kraft in vielen Sagen verkörpert, aber fast ebenso oft als Todesbote gnadenlos verfolgt wurde.

Der Kolkrabe bewohnt viele Klimazonen, er ist auf der gesamten Nordhalbkugel verbreitet, er brütet an Felswänden, in Wäldern und an Küstenklippen. Er passt sein Verhalten an die Klimazonen an, bohrt Löcher in das Nest, wenn es sehr heiß ist, kühlt seine Jungen, indem er Wasser im Bauchgefieder heranträgt. Er ernährt sich vielseitig, aber Aas ist eine der wichtigsten Nahrungsquellen für ihn. Daher folgen Rabentrupps dort, wo es sie noch gibt, im Winter den Wölfen und warten, dass diese ein Tier töten, denn im Gegensatz zu allen Gerüchten, die oft als Argument für ihre Verfolgung dienten, können Kolkraben keine großen Säugetiere erlegen. Haben die Wölfe Beute gemacht, versuchen die Raben ihren Anteil zu ergattern. Und auch wenn sie dazu erst warten müssen, bis Wolf, Adler und Fuchs ihren Anteil erhalten haben, lohnt sich das Warten, es bleibt genug übrig für die hungrigen Raben, sie verwerten alle Reste. In den kalten Regionen ihres Verbreitungsgebietes übernehmen Kolkraben damit die Aufgabe der Geier als Gesundheitspolizei.

Kolkraben nutzen ihre soziale Intelligenz oft, um sich gegenseitig auszutricksen. So nutzen männliche Raben die Abwesenheit des Revierinhabers, um einen weiblichen Raben auf dem Nest zu verführen. Oft lässt die Kolkrabenfrau sich das gefallen. Werden sie beim Anlegen von Nahrungsvorräten beobachtet, legen Kolkraben, so wie viele Krähen, oft nur ein Scheinversteck an und verstecken die Beute dann woanders. Das heißt, sie können sich in ihre Artgenossen hineinversetzen. Vieles wurde und wird geschrieben über die Intelligenz dieser Vögel, die sich auch dadurch zeigt, dass sie spielen. Wer wollte einem Kolkrabenpaar bei seinen Flugspielen die Freude absprechen, muss es nicht einfach Spaß machen, dieses jauchzende Miteinander in der Luft? Wir werden nie erfahren, wie es ist, ein Kolkrabe zu sein, aber ich weiß, wie es ist, sie bei ihren Flugspielen zu beobachten: es ist ein Glück!

Iris Lichtenberg

Le Grand Corbeau.

Kuckuck – eine Suche

(Cuculus canorus)

Ringdrosseln wollen wir sehen. In Westfalen. Hier ziehen sie nur durch und das in einem engen Zeitfenster, das man abpassen muss. Tatsächlich haben wir Glück und sehen an diesem Sonntag im letzten Aprildrittel fünf von ihnen am frühen Morgen in einem Feuchtwiesengebiet über die taunassen Wiesen hüpfen. Zu unserer Freude sehen wir noch viel mehr schöne Vögel, vom Weißstorch über Rohrweihe bis zum Schilfrohrsänger, und wir hören zwei Kuckucke, was uns mindestens so freut wie der Anblick der durchziehenden nordischen Drosseln.

So populär der Kuckuck ist, so selten ist er hier im Nordwesten geworden! Die Zeiten, in den man ihn von Mitte April bis Mitte Juni, zum Beispiel im Ruhrtal und in den Feuchtwiesen des Münsterlandes, alltäglich hören konnte, sind längst vorbei. Aber hier hören wir ihn noch. Stativ von der Schulter und alle Zaunpfähle – es scheinen Hunderte zu sein – aufmerksam abschwenken und nach dem etwa eichelhähergroßen, grauen Vogel mit dem langen Schwanz Ausschau halten, war der gleichzeitige Impuls von Freund Matthias und mir. Nichts zu sehen. Jetzt mit dem Fernglas, damit ist man noch beweglicher, alle Buschspitzen inspizieren, Baumkronen scannen und dabei die Ohren spitzen, ob er noch singt, der Gauch? Goldammern ja, Schafstelzen, ein kleiner Trupp, ein Schwarzkehlchen auf einem Zaunpfahl – auch nicht schlecht, aber kein Kuckuck. Aber er muss sich doch melden! Kuckucke haben nicht viel Zeit, wenn ihre Wirtsvögel Eier legen, müssen sie es auch und die sollen vorher noch befruchtet werden und in den Eierstöcken heranreifen und dazu muss man eine Kuckucksfrau finden, sie bezirzen, andere Kuckucksmänner verjagen, Präsenz zeigen … alles kompliziert bei den Kuckucks.

Dann hinter uns ein heiseres Lachen, so wenig ähnlich dem flötengleichen «gu-ko», dass man es dem Kuckuck nicht zutraut. Zwei graue, langschwänzige Vögel rasen die Hecke entlang, mit flachen, steifen Flügelschlägen und ziemlich schnell. Man könnte sie jetzt mit einem kleinen Greifvogel, etwa einem Sperber, verwechseln – die gesperberte Brust, die spitzen Flügel, der lange Schwanz, der wendige Flugmanöver erlaubt, und die hohe Geschwindigkeit. Das meinen wohl auch zwei Rauchschwalben, die über und hinter den beiden Kuckucksmännern fliegen und dabei schrill «bi-wist, bi-wist» rufen. So würden sie auch auf einen Turmfalken oder einen Sperber hassen. Der vordere Kuckuck biegt scharf ab und taucht durch die Hecke. Der Verfolger fliegt noch etwa 50 Meter weiter, und steilt dann auf, um sich auf den höchsten Ast einer jungen Eiche zu stellen und: zu singen! Das Spektiv herumgeschwenkt, gesucht, scharf gestellt, und da ist er! Die Flügel hängen leicht nach unten, der Schwanz etwas angehoben, die gelben Augen sind gut zu sehen, jedes «gu-ko» erzeugt ein Erbeben des taubenartig vorgewölbten Kropfes.

Die Sonne scheint und wärmt uns die Rücken, auf den Wiesen glitzern noch die Tautropfen der Nacht an den Grasspitzen. Der kleine Trupp Ringdrosseln hüpft an der Blänke entlang, in der Ferne singt die Misteldrossel ihr kleines, melancholisches Lied, und wir sind gebannt von der Präsenz des Kuckucks, der diese Bühne beherrscht. Welch ein Glück!

Viele Minuten lang können wir ihn so beobachten, wie er sich gelegentlich wendet und seinen werbenden Gesang in alle Richtungen schickt. Wird er erhört werden? Gibt es auch eine Kuckucksfrau im Hervester Bruch, am Rande des Ruhrpotts? Als er schließlich abfliegt und hinter der Hecke verschwindet, setzen auch wir unseren Weg fort. Rohrammern singen, ein Blaukehlchen entdecken wir, am Rande der Blänke trippelt ein Bergpieper entlang. Es ist diese Zeit, wo die heimgekehrten Gefiederten schon an das Brüten denken, während andere noch durchziehen in ihre nordische Heimat oder, wie der Bergpieper, in die Alpen.

Wir verweilen an einem Vogelguck, der leicht erhöht eine gute Aussicht über Blänke und Wiesen bietet. Als ich mich eingesehen und alles Vorhandene registriert habe, sehe ich eine kleine Bewegung gut 200 Meter entfernt an einer Salweide. Ein mittelgroßer Vogel ist sehr flach über den Boden fliegend in die Weide geschlüpft. Das ist für das Fernglas zu weit.

Mit dem Blick durch das Spektiv sortiere ich das Durcheinander von Ästen, Zweigen, jungem Grün und verblühenden Kätzchen. Dann: Ein Auge, gelb in einem graubraunen Vogelgesicht. Mit der Zeit erkenne ich mehr, den dünnen, leicht gebogenen Schnabel, den Hals kann ich auch erkennen mit der leichten Sperberung, alles in Beige und Braun gehalten. Dann eine Bewegung und weg ist die Kuckucksfrau, fliegt etwa 100 Meter weiter, wieder in eine mannshohe Weide. Wieder flach über dem Boden, unauffällig, und sie versteckt sich in dem Strauch. Finden würde ich sie nicht, wenn ich einen Kuckuck suchen wollte. Nur weil ich weiß, dass sie dort ist, sehe ich sie schemenhaft im Spektiv. Von dort aus beobachtet sie, so denke ich, die Kleinvögel beim Nestbau, verschafft sich einen Überblick, wo potenzielle Nester für ihre Eier gebaut werden und wie weit die Vorbereitungen der künftigen Stiefeltern für ihre Kinder schon gediehen sind. Dort ist sie auch noch, als wir eine Stunde später den Vogelguck verlassen und erfüllt und satt vom Naturgenuss den Heimweg antreten. «Zum Kuckuck, war das schön heute Morgen!»

Thomas Griesohn-Pflieger

Le Coucou.
Jeune mâle.

Mäusebussard – der Katzenaar

(Buteo buteo)

«I love your german buzzards! They are so beautiful!», sagt Noam, mit dem ich in Israel gerade 10 000 – wenn nicht mehr – Bussarde auf ihrem Weg durch den Grabenbruch, hier das Arava-Tal, nach Nordosteuropa und Sibirien beobachte.

März in Israel, Zugzeit für viele Millionen Vögel, die das kleine Land zwischen Mittelmeer und Rotem Meer überqueren. Noam sieht hier in jedem Jahr vermutlich viele 10 000 Bussarde über sich kreisen oder mit leicht geschlossenen Flügeln auf dem Wind surfend durchziehen. Wir stehen in den Eilat-Mountains, in deren Steilwänden und Wadis die Bussarde die Nacht verbracht haben und jetzt mit der aufsteigenden, warmen Luft nach oben kreisen, dann der Thermikblase Adieu sagen und zum nächsten Warmluft-Aufzug surfen, der sie wieder nach oben bringt. In der Ferne blinkt das Rote Meer. Den Bussarden wird in einer Stunde das Tote Meer blinken und nach vielleicht zwei Stunden sind sie schon am Mittelmeer.

Zwischen den Bussarden, und das macht mich nervös, kreisen immer wieder auch andere Greife. Schwarzmilane sind noch das gewöhnlichste, was ich entdecke, denn auch Kaiseradler, Steppenadler, Schlangenadler, ein früher Schreiadler ziehen mit und das alles im schnellen «Überhin-Zug». Manchmal habe ich nur Sekunden Zeit, den Vogel zu entdecken, zu bestimmen, den Namen zu rufen, und schon kommt die nächste Herausforderung angerauscht. Irgendwann gebe ich mich dem Schauspiel der vorbeigleitenden bunten Greifvögel einfach hin. Adler, Milane, Bussarde, Schlangenadler, sogar ein paar Weihen sind dabei, aber ich stehe nahezu fassungslos da, die Kamera mit dem Tele liegt auf dem Felsbrocken neben mir. Ich schaue und staune.

Es sind Falkenbussarde, die hier durchziehen. Falkenbussarde sind auch Mäusebussarde, aber sie wirken etwas schlanker und kleiner als unser «Mäuseaar», viele von ihnen sind fuchsrot – daher der wissenschaftliche Name der Unterart *vulpinus* von Fuchs, lateinisch *vulpes* – oder zimtfarben, es gibt aber auch fast schwarze und sehr helle Exemplare. Falkenbussarde brüten in Nordschweden, Finnland, im europäischen Teil Russlands und nach Süden bis zum Schwarzen Meer. Der bessere Name ist Steppenbussard, denn sie sind weniger an Bäume gebunden als die Nominatform. Zudem, und das macht ihn in Israel so häufig, ist der Steppenbussard ein echter Zugvogel, ein Weitstreckenzieher, der im südlichen Afrika überwintert. In Namibia habe ich sie auf Weidepfählen stehen gesehen, wie bei uns in Mitteleuropa die Mäusebussarde.

Die warme, aufsteigende Luft erspart den Mäusebussarden den anstrengenden aktiven Flug mit rudernden Flügeln. Aus dem deutlich sichtbaren, relativ großen Vogel wird innerhalb von Sekunden im «Warmluft-Lift» ein Kümmelkorn am Himmel, das kaum noch zu bestimmen ist. Das kann Vogelbeobachter, die immer darauf hoffen, unter den Hunderten Bussarden seltenere Arten zu entdecken, unter Druck setzen. Endlich gelingt es mir, den Grund meiner Kurzatmigkeit und Verkrampfung zu erkennen. Ich lege die Kamera weg und gebe mich dem Genuss der Vogelmassen, ihrer Präsenz am Himmel, hin. «Puuh» – ich realisiere jetzt, dass unsere kleine Gruppe von deutschen Vogelguckern mit Noam als Guide mittlerweile in einem «Schwarm» von Birdern steht. Schweden, Briten, Amerikaner, Franzosen legen den Kopf in den Nacken, um das Schauspiel, das sich langsam abschwächt, zu verfolgen. Das Geklacker von auslösenden Kameras, anfahrende Autos, Türenschlagen, aufgeregtes Diskutieren von Kennzeichen, lautes Rufen – eigentlich bin ich froh, als der Migrationsstrom abebbt und wir unsere Spektive schultern, um in einem nahe gelegenen Wadi nach dem Schwarzrücken-Steinschmätzer zu suchen.

Auch unsere Bussarde lieben die Thermik. Zu Hause werden sie jetzt, sofern die Sonne scheint, über den Wäldchen kreisen, Flagge zeigen, ihr Revier abstecken und laut miauend «hiäh» rufen. «Katzenaar» ist ein alter Name für den Mäusebussard. Weil er so ruft wie eine Katze und so fliegt wie ein Aar – wie ein Adler. In Israel sind die Bussarde der Nominatform, also die, die als typische Mäusebussarde gelten, sehr selten. Und so ist Noam erstaunt und überrascht von dem Reichtum an Färbungsvarianten und findet die deutschen Bussarde «beautiful». Ich finde die Steppenbussarde «beautiful».

Mitteleuropäische Bussarde können fast schwarz bis fast weiß sein, rotbraun bis cremefarben, mit Bürgermeisterkette oder Bauchbinde. Kaum einer sieht genauso aus wie der andere. Wenn wir genau hinschauen, können wir auch Bussardmann und Bussardfrau unterscheiden. Letztere ist nämlich die größere und massigere von beiden. Auch die jungen Bussarde lassen sich von den alten unterscheiden. Durch die hellere Iris, die undeutliche, kontrastlose, dunkle Schwanzendbinde und einen ebensolchen Flügelhinterrand. Das bedeutet, dass wir Mäusebussarde wegen ihrer unterschiedlichen Färbung individuell erkennen können. Und wenn ich «meine» Bussarde von anderen unterscheiden kann, ändert sich der Blick auf die Vögel. Sie werden Nachbarn. Ich erwarte sie und vermisse sie, verfolge ihr Schicksal und gehöre damit ein wenig mehr dazu – zu der gefiederten Welt vor der Haustür.

Thomas Griesohn-Pflieger

1938.
P. A. Robert

Mauerläufer – Falter im Fels

(Tichodroma muraria)

Es war der letzte Tag im Hochgebirge. Wir hatten einen Teil des Schweizer Nationalparks durchwandert und waren vorgestern von der Wiesbadener Hütte aus auf den Piz Buin (3312 m. ü. M.) geklettert. Gestern dann Ruhetag, heute letzter Rundgang und packen und morgen würden wir absteigen. Vater und drei Söhne – ich einer davon.

Es war der 18. August 1970, das kleine Notizheft habe ich noch. Da steht in krakeliger, aufgeregter Schrift: «Mauerläufer! … kurz kletternd, wobei das Weiße in den Flügeln mehr auffällt als das Rote.» Damals schon den zweiten Blick gewagt …

Der Vogel verschwand auf seinen runden Flügeln, fast wie ein Wiedehopf flatternd, hinter einer Felsnase, kam dann nochmal zurück und flog mit einem zweiten Vogel wieder ab. Das war's. Minuten (oder Sekunden?), die ich heute noch gut erinnere. Die Sonne schien, unter uns blinkte der Silvretta-Stausee, wir tranken Tee, den wir vorher mit dem Esbit-Kocher zubereitet hatten, als der exotische Vogel meine Begeisterung auslöste. Was für ein Setting! Natürlich erkannte ich ihn sofort. Ein Traumvogel! Bunt und mystisch, immer unverhofft. Nur die wagemutigen Kletterer, die sich in die Felswände wagen, um die Felsnasen herumhangeln, bekommen ihn mit viel Ausdauer zu sehen. Und sicher ist das auch nicht. Nicht alle der erwachsenen Ornithologen, die ich kannte, hatten ihn schon mal gesehen. Ein guter Platz seien die Felsen von Les Baux in der Provence, wenn man schon mal in der Camargue sei, müsse man dort vorbei. Ich war später dort, habe ihn aber nicht gesehen.

Der Mauerläufer ist ein Unikat, er hat keine direkten näheren Verwandten, ist in den Hochgebirgen Europas und Asiens zu Hause. Man weiß nicht, ob er selten ist, seine Bestände sind kaum zu erfassen, denn er lebt meist über der Baumgrenze an Felswänden. Stunden habe ich vor solchen Wänden verbracht. Immer wieder die langen, schorfigen Flächen mit den dunklen Stellen der Wasseraustritte, den grauen, dem Regen zugewandten Flechtenflecken und grünen Moosbändern mit dem Fernglas abgesucht, auf eine Bewegung, ein Flattern gehofft, Steinadler gesehen und Felsenschwalben, aber keinen Mauerläufer mehr. Er ähnelt, vor allem im Flug, und dabei hat man am ehesten Chancen ihn zu entdecken, eher einem Riesenschmetterling als einem Vogel. Die breiten, runden Flügel, die ihm eine ausgezeichnete Wendigkeit verleihen, sind rot-schwarz-weiß gezeichnet. Sein Körper rußig dunkelgrau, im Prachtkleid der Männer sogar auf Brust, Kehle und Kopf pechschwarz. Er ähnelt damit eher einem Roten Ordensband, einem Nachtfalter, der auch erst dann richtig bunt wird, wenn er die Flügel entfaltet. Das ist beim Mauerläufer allerdings meist etwas einfacher, denn er spreizt auch beim Klettern ab und an zuckend die Flügel. Und darauf hoffen wir, wenn wir uns vor Felswänden die Beine in den Bauch stehen, mit steifen Nacken dann wieder zu Tale trotten und abends kaum noch den Löffel zum Munde führen wollen, weil die Arme vom Fernglasheben schmerzen, und uns neue Felswände aussuchen für einen neuen Versuch.

Wie die Baumläufer die Bäume, läuft der Mauerläufer die Steinwände hoch, oft in der Nähe von Wasser, das aus der Felswand tropft, sagt man, um aus den Ritzen und Spalten, hinter Flechten und Moos, Spinnen und Asseln und Kerbtiere aller Art herauszustochern. In den Höhlen des Berges baut er auch sein Nest. Irgendwo da oben.

Aber es geht auch anders. Ganz einfach. Die beiden nächsten Begegnungen liefen sehr entspannt ab. Im Schwarzwald wurde ein Mauerläufer gemeldet. Im Winter erscheinen Mauerläufer gelegentlich in tieferen Lagen. Im Schwarzwald hatte ich ohnehin zu tun und so habe ich ihn gesehen in dem Steinbruch, der hermetisch abgeschlossen war und wo wir unsere Ferngläser durch die Stangen des Zaunes quetschten, um einen Blick auf den Gast zu erhaschen. Aber es war eine Enttäuschung. Es fehlte das Hohe, die Weite, der blaue Himmel, die Schneefelder oben und die Geröllfelder unten. Stattdessen schlammiger Boden, gelbe Caterpillar-Raupen, riesige LKW, grauer Himmel und ein kleiner Vogel, der ab und zu flatternd eine Felswand erklomm. Und es fehlte auch die freudige Entdeckung, das aufgeregte Beschreiben den Freunden gegenüber, wo genau er zu sehen ist, das Herzklopfen und das Nachsinnen noch Stunden später, wie genau alles war.

Ganz anders wieder in den Kalk-Karpaten Rumäniens. Mit der Seilbahn hoch ins Bucegi-Massiv. Dort wollen wir die Balkan-Ohrenlerche sehen, die dort selten, aber regelmäßig auf den alpinen Matten brütet, die an die norwegischen Fjells erinnern, wo die nordische Unterart brütet. Wir sehen sie, unspektakulär trippeln zwei über die grüne Kräutermatte. Es ist kalt hier oben, Wind rötet die Gesichter und wir suchen die Schutzhütte auf, trinken Tee und Kaffee, manche essen eine Süßigkeit. Es wird geraucht und ich verlasse den Gastraum, öffne die Tür. Beim Schließen der Tür schweift mein Blick über die Hauswand. Und hier an der windgeschützten Wand aus grob behauenem Geröll schaut er mich an. Ein Mauerläufer, vielleicht auf drei Meter! Natürlich fliegt er um die Ecke, aber ich, nicht dumm, gehe zur anderen Ecke und strecke den Kopf vorsichtig vor, wieder hängt er an der Steinwand. Ich ziehe mich zurück. Soll er den Windschatten genießen, der bunte Traumvogel.

Thomas Griesohn-Pflieger

Le Tichodrome.
Eté.

Le Tichodrome.
Hiver.

Mauersegler – fliegende Sichel

(Apus apus)

«Sriiih – sriiih – sriiih» – da sind sie wieder, die schrillen Rufe in den Häuserschluchten der Stadt. Jedes Jahr ab Anfang Mai warte ich darauf. Jetzt kann man sich wieder in eines der Straßencafés setzen und in den Himmel schauen, den sichelförmigen Mauerseglern bei ihren rasanten Flugspielen und Balzflügen zusehen und zuhören. Nicht umsonst heißen die abendlichen Flüge, denen sich meist die ganze Kolonie anschließt, «screaming parties». Die Mauersegler steigen dabei unter lauten Rufen erst hoch hinauf, sicheln durch den Himmel und fliegen dann mit rasanter Geschwindigkeit immer wieder an den Nisthöhlen vorbei. Die abendliche Geräuschkulisse dabei ist genauso überwältigend wie die rasanten Flugmanöver der Vögel, sie schwenken immer wieder seitlich, drehen sich sogar manchmal kurz auf den Rücken, sind rasend schnell. Meist enden diese Flugspiele damit, dass der Teil des Schwarms, der brüten oder hudern muss, sich zum Schlafen in die Nisthöhlen zurückzieht, und der andere Teil in Höhen bis zu zwei Kilometer aufsteigt und dort die Nacht über kreist. Wie bei Delfinen schläft dann wahrscheinlich immer nur eine Gehirnhälfte, während die andere den langsamen Flug überwacht.

Mauersegler sind für mich der Inbegriff des Fliegens, verbringen sie doch nahezu ihr ganzes Leben in der Luft. Sie erreichen dabei kurzzeitig Geschwindigkeiten über 200 Stundenkilometer, das macht sie, wenn sie gut bei Kräften sind, für Feinde nahezu ungreifbar. Nur Wanderfalken (S. 184) oder Baumfalken könnten hier mithalten und diese werden auch gemeinschaftlich gemobbt, wenn sie sich der Kolonie nähern. Weil sie so schlecht greifbar sind, erreichen Mauersegler ein für Vögel dieser Größe sehr hohes Alter von bis zu 20 Jahren. Nur bei sehr schlechter Kondition in anhaltenden Schlechtwetterperioden fliegen Mauersegler so tief, dass Katzen oder andere Beutegreifer sie erreichen können.

Es gibt wohl kaum einen Vogel in Mitteleuropa, der so wetterabhängig ist. Der Mauersegler ist darauf angewiesen, dass Insekten in der Luft sind, er ernährt sich und seine Jungen ausschließlich von diesem «Luftplankton». Bei Wind und Regen bekommt er daher schnell Probleme. Die erwachsenen Tiere überleben maximal drei Tage ohne Nahrung, was in schlechten Jahren zu Massensterben führen kann. Bei kurzzeitigem Regen sammeln sich Mauersegler, wie auch Schwalben, oft über Wasserflächen, weil hier noch Insekten schlüpfen. Sie hängen sich bei Kälteeinbrüchen eng aneinandergeschmiegt in Trauben oder Reihen an Mauern und Felswände, um von der gegenseitigen Körperwärme zu profitieren. Kündigt sich aber ein ausgedehntes Tiefdruckgebiet an, weichen Mauersegler aus. Sie fliegen zunächst vor dem Regengebiet her, kehren dann um und fliegen gegen den Wind hindurch. So verkürzen sie die Zeit, die sie in dem Tiefdruckgebiet verbringen müssen. Dies kann Tage und Wochen dauern und sie legen bis zu 2000 Kilometer dabei zurück. Wenn die Jungvögel bereits geschlüpft sind, sind diese in der Lage, bis zu zwei Wochen ohne Fütterung zu überstehen, indem sie nachts ihre Körpertemperatur auf Umgebungstemperatur senken und den Stoffwechsel herunterfahren. Sie verbrauchen dabei ihre Fettreserven und bauen schließlich auch Muskulatur und Organgewebe ab. Das ist nur Nestlingen möglich, die bereits über ein isolierendes Federkleid verfügen, das gegen zu große Kälte schützt.

Mauersegler sind sehr gesellige Vögel. Sie ziehen gemeinsam in den Süden, sie weichen gemeinsam Schlechtwetter aus, sie brüten eng beieinander und verjagen Feinde gemeinsam. Wenn ein Partner nach dem Ende der Brutzeit früher abzieht, verbinden sie sich sogar oft vorübergehend mit einem anderen Partner ohne die Absicht zu brüten, wohl nur um der Gesellschaft willen. Vielleicht auch, um eine Alternative zu haben, wenn der Brutpartner nach dem Zug im nächsten Frühjahr nicht zurückkehrt. In der Bruthöhle bekämpfen sich konkurrierende Mauersegler allerdings erbittert. Es fängt vielleicht mit dem sogenannten «banging» an: Ein Mauersegler, der noch keine Nisthöhle hat, fliegt mögliche Höhlen stumm an, streift den Eingang oder schlägt mit dem Flügel dagegen. Die Höhlenbesitzer setzen sich daraufhin laut schreiend in den Eingang. In Ordnung, Höhle ist besetzt, da lohnt sich der Versuch nicht. Aber manchmal dringt ein Konkurrent doch in eine besetzte Höhle ein. Hier wird er vom Eigentümer mit Drohgebärden empfangen, die Krallen werden ihm mit seitlich emporgehobenem Flügel präsentiert. Führt das nicht zur Flucht, verkrallen sich die Vögel mit den Füßen ineinander und beginnen mit Schnabel- und Flügelhieben zu kämpfen. Der Verlierer wird schließlich aus der Höhle bugsiert, unerbittlich dabei festgehalten, bis beide Vögel in der Luft sind und dort weiterkämpfen. Diese Kämpfe in der Höhle können Stunden dauern, enden aber selten mit Verletzungen oder Tod.

Sehen und hören Sie hin, wenn die Mauersegler rufend durch die Abendluft Ihrer Stadt sicheln, wir wissen nicht, wie lange noch. Der Insektenschwund und das Zubauen ihrer Nisthöhlen bei Gebäudesanierungen setzen diesen luftgebundenen Vögeln inzwischen mehr zu, als Regen es jemals gekonnt hat. Vielleicht setzen Sie sich dafür ein, dass in Ihrer Stadt Nistkästen aufgehängt werden und dann warten Sie auf den Sommer: «Sriiih – sriiih –sriiih».

Iris Lichtenberg

Le Martinet noir.

Mehlschwalbe – geselliger Glücksbote

(Delichon urbicum)

Ich erinnere mich an einen milden Sommerabend in der Uckermark. Wir saßen auf der Terrasse eines Hotels und um uns herum flogen die Mehlschwalben, die ihre Nester unter dem Dachvorsprung des Gebäudes gebaut hatten. Es war eine kleine Kolonie von etwa zwölf Nestern, alle an der Gebäudeseite gebaut, die dem See, an den der Hotelgarten grenzte, zugewandt war. Die jungen Schwalben waren bereits geschlüpft, sie zwitscherten leise in den Nestern vor sich hin, und wenn eine Mehlschwalbe mit Futter am Nest erschien, wurde sie mit lauten Bettelrufen begrüßt. Die Wirtsleute hatten Bretter unterhalb der Schwalbennester angebracht, auf die der Kot fiel und davor Sträucher gepflanzt, sodass der direkte Blick auf die Kothäufchen verdeckt war. Der Dachvorsprung war weit heruntergezogen und wir saßen in nur zwei Metern Entfernung davor, sodass die Mehlschwalben nah über unseren Köpfen die Nester anflogen. Die milde Sommerluft, der nahe See, die Luft vibrierte geradezu von Schwalben, die mit ihren geschickten Flugmanövern unaufhörlich Insekten für ihre Jungen herbeibrachten. Dabei flogen sie an diesem milden und trockenen Abend nicht bis an den See, sondern fingen ihre Beute direkt vor und über uns, sie mussten offenbar nicht weit fliegen, obwohl uns nicht ganz klar war, was sie erbeuteten. Sie steilten auf, schnappten etwas aus der Luft, machten kehrt, steilten auf, ließen sich fallen, suchten weiter oder brachten ihre Beute zum Nest. Mehlschwalben jagen nahezu ausschließlich in der Luft, erbeuten kleine Insekten und Blattläuse, im Altweibersommer auch Spinnen, die sie gezielt von unten anfliegen. Schließlich wurde das Licht schwächer, die Dämmerung begann und ohne dass wir den genauen Zeitpunkt festmachen konnten, war es plötzlich still. Alle Schwalben hatten sich scheinbar gleichzeitig zum Schlafen in ihre Nester zurückgezogen. Die plötzliche Stille währte nur sehr kurz, denn nun begann die Luft zu summen und zu sirren: Mücken überall um uns herum, solche Mengen, dass es nicht mehr möglich war, draußen sitzen zu bleiben. Nun war klar, was die Mehlschwalben da gejagt hatten und wohl auch, warum die Wirtsleute entgegen dem heutigen Trend alles sauber zu halten, die Nester an ihrem Hotel duldeten.

Unser Sauberkeitsfimmel macht es den Mehlschwalben schwer, viele Menschen entfernen die Nester an ihren Häusern, weil sie keine Kothäufchen dulden, und zusätzlich bieten moderne Gebäude oft keine Möglichkeit, ein Nest anzubringen. Die trockenen Sommer ohne Pfützen, aus denen die Schwalben ihr Baumaterial holen können, schränken die möglichen Nistplätze weiter ein. Letzteres kann man umgehen, indem man an geeigneten, möglichst lehmigen Stellen «Schwalbenpfützen» anlegt und feucht hält. Und der Trick mit dem Brett unter dem Nest verhindert, dass der Nachbar sich über Kothäufchen auf dem Bürgersteig beschwert. Früher galten Schwalben, auch die Mehlschwalbe, als Glücksboten. Ihre Rückkehr aus den afrikanischen Überwinterungsgebieten kündete vom lang ersehnten Sommer und ihre effektive Jagd auf Mücken und andere kleine Insekten entlastete die Menschen und das Vieh. Ihren Namen verdankt sie der weißen Unterseite. Kein anderer europäischer Singvogel hat eine von der Kehle bis zur Schwanzwurzel komplett weiße Unterseite, selbst die Beine der Mehlschwalbe sind weiß befiedert, so als ob sie im Mehl gesessen hätte. In gemischten Trupps mit Rauchschwalben ist sie oft besser durch ihren weißen Bürzel zu erkennen, der stark mit der sonst dunklen Oberseite kontrastiert.

Die Überwinterung der Mehlschwalbe umgibt noch immer ein Geheimnis. Man weiß, dass sie südlich der Sahara, bis hinunter ans Kap überwintert, man sieht sie aber nur selten und vereinzelt. Beringte Vögel werden in Afrika kaum wiedergefunden, Sichtungen sind selten, gemessen an der großen Zahl der Überwinterer. Man vermutet, dass sie sich in größeren Höhen in den Bergen aufhält, vielleicht sogar im Flug schläft, so wie der Mauersegler (S. 104). Bewiesen ist das aber nicht. Klar ist nur, auch wenn man sie nur vereinzelt sieht, sie sind da, denn wenn zum Beispiel bei einem Buschfeuer große Mengen Insekten aufgescheucht werden, können plötzlich Tausende Mehlschwalben wie aus dem Nichts erscheinen.

Mehlschwalben sind gesellig, jagen und brüten oft gemeinsam. Mit langen Balzritualen halten sie sich nicht auf, es wird ein wenig gemeinsam gesungen, ein möglicher Neststandort ausgesucht und schon hat sich ein Paar gefunden. Wenn die Nestlinge flügge sind und das Nest nicht verlassen wollen, locken die Eltern oft gemeinsam mit den Nachbarn unter Flugrufen die furchtsamen Jungvögel hervor.

Ein milder Regentag an einem naturnahen See: Hunderte Mehlschwalben, Rauchschwalben (S. 120) und dazwischen immer wieder Mauersegler jagen knapp über der Wasseroberfläche die schlüpfenden Insekten. Die schnellen Flügelschläge der Mehlschwalben, immer wieder wenden sie in der Luft, schießen in die Höhe, lassen sich fallen, blitzt der weiße Bürzel auf. Nie stoßen zwei Vögel zusammen, wie einigen sie sich nur? Man kann ihnen kaum mit den Augen folgen, manchmal sieht man eine Schwalbe im Flug trinken, ihr Schnabel durchpflügt kurz die Wasseroberfläche, bevor sie weiter jagt. Dazwischen die langen Sicheln der Mauersegler und die tief gegabelten Schwänze der Rauchschwalben. Stundenlang könnte ich so im milden Regen stehen und ihrer wilden Jagd zuschauen.

Iris Lichtenberg

L'Hirondelle de Fenêtre.

L'Hirondelle de Fenêtre.

Merlin – gefürchteter Zwerg

(Falco columbarius)

Es ist ein milder Tag im Frühherbst und wir gehen durch eine extensiv bewirtschaftete Wiesenlandschaft an der Ostseeküste. Die Zugzeit ist schon im vollen Gange, viele Singvögel sitzen auf den Zäunen und den vereinzelt stehenden Sträuchern, Goldammern und Schwarzkehlchen. Auf den Wiesen sieht man Pieper und Hänflinge, Steinschmätzer und Drosseln. Auf den wenigen Heuballen stehen Turmfalken und Mäusebussarde. In der Ferne rasten Kraniche und trompeten ihre Gemeinschaft hinaus, von Zeit zu Zeit überfliegt ein kleiner Trupp uns und landet bei den Kollegen, Heckrinder grasen auf den Weiden. Weißwangengänse und Graugänse rufen. Die Weideflächen gehen langsam in ein Feuchtwiesengebiet über, der Boden wird unregelmäßiger, kleine Erdhügel überall, Trupps von Hänflingen, vereinzelte Steinschmätzer. Und plötzlich fliegt etwas mit schwirrenden Flügeln rasend schnell und immer noch beschleunigend durch den Bildausschnitt meines Fernglases. Es ist kaum möglich ihm zu folgen, aber die nun hektisch aufstiebenden Hänflinge weisen den Weg: ein Merlin auf Jagd, dicht über dem Boden hat er sich dem kleinen Trupp genähert und folgt nun einem der Vögel, ganz fixiert auf seine Beute, macht jede Wendung und Drehung mit. Ich sehe nicht, ob er erfolgreich ist, der Merlin verschwindet in einer Senke. Das ist eine typische Merlin-Beobachtung. Meist hat man den Satz: «Da ist ein Merlin!» noch nicht ausgesprochen, da ist er schon wieder außer Sicht.

Der kleinste Greif Europas ist ein gefürchteter Kleinvogeljäger, aufgrund seiner Schnelligkeit und Wendigkeit gehört er zu den wenigen Beutegreifern, die selbst Mauersegler fangen können, wenn er es darauf anlegt. Man erkennt ihn oft nur an seiner bevorzugten Jagdweise, dicht über dem Boden nähert er sich seiner Beute im immer schneller werdenden, zielstrebigen Flug und schlägt sie von unten oder auch von oben. Merline jagen auch gemeinschaftlich, ein Vogel jagt die Beute hoch, der andere greift überraschend seitlich an. Eine andere Taktik ist ein wellenförmiger, langsamer Flug, mit dem er sich einem Kleinvogeltrupp nähert. Aufgrund seiner fast schwalbenartigen Silhouette und Flugweise wird er zu spät erkannt, dieses Überraschungsmoment nutzt er. Als Ansitz dienen ihm kleinste Erhebungen im Gelände, so sieht man ihn oft auf Erdhügeln oder kleinen Felsbrocken stehen, die er auch als Ruheplatz und zur Gefiederpflege nutzt.

Fast nicht zu entdecken ist der Merlin in seinen nordischen Brutgebieten. In Lappland sahen wir ihn oft erst, wenn er aufflog, sein Gefieder tarnte ihn in den Hochmooren, mit ihrer bunten Vielfalt an Pflanzen, perfekt. Hier brütet der Merlin bevorzugt auf dem Boden, in einer kleinen Mulde, die er nur spärlich auskleidet. Er nimmt auch alte Krähen- oder Greifvogelnester an oder brütet auf einem Felsvorsprung, aber nur, wenn der Boden zum Anlegen einer Mulde nicht geeignet ist. Schon früh, noch vor der Eiablage, beginnt der männliche Vogel seine Partnerin mit Nahrung zu versorgen, sie übernimmt den Großteil der Brut, nur selten abgelöst, um ihr Gefieder zu pflegen und etwas umherzustreifen. Sind die Jungen geschlüpft, trägt er die erbeuteten Vögel oder selten auch Kleinsäuger in die Nähe des Nestes, rupft sie und überlässt seiner Partnerin die Fütterung der Nestlinge. Merline legen auch Vorräte an, wenn das Nahrungsangebot gut ist. Sie verstecken die Vorräte aber nicht etwa, sondern legen sie recht offen in der Nähe des Nestes ab. Das können sie sich erlauben, weil kaum ein Greif oder ein Krähenvogel sich dorthin wagt. Der Merlin ist ein mutiger Zwerg, er greift alle Vögel, die sich dem Nest nähern, vehement an. Dabei spielt die Größe des Feindes kaum eine Rolle, er ist ein so geschickter und wendiger Flieger, dass er auch großen Vögeln Respekt einflößt, sie können keine Verletzungen riskieren, denn sie haben selbst Nachwuchs zu versorgen, also gehen sie das Risiko selten ein und bleiben dem Nest des Merlins fern. Die jungen Merline müssen die Jagd erst erlernen, es dauert, bis sie geschickt genug sind, den Kleinvögeln im schnellen Flug zu folgen. So werden sie noch etwa sechs Wochen von den Alten versorgt.

Bei uns hat man im Herbst und Winter in offenen Wiesenlandschaften und Hochmooren die Chance, den Merlin zu sehen. Sie ziehen bis nach Nordafrika, aber die Vögel aus dem hohen Norden überwintern auch in Mitteleuropa. So wie der Merlin, den wir in den mecklenburgischen Feuchtwiesen bei der Jagd beobachteten. Wenig später sahen wir ihn wieder, er stand auf einem Erdhügel und schaute konzentriert in die Ferne. Seine Jagd war wohl nicht erfolgreich und nun wartete er auf dem Ansitz, bis die Aufregung sich gelegt hatte und die Vogeltrupps zurückkehrten.

Früher oder später würden die Hänflinge und Pieper wieder zur Nahrungssuche übergehen, als ob nichts gewesen wäre. Aufmerksam natürlich, wie sie es immer sein müssen. Leben sie in ständiger Angst oder geht es ihnen wie uns, wenn wir im Dunkeln spazieren gehen und ein ungewohntes Geräusch den Adrenalinspiegel kurz nach oben treibt? Legt sich ihre Angst wieder und weicht einer generellen Aufmerksamkeit? Wir haben vergessen, wie es ist, Beute zu sein. Wir haben aber auch vergessen, wie es ist, ein meist erfolgloser Jäger zu sein, dessen Beute eine große Chance hat zu entkommen und dessen Überleben davon abhängt, dass sie eben doch nicht immer entkommt.

Iris Lichtenberg

Mönchsgrasmücke – die falsche Nachtigall

(Sylvia atricapilla)

Efeu auf der Gartenhütte, Hartriegel, Felsenbirne, Holunder und Schlehe, Lavendel und Sommerflieder. Löwenzahn, Klee, Gänseblümchen und Taubnesseln statt Rasen. Meine Bemühungen, einen Nutzgarten für Vögel und Insekten anzulegen, wurden als Erstes von der Mönchsgrasmücke belohnt. Trotz Futterstelle mit Insekten und Beeren hatten sie sich nie in meinem Garten blicken lassen, doch nun war ein Paar zu Beginn des Frühjahrs tagelang im Efeu unterwegs. Sie aßen die Beeren, die andere Vögel nicht geerntet hatten, vielleicht weil das Angebot der Futterstelle ihnen mehr zusagte. Während der Brutzeit bekam ich die Mönchsgrasmücken kaum noch zu Gesicht, ich hörte nur manchmal ihren schönen Gesang. Bei einem im Herbst notwendigen, vorsichtigen Rückschnitt des Efeus kam aber ein Nest zum Vorschein.

Im Oktober dann tauchten zwei Jungvögel auf, sie ernteten bis Mitte November alle Beeren ab. Von Zeit zu Zeit leisteten zwei Amseln (S. 10) ihnen dabei Gesellschaft. Sogar an den Feigenbaum wagten sie sich, hier pickten sie das Fruchtfleisch aus den Feigen, deren Schale bereits beschädigt, vielleicht sogar von ihnen selbst geöffnet worden war. Erst als alle verfügbaren Sträucher abgeerntet waren, verschwanden sie. Trotz des milden Herbstes hatten sie sich wohl entschlossen, fortzuziehen. Vielleicht gehörten sie zu der Population, die seit einigen Jahrzehnten in Großbritannien überwintert, statt in Südeuropa, und sich dort von dem reichhaltigen Angebot der britischen Futterstellen ernährt. Aufgrund des kurzen Zugweges hatten sie es nicht eilig fortzukommen, solange das Nahrungsangebot in meinem Garten noch ausreichte. Die Mönchsgrasmücke hat der Zugvogelforschung gute Dienste geleistet, aufgrund ihrer Robustheit in Bezug auf Käfighaltung konnten deutsche Forscher, insbesondere Prof. Berthold, anhand von Kreuzungen verschiedener Populationen und der Messung von Dauer und Richtung der Zugunruhe beweisen, dass der Zugweg bei Vögeln genetisch verankert ist. Die Mönchsgrasmücke beweist aber auch, dass einige Vögel bei geänderten Bedingungen innerhalb weniger Jahrzehnte in der Lage sind, ihr Verhalten anzupassen. Denn dass Mönchsgrasmücken in Großbritannien überwintern, ist eine recht junge Anpassung an den Klimawandel und die guten Nahrungsbedingungen an den Futterstellen dort. Und die Entwicklung geht noch weiter, denn immer mehr Mönchsgrasmücken bleiben im Winter bei uns, auch in meinem Garten konnte ich dieses Jahr im Januar erstmals eine weibliche Mönchsgrasmücke an der Futterstelle begrüßen.

In Käfigen wurden Mönchsgrasmücken in der Vergangenheit leider auch aufgrund ihres Gesangs gehalten. Nachtigallen (S. 112) überleben die Käfighaltung nicht lange, daher galt die robuste Mönchsgrasmücke als guter Ersatz, im Englischen nennt man sie umgangssprachlich auch «mock nightingale – falsche Nachtigall». Ihre reinen Flötentöne, die murmelnd und schwätzend beginnenden Strophen, denen ein lauter Überschlag folgt, die individuelle Lernfähigkeit der Vögel, die vielen Variationen in den Strophen machten sie zu einem «Objekt», das den Geltungsdrang des Besitzers befriedigen sollte. Ob die Sänger verspeist wurden, wenn ihr Gesang dem Wettbewerb nicht standhalten konnte, entzieht sich meiner Kenntnis, aber schon Gessner schreibt im 16. Jahrhundert, dass die Mönchsgrasmücke sehr wohlschmeckend sei. Leider werden auch heute noch in Südeuropa Mönchsgrasmücken gefangen und verspeist, obwohl es gesetzlich untersagt ist. In einigen Jahren waren bis zu 50 Prozent der Ringfunde auf Jagd zurückzuführen, das heißt, dass ein großer Teil der Population durch Bejagung getötet wird. Davor sind natürlich jene Mönchsgrasmücken geschützt, die in Großbritannien überwintern, sicher auch ein Grund, warum ihr Anteil in der Gesamtpopulation wächst.

In Freiheit dient der Gesang der Mönchsgrasmücke, wie bei den meisten Singvögeln, dem Anlocken von Partnern und der Revierabgrenzung, wobei das Revier bei ihr nur aus der unmittelbaren Nestumgebung besteht. Man hat herausgefunden, dass nicht nur die Komplexität des Gesanges dabei attraktiv wirkt, sondern dass die männliche Mönchsgrasmücke durch die Gesangsrate auch etwas über die Qualität ihres Reviers aussagt. Je mehr Strophen ein Sänger innerhalb einer Stunde vorträgt, desto dichter ist die Vegetation in seinem Revier. Bis zu 180 Strophen in der Stunde zeigen an, dass es ausreichend gut geschützte Standorte für ein Nest gibt, Sänger in Revieren mit eher lichter Vegetation tragen nur bis zu 100 Strophen in der Stunde vor.

Die männliche Grasmücke baut bei Ankunft im Brutrevier mehrere Wahlnester, die hauptsächlich als Balzplatz dienen, denn zur Aufzucht werden sie nur im Ausnahmefall genutzt. Den endgültigen Neststandort wählt die weibliche Grasmücke aus. Mönchsgrasmücken füttern ihre Jungen auch mit Beeren, was für einen Singvogel ungewöhnlich ist. Ihre ausgesprochene Vielseitigkeit sowohl in Bezug auf die Ernährung, als auch auf das Habitat ist sicher ein Grund dafür, dass die Bestände der Mönchsgrasmücke stabil sind und sogar leicht zunehmen. Möchten Sie die hübschen Vögel mit den schwarzen und roten Kappen auch gerne im Garten beim geschickten «Smücken = Schlüpfen» durch die Zweige beobachten? Ein Grund mehr, einen naturnahen Garten anzulegen, lassen Sie sich überraschen, wer dann noch so alles auftaucht!

Iris Lichtenberg

La Fauvette à tête noire.

Nachtigall – sagenhafte Vogelgestalt

(Luscinia megarhynchos)

Wer über die Nachtigall schreiben will, läuft Gefahr sich zu verschlucken. Der Bissen ist zu groß. Wer hat nicht alles schon über die Nachtigall geschrieben und selbst Menschen, die eine Amsel nicht von der Straßentaube unterscheiden können, haben schon mal etwas über die Nachtigall gehört. Ein Vogel voller Mystik, eine sagenhafte Vogelgestalt, überladen mit Romantik und unseren menschlichen Sehnsüchten.

Wo ich aufwuchs, war die Nachtigall ein seltener Vogel. Natürlich erinnere ich mich an die erste Begegnung mit ihr, und weil sie typisch ist, möchte ich sie erzählen.

Ich traf meinen etwa vier Jahrzehnte älteren Mentor, Lehrer von Beruf und passionierter Wildtierliebhaber, den besonders die Vogelkunde gepackt hatte, morgens um fünf unter der Laterne vor seinem Haus. Spazierstock, Hut, Rucksack, Lodenmantel, Zeiss-Fernglas, «dicke» Schuhe – wie die Karikatur eines Waldschrats sah er aus. «Erst wollen wir mal schauen, ob die Nachtigall schon da ist!» Am Ortsausgang, an der Bahnlinie, war unsere erste Station. Der Spazierstock entpuppte sich als Sitzstock, auf dem sich Heinz niederließ. Ich stand daneben. Dann hieß es abwarten. Kalt war der Morgen, aber trocken. Über dem Bahndamm leuchtete orange die Morgenröte. Dann hob Heinz langsam die Hand, weil jetzt ein Vogel sang. Ich war enttäuscht. Nachtigall – ich hatte gedacht, das wäre großartiger, so wie das herzzerreißende süße Spiel einer Violine, leidenschaftlich, voller Wonne. Doch je länger die Nachtigall schluchzte und trillerte, wehmütig lange Töne zog, desto andächtiger hörte ich zu.

Wir bewegten uns nicht, das hatte mir mein Lehrvater ans Herz gelegt. Mehr als ein vage Handbewegung war nicht drin und wir gingen erst, als es hell war und wir – wenn auch nur schemenhaft – den Sänger kurz weghüpfen gesehen hatten. Sehen musste man den Vogel, denn sonst käme er nicht auf die Tagesliste und gehen, während er sang, wäre ein Sakrileg gewesen und zudem eine Störung für den Sänger. Die Ethik, die hinter diesen klaren Anweisungen steckt, begleitet mich noch heute.

Wer hat nicht alles über die Nachtigall geschrieben? Sicher war Gaius Plinius Secundus vor mehr als 2000 Jahren nicht der erste, der ihren Gesang lobte. Walther von der Vogelweide pries die Stimme der Kollegin. Der geniale Friedrich Naumann wähnte die besten Sänger natürlich nahe seiner Heimat in Wörlitz an der Elbe, wo Christian Ludwig Brehm, Pfarrer zu Renthendorf, der Vater des Autors des berühmten «Brehms Tierleben», sie aufsuchte und enttäuschend fand. Sie beflügelte Goethe, Herder, sogar Ringelnatz und natürlich Shakespeare. Aber nicht aus «Romeo und Julia» soll hier zitiert werden, sondern den wunderbaren Richard Gerlach möchte ich mit einem Zitat aus seinem Buch «Die Gefiederten» (1953) zu Wort kommen lassen:

«Die schmelzende Süße in der Stimme der Philomele, der plötzliche Wechsel vom Adagio in ein Allegro, das schluchzende Crescendo, das sanft abschwellende Ritardando – welch eine Hymne der Natur, welch eine Beseelung des Frühlings. Wie ist hier die schönste Zeit des jungen Jahres Freudenschall und Klage geworden.»

Was war nun typisch an meiner ersten Nachtigallenbeobachtung? Meist hört man sie nur, das ist typisch und typisch ist auch, dass vielen Orten, an denen sie singt, wenig Zauber innewohnt. Ich kenne sie von Autobahnraststätten, Bahndämmen, zugemüllten Straßenrändern, Dorfrandlagen, städtischen Parks und Friedhöfen. Wer sie als unerfahrener Vogelgucker zum ersten Mal sieht, ist möglicherweise enttäuscht. In der Gestalt steht sie zwischen Rotkehlchen und Singdrossel, alle Farben sind gedeckt, grau und braun herrschen vor. Kräftige Beine und große dunkle Augen kennzeichnen sie als Bodenvogel dunkler, also dicht bewachsener Lebensräume. Und deshalb sieht man sie nur mit Geduld – oder mit Glück. Wenn sie vor dem Beobachter davonfliegt, sieht man den etwas gespreizten, rostroten Schwanz, das ist das Auffälligste an ihr.

Obwohl sie so bekannt ist und seit Jahrhunderten Naturforscher sich um sie bemühen, erfährt man immer noch Neues über sie. Ein Forschungsprojekt vom Berliner Naturkundemuseum will mit einem Citizen-Science-Projekt noch mehr über die Nachtigallen erfahren. Und der Standort Berlin ist kein Zufall. Berlin gilt als Hauptstadt der Nachtigallen, denn dort singen fast 2000 Nachtigallen in den Parks und Anlagen.

Warum gerade Berlin? Erinnern Sie sich an den Berliner Bürgermeister Wowereit? «Berlin ist arm, aber sexy.» – mit dem Spruch ist er bekannt geworden. Und das würden auch die Nachtigallen sagen, denn sie finden Berlin so sexy, weil das Geld nicht reicht, um die Parks und Grünanlagen so zu pflegen wie es (leider) bundesdeutscher Standard ist. Vom Wildwuchs, dem dichten Gestrüpp von Himbeer- und Brombeerbüschen, Brennnesseln und Hopfenranken in den Parks, an den S-Bahn-Trassen und an der Stadtautobahn profitieren die Meistersänger. Von Mitte April bis Mitte Juli lohnt also ein Besuch der Hauptstadt auch wegen der Nachtigallen.

Ich bin sicher, dass sie es schafft, in einer ruhigen Nachtstunde auch zwischen weggeworfenen Grillutensilien und Mac-Donald-Schachteln ihren Zauber zu entfalten. Es kann dem, der stehen bleibt und aufmerksam zuhört, passieren, dass er Trost empfindet und ein bisschen entrückt wird von dem «Tand aus Menschenhand» ringsherum.

Thomas Griesohn-Pflieger

Le Rossignol.

Neuntöter – der mit der Schlachtbank

(Lanius collurio)

Können Vogelarten eigentlich charismatisch sein? Ich behaupte mal, ja. Es gibt Vogelarten, die uns erst beim genauen Hinsehen ihren «Charme» offenbaren, wie etwa der Zilpzalp (S. 206) oder die Heckenbraunelle (S. 82). Auf der anderen Seite gibt es Gefiederte, die schon auf den ersten Blick Aufmerksamkeit erregen und unser Interesse an sich binden. Das müssen nicht unbedingt besonders auffällige Vögel sein. So würde ich den großen, auffällig weißen Silberreiher nicht als charismatisch ansehen, aber einen Steinadler schon, wie auch den Habicht, aber nicht den Mäusebussard. Aber auf jeden Fall den Neuntöter.

Schon der Name macht neugierig, und wenn man den Vogel dann sieht, kann man verstehen, dass die Vogelbegeisterten, die nur selten die Chance haben ihn anzusehen, Minuten oder Viertelstunden verweilen, um ihn zu genießen. So war es auch kürzlich in Bulgarien. Am ersten Morgen in den Ost-Rhodopen geht es früh vor dem Frühstück raus. Die kleinbäuerliche Wirtschaftsweise hier auf den kargen, felsigen Böden, die eingestreuten Felsen und felsigen Hügelkuppen, Heckenstrukturen und Ruinen bieten eine Fülle an wunderschönen Vogelbeobachtungen. Zum Gesang der Nachtigallen und Blassspötter zischen Rötelschwalben und ihre auch hier zu erlebenden Verwandten, die Mehl- und Rauchschwalben, über unsere Köpfe. Singende Kappenammern sind einen ausgiebigen Halt wert, aber der Ruf «Neuntöter!» bringt zusätzlichen Schwung in die Gruppe, die schnell zum vorauslaufenden Kollegen aufschließt. Und da stehen sie nun, die Augen in die Augenmuscheln von Fernglas, Spektiv und Kamera versenkt. Alle haben schon einmal einen Neuntöter gesehen, trotzdem übt an diesem ersten Morgen auf dem Balkan der kleine Vogel eine geradezu magische Anziehung aus. Er ist aber auch wunderschön! Als die Sonne über den Berg scheint und ihr schräges Licht das Tal auszuleuchten beginnt, wird auch er in fast unwirklichen Glanz gehüllt. Ein Neuntöter-Mann auf einer Buschspitze, frontal zu uns ausgerichtet und gar nicht weit weg – vielleicht zwanzig Meter entfernt. Er steht auf dem obersten Ast, leicht bewegt im Wind und er warnt nasal heiser, etwas elektrisch klingend: «Wähw». Immer wieder, monoton in langer Reihe. Vielleicht ist seine Frau etwas weiter weg im Buschwerk mit dem Nestbau beschäftigt oder alleine schon der Neststandort hier lässt ihn uns aufmerksam und warnend beobachten. Deshalb beschließen wir, ihn nicht weiter zu beunruhigen und ziehen weiter. Später beim Frühstück, nachdem wir Schwarzstorch, Kappenammer, Rötelschwalbe, Trauermeise, Blassspötter und Gänsegeier auf die Beobachtungsliste setzen konnten, ist er der Hauptdarsteller des Morgens. Kaum einer will glauben, dass er nur minimal größer als ein Hausspatz ist. Seine Bedeutung gibt ihm Größe.

Schon am Nachmittag desselben Tages kann aber der Neuntöter nicht mehr mithalten und der Glanz der ersten Beobachtung beginnt zu verblassen. Maskenwürger und Rotkopfwürger kommen hinzu und reichlich andere Schönheiten, die zudem für viele in der Gruppe neue Vogelarten sind. Trotzdem werden fast alle – mich eingeschlossen – in wenigen Wochen wieder zu Hause bei jedem Neuntöter stehen bleiben und diesen Zauber des Wiedersehens erleben – egal ob im Breisgau, am Niederrhein, in Schweden oder auf Texel.

Das Charisma, das ihn umgibt, beginnt schon beim Namen. Neuntöter gehören zur Familie der Würger. Schon das hört sich nach einer Geschichte an, ist aber im Grunde leicht erklärt. Alle Würgerarten leben von Kleintieren, die sie aktiv erbeuten. Beute, die man Singvögeln, und zu diesen gehören die Würger, nicht auf den ersten Blick zutraut. Darunter sind viele Insekten mit Chitinpanzern oder auch kleine Wirbeltiere wie Mäuse, Reptilien oder auch Jungvögel mit Knochen. Es gibt also allerhand Unverdauliches, das wieder ausgeschieden werden muss und dies auf dem Weg, auf dem es hereingekommen ist. Die Würger *würgen* mit Grimassen und Verbeugungen das Unverdaubare heraus. Ein merkwürdiges Schauspiel, das der ganzen Verwandtschaft den Namen Würger eingebracht hat. Es gibt eine weitere Besonderheit, die man auch, aber wohl fälschlich, zur Erklärung des Namens «Würger» herangezogen hat.

Würger spießen überzählige Beute, die sie nicht sofort verzehren können, auf. Dazu benutzen sie lange Dornen oder die «Kunstdornen» von Stacheldraht. Finden sich keine Dornen, wird die Beute auch in eine Astgabel gezwängt und so aufbewahrt. Diese Technik des Aufspießens dient nicht nur der Vorratshaltung, sondern auch der besseren Zerlegung der Beute. Die Aufbewahrung von Beute auf den «Schlachtbanken» hat also zwei Gründe. Zum einen lassen sich aufgespießte kleine Mäuse erheblich leichter von dem kleinen Vogel bearbeiten und zum anderen kann so Beute für schlechte Zeiten, etwa Regentage oder kalte Tage, an denen nur wenige Insekten aktiv sind, aufbewahrt werden. Diese unter den Singvögeln bemerkenswerte Verhaltensweise hat ihm einen zweiten Namen eingebracht: Dorndreher. Auch andere Würgerarten treiben auf diese Art Vorratshaltung.

Neuntöter – das Aufspießen der Beute und die Schlachtbanken, die er anlegt, sind der Grund für diesen Namen. Er soll, so die Meinung der Landbewohner, die ihn sicher gut beobachtet haben, nicht eher Ruhe gegeben und solange Beute aufgespießt haben, bis sich neun Beutetiere in seiner Speisekammer befanden. Das waren noch Zeiten, als Vertrautheit mit der Natur und Aberglauben Hand in Hand gingen. Das Erstgenannte fehlt heute …

Thomas Griesohn-Pflieger

La Pie-grièche écorcheur.
Mâle.

La Pie-grièche écorcheur.
Femelle.

Pirol – tropischer Regenvogel

(Oriolus oriolus)

«Dühdliooh – düh – liöh-liöh» – Pfiffe wie aus dem tropischen Regenwald! Es ist früher Morgen, ich höre den flötenden Gesang durch das Badezimmerfenster und eile gleich ans Schlafzimmerfenster, das mich auf die Erlen am Bachufer hinausblicken lässt. Er muss doch ganz in der Nähe sein, und unauffällig ist er auch nicht gerade, der Pirol. Wieder die Pfiffe, laut, als ob sie aus dem Baum direkt vor mir kommen. Das Sonnengelb des Pirols, weswegen er auch «Goldamsel» genannt wird, sein kräftiger, roter Schnabel – es kann doch nicht sein, dass er sich so gut versteckt! Eine typische Pirol-Beobachtung ist das – man hört seinen unverkennbaren Gesang, aber man findet ihn im dichten Laub der Krone, in dem er sich am liebsten aufhält, nicht. Das ist umso bedauerlicher, weil der Pirol mit seinem auffallenden Gefieder eine Ausnahmeerscheinung in Mitteleuropa ist. Seine Verwandten aus der Familie der Pirole, die etwa 28 Arten umfasst, leben in den Tropen der alten Welt, nur unser Pirol verlässt Afrika für etwa drei Monate, um in Mitteleuropa zu brüten. Sein kurzer Aufenthalt ist neben seiner Schönheit sicher ein Grund, warum Vogelbeobachter ihn jedes Jahr mindestens einmal sehen möchten und eine gute Pirol-Beobachtung ein Höhepunkt im Jahr ist, an den man sich meist noch lange erinnert.

Sein kurzer Aufenthalt wirft aber auch die Frage auf, warum er überhaupt zu uns kommt und nicht in seinem uns üppig erscheinendem Überwinterungsgebiet bleibt, wie seine Verwandten. Immerhin ist der Vogelzug ja eine kräftezehrende und gefährliche Angelegenheit für Vögel, und das nicht nur wegen der vielen Vogelnetze, die an der Mittelmeerküste auf sie warten und in denen jedes Jahr Millionen Zugvögel verenden. Ganz klar ist es nicht, warum der Pirol die Strapazen auf sich nimmt, wahrscheinlich entgeht er so der Nahrungs- und Brutplatzkonkurrenz in den Tropen. In Mitteleuropa findet er in seinen bevorzugten Brutgebieten in Auwäldern, sumpfigen Bruchwäldern oder lichten Baumreihen in der Nähe von Gewässern ausreichend Nahrung – in den Sträuchern in Gewässernähe entwickeln sich viele Insekten. Raupen, auch die dicken, haarigen, erbeutet der Pirol bevorzugt. Bevor er sie verschluckt, knetet er sie mit seinem kräftigen Schnabel lange durch und schlägt sie am Ast weich, sodass sie am Ende der Prozedur länger sind als vorher, und vor allem weicher. Man möchte keine Raupe sein bei Pirols! Kneten, einspeicheln, weich kauen muss die Pirolfrau auch das Nistmaterial, um es dann zu einem kunstvollen und in Mitteleuropa einmaligen Hängenest zu verflechten. Mit Rindenbast, Grashalmen, Schlingpflanzen formt sie einen tiefen Napf, der zwischen zwei Ästen, oft in der Nähe einer Astgabel, aufgehängt wird. Da Pirole ihr Nest bevorzugt im Außenbereich der Krone bauen, in dem sich die Äste bei Sturm heftig bewegen, wird der Napf so tief ausgeformt, dass Eier oder Nestlinge bei stürmischem «Seegang» nicht herausfallen.

Der Volksmund sagt dem Pirol nach, dass er Regen herbeiruft, vielleicht, weil er in schwüler Luft besonders ausdauernd singt, vielleicht aber auch, weil er eine ungewöhnliche Angewohnheit hat: das Regenbaden. Bei Regen kauert er sich zunächst auf einem Ast zusammen, verharrt so eine Weile, beugt sich dann etwas vor, wartet ein wenig, um sich schließlich so fallen zu lassen, dass er kopfüber wie eine Fledermaus unter dem Ast hängt. So breitet er die Flügel aus und lässt sich ordentlich nassregnen. Hat er genug, richtet er sich mit flatternden Flügeln mit einem gekonnten Aufschwung wieder auf und pflegt ausgiebig sein Gefieder. Komfortverhalten nennt man das etwas trocken, aber mich erinnert das eher an die Fröhlichkeit und Ausgelassenheit von Kindern, die nach langen, heißen Tagen den ersten Regen begrüßen, indem sie mit ausgebreiteten Armen nach draußen rennen und sich den Regen in die offenen Münder fließen lassen. Ich unterstelle dem Pirol, dass ihm das Regenbad Vergnügen bereitet, auch wenn es vielleicht zusätzlich der Entfernung von Parasiten dient. Auch das Flugbaden deutet darauf hin. Dabei lässt sich der Pirol von einer Warte auf das Wasser fallen, breitet kurz vor dem Aufprall die Flügel aus, landet im Wasser und fliegt dann zur Warte zurück. Sprung vom Dreimeter-Brett? Kein Problem! Manchmal gleitet er auch so über das Wasser, dass er es mit dem Bauchgefieder berührt, um dann wieder aufzusteigen. Das machen wir ihm nun nicht so leicht nach!

Bei Pirolen unterstützen regelmäßig ein oder zwei erwachsene Vögel das Brutpaar bei der Brutpflege. Ob das Nichtbrüter sind, die kein Revier besetzen konnten oder ihre Brut verloren haben, oder Jungvögel aus dem letzten Jahr, die noch nicht geschlechtsreif sind, weiß man noch nicht. Wegen seiner Vorliebe für Kirschen, Trauben und Oliven gilt der Pirol in einigen Mittelmeerländern, in denen er häufiger vorkommt oder in kleinen Trupps durchzieht, als Schädling. Der bei uns so begehrte und beliebte Vogel wird in einigen Regionen heute noch verfolgt. Ich hoffe seinen Gesang wieder zu hören, im Mai, und werde den Blick in die Kronen der Laubbäume werfen, wo er hüpfend und kletternd nach Schmetterlingen, Raupen und anderen Insekten sucht, dabei geschickt auch senkrechte Äste hinauf- und hinunterturnt. Ein Sonnenstrahl im Frühlingslaub, Goldamsel und Pfingstvogel, tropischer Regenrufer.

Iris Lichtenberg

Le Loriot.
♂ Nid ♀

Rabenkrähe – wer spielt, ist schlau

(Corvus corone)

Zwei Rabenkrähen stehen auf einem Starkstromkabel. Zwei weitere kommen hinzu. Ich stehe hier, weil ich den Vogelzug durchs Ruhrtal beobachten möchte, aber heute ist nicht viel los. Plötzlich eine Bewegung bei den Krähen. Eine von ihnen hängt nun kopfunter am Kabel. Kaum zu glauben, aber sie schaukelt – offenbar aktiv – ein wenig herum, die andere schaut interessiert zu. Dann ein wenig Geflatter und sie steht wieder auf dem Kabel. Sie ruft dreimal mit tiefer Verbeugung «kaarr- kaarr» und dann schauen sie wieder ins Tal. Nach ungefähr einer Minute fliegen beide los. Was war das denn?

Dazu fällt mir eine andere Beobachtung ein: Etwa ein halbes Dutzend Rabenkrähen fällt mir auf, weil sie ein lautes Theater veranstalten. Quorrendes, kaum zu beschreibendes Rufen macht mich auf sie aufmerksam. Sie gaukeln über dem Hangwald an der Ruhr umeinander, lassen sich fallen, steilen empor und verfolgen sich paarweise in irrwitzigen, rasenden Flugmanövern. Ich kann mit dem Fernglas erkennen, dass sie kleine Gegenstände fallen lassen und sie erst kurz vor den Baumkronen wieder aufschnappen. Sie stören sich nicht an mir und ich kann näherkommend erkennen, dass es höchstwahrscheinlich Eicheln sind, mit denen sie spielen. Spielen? Schaukeln? Ist das nicht zutiefst menschlich? Dass Tierkinder spielen, ist Allgemeingut, sie üben damit Verhaltensabläufe ein, so die gängige Erklärung, damit sie im «Überlebenskampf bestehen». Also kein Spiel um des Spielens willen, um Vergnügen oder Spaß zu haben. Richtiges Spielen können nur Menschen, der *Homo ludens,* der dadurch letztlich kreative Gestaltungskraft gewinnt, die wir als Kultur bezeichnen. So lautet eine verbreitete Meinung.

Betrachten wir unvoreingenommen das Geschehen, muss es den Krähen einen tierischen Spaß machen, vom Wind getragen diese spielerischen Flugmanöver zu veranstalten. Vielleicht ist es ein Schwarm von Jungkrähen, die noch kein Revier halten, und sich wie unsere Teenager-Kinder mit Spaß und Sport die Zeit vertreiben, die Gruppendynamik beflügeln und vielleicht potenziellen Ehepartnern imponieren?

Krähen gelten als hochintelligent. Die Fachliteratur ist voll von bemerkenswerten, ja erstaunlichen Erkenntnissen über ihre Fähigkeiten. Josef H. Reichholf hat ein sehr lesenswertes Buch über die Fähigkeiten der schwarzen Vögel geschrieben: «Rabenschwarze Intelligenz». Sie gelten als die «gefiederten Primaten». Sie lügen, was nur mit Empathie gelingt, und erkennen sich im Spiegel, was bedeutet, dass sie ein Bild von ihrem Selbst haben. Warum sollen solche Vögel nicht Spaß und Freude empfinden, spielen und Jux machen? Das Bild von den schwarzen Räuberbanden, Aasvögeln, Schädlingen, Mordgesellen sollte endgültig begraben werden! Aber es hält sich hartnäckig, und noch heute werden diese großen Singvögel gegen jede Vernunft verfolgt, erschlagen, geschossen, vergiftet. Viele Jägerinnen und Jäger verstehen nicht, dass auch «Nicht-Primaten» ein Recht auf Leben haben und es einen vernünftigen und sorgsam bedachten Grund geben muss, sie zu töten.

Häufig fallen uns Krähen auf, wenn sie, hartnäckig und meist von Geschrei begleitet, auf Greifvögel «hassen». Bussarde, Milane, Falken, ja selbst Adler und Geier werden von den Krähen unerbittlich verfolgt und gehänselt. Selbst der Habicht, der neben dem Wanderfalken als Einziger den Krähen wirklich gefährlich werden kann, muss sich häufig diese Angriffe gefallen lassen. Die Alarmbereitschaft der Krähen funktioniert so zuverlässig, dass man, wenn man den hölzern knarrenden Alarmruf «krrr krrr …» kennt, selten vergeblich auf den Anblick eines Habichts wartet. «Mobbing» wird dieses Verhalten genannt. Anders als dieser aus dem Englischen übernommene Fachausdruck, der sich auf das interspezifische, also zwischenartliche Hassen bezieht, verstehen die Soziologen, die das Büroleben unserer eigenen Spezies untersuchen, darunter das intraspezifische, innerartliche Hassen. Bei den Vögel dient dieses Verhalten dazu, einen Feind anzuzeigen. So erkennen alle Bewohner, nicht nur die anderen Vögel, sondern auch viele Säugetiere, die Gefahr und der Jäger weiß, dass er enttarnt ist. Ein sinnvolles Verhalten. Aber was hat die Rabenkrähe davon, wenn sie den harmlosen Mäusebussard engagiert eine lange Viertelstunde lang immer wieder bedrängt und so tut, als ob er ihr größter Feind sei? Noch unverständlicher wird dieses Verhalten, wenn beide Vögel wenige Stunden später auf demselben Sturzacker, wenige Meter zwischen sich, nach Mäusen fahnden. Es muss einen Sinn haben, der in der Krähenwelt, in ihrer Kultur, liegt.

Oft habe ich beobachtet, dass die hassende Krähe nach einer Weile von ihrem Opfer ablässt und krähend zum Partner zurückkehrt, wo dann häufig gemeinsam mit Verbeugungen «gekräht» wird. Könnte es sein, dass hier ein Krähenmann der Krähenfrau zeigen will, wie mutig er ist? Und wie wachsam er das gemeinsame Revier bewacht und jeden potenziellen Feind, der die Brut gefährden könnte, erkennt und verfolgt? Ich glaube, dass es so ist, dass das Mobbingverhalten eher der «Beziehungsebene» gilt als dem «Feind».

Etwas ganz anderes ist es, wenn Krähen aus mehreren Brutrevieren gemeinsam einen Habicht angreifen, der einen von ihren Nachbarn gefangen hat. Da geht es tatsächlich um Hilfe in der Not, und es ist erstaunlich, wie schnell die Feuerwehr dann funktioniert. Wir haben viel gemeinsam, die Krähen und wir.

Thomas Griesohn-Pflieger

La Corneille noire.

Rauchschwalbe – Frühlingsbote

(Hirundo rustica)

Mitte bis Ende März erwarte ich sie. Meist kommt sie zusammen mit dem Zilpzalp an, ein wenig früher als die Mönchsgrasmücke. Und viel früher als die Mehlschwalbe oder der Mauersegler. Die beiden letztgenannten haben aber mit ihr gemeinsam, dass sie am ehesten über dem Stausee zu beobachten sind, den ich zu den fraglichen Zeiten gerne besuche, um mich zu vergewissern, dass es auch in diesem Jahr wieder geklappt hat. Dass die Schwalben wieder hier sind. Sie sind meine Frühlingsboten, charismatischer als der kleine Zilpzalp, den man zunächst hört und dann sieht. Bei den Schwalben ist es umgedreht. Sie zirkeln flach über dem Wasser, unermüdlich auf der Jagd nach kleinen Fluginsekten, die jetzt am und über dem Wasser eher zu erwarten sind als über Wiesen und Wäldern. Fliegt ein Sperber oder ein Habicht über den See, bilden sie eine Wolke und steigen hoch und dann hört man sie «zi-witt» rufen, um ihre Erregung loszuwerden und alle anderen auch zu warnen.

Wie kein anderer Vogel in unseren Breiten hat sich die Rauchschwalbe den Menschen angeschlossen. Sie brütet fast ausschließlich an menschlichen Behausungen und manchmal sogar in Wohnungen, wenn sie in Dielen und Fluren ihr Nest bauen kann, die mit einem Schwalbenfenster den Flug nach draußen erlauben. Lange, lange ging das gut. Die Schwalben fanden nicht nur Eingang in den Alltag der Menschen und seine Kultur, sondern auch in seine Bauwerke. In den Schweineställen fingen sie bei Regenwetter die lästigen Fliegen, machten durch ihr Verhalten Wettervorhersagen, kündigten den Frühling an und sorgten für Unterhaltung. Ursprünglich müssen die Schwalben wohl an überhängenden Felsstürzen, in Höhleneingängen und Grotten ihr napfförmiges Lehmnest gebaut haben. Da die Menschen der Frühzeit ebenfalls in Höhlen lebten, liegt hier vielleicht der Ursprung der gemeinsamen, vieltausendjährigen Entwicklung. Denn wo Menschen leben, sind mehr Fliegen. Essensreste und Fäkalien sorgen dafür, und für mehr Sicherheit sorgen die Menschen auch, denn Greifvögel, Marder und andere Beutegreifer gehen ihnen und ihren Haustieren, die später in der Geschichte auch dazukamen, aus dem Weg. Da wohnten die Menschen schon in Häusern und die Schwalben gingen mit. Sie brüten da mit gutem Erfolg, wo Großvieh wie Rinder, Pferde, Schweine für reiche Fliegenernte sorgt. Oft nisten sie direkt in den Ställen, und bei schlechtem Wetter, wenn ihre Verwandten, die Mehlschwalben, es schwer haben, satt zu werden, jagen sie auch hier und sammeln die klammen Fliegen im Flug von der Stalldecke ab. Nur wenn sie Schlamm als Nistmaterial an Pfützen suchen, trippeln sie schwerfällig mit den viel zu kurzen Beinchen durch den Morast. Aber in der Luft faszinieren sie mit akrobatischen Flugleistungen.

Von der anderen Dorfschwalbe, der Mehlschwalbe (S. 106), ist die Rauchschwalbe leicht zu unterscheiden. Sie hat keinen weißen Fleck auf dem Oberschwanz, sondern ist hier einfarbig – aber schillernd – glänzend dunkelblau gefärbt. Vor allem aber machen die langen Schwanzspieße, die beide Geschlechter schmücken, sie unverkennbar. Die Länge der Schwanzspieße ist für die Schwalbenfrauen übrigens das Hauptmerkmal bei ihrer Partnerwahl. Je länger seine Stoßfedern sind, desto schneller findet ein Schwalbenmann eine Partnerin. Schwalbenmänner mit künstlich verlängerten Schwanzspießen haben größere Paarungschancen als ihre Geschlechtsgenossen, denen die Stoßfedern kurzfristig verkürzt wurden. Folgt man den simplen Gesetzen der Schulbuch-Evolution, müssten nun im Laufe der Zeit durch die Auswahl der Schwalbenfrauen solche Schwalbenmänner einseitig bevorzugt werden, die immer längere Schwanzfedern entwickeln. Irgendwann flögen dann Rauchschwalben mit körperlangen Stoßfedern um die Ställe. Das ist aber zu kurz gedacht, denn Rauchschwalben mit unverhältnismäßig langen Stoßfedern müssen länger in der Luft sein, um ihre Jungen satt zu bekommen, denn sie sind schlechtere Jäger. Was sich dann in der Realität als idealer Brutpartner, der für ausreichend Nahrung sorgen kann und außerdem noch «gut aussieht», darstellt, ist ein Kompromiss.

Rauchschwalben überwintern in Afrika und ziehen dorthin in großen Scharen, die auf dem Zug oder im Winterquartier aus vielen Tausend Vögeln bestehen können. Als Nachtquartier wählen sie mit Vorliebe ausgedehnte Röhrichtbestände. Das führte früher, bis ins 19. Jahrhundert, zu der verbreiteten Ansicht, Schwalben würden im Schlamm der Gewässer unter Wasser überwintern. Dass sie im zeitigen Frühjahr als eine der ersten Afrikaflieger, manchmal schon, wie am Oberrhein, Anfang März, wieder über dem Wasser nach Insekten jagen, schien diese Theorie zu bestätigen.

Die enge Nachbarschaft von Mensch und Schwalbe ist nicht mehr verlässlich. Überall, wo die Landwirtschaft in ihrer industriellen Form im Spiel ist, haben die Vögel ein Problem. War die bäuerliche Landwirtschaft früher förderlich für die Biodiversität, so sind vor allem alle Agrartechniken, die mit Fleischproduktion zu tun haben, ein Problem für die Umwelt, das Klima und die Natur. Wir sehen es auffällig an den Schwalbenbeständen, sie stürzen ins Bodenlose, so wie auch ihre Hauptnahrung, die Fluginsekten, rapide abnimmt. Ein Leben, in dem keine Schwalben über dem Stausee umherflitzen, will ich mir nicht vorstellen.

Thomas Griesohn-Pflieger

L'Hirondelle de cheminée.
et l'Hirondelle de fenêtre.

L'Hirondelle de cheminée.

Rebhuhn – das Bauernopfer

(Perdix perdix)

Was hat das Rebhuhn mit Ackerbohne, Kolbenhirse, Emmer und Vielzeilengerste zu tun? Sie ahnen es: Ohne diese jungsteinzeitlichen Feldfrüchte wäre es kaum aus den Steppen Asiens bei uns eingewandert. Denn hier herrschte der Wald vor, und die kleinen waldfreien Inseln, durch Auerochse, Rothirsch, Tarpan und Elche freigehalten, reichten für einen Steppenvogel nicht. Es war also die Landwirtschaft, die das Rebhuhn zu uns brachte und leider ist es auch die Landwirtschaft, die das Rebhuhn bei uns an den Rand des Aussterbens bringt. Das heißt, an «den Rand» stimmt leider nicht für die Schweiz, denn hier war das Rebhuhn schon verschwunden und nun wird versucht, es mit Sonderprogrammen und viel Geld in kleinen Gebieten über Wasser zu halten. Ob das klappt? Wir wünschen es. Ob es in Deutschland und Österreich gerettet werden kann, steht nicht in den Sternen, sondern ist abhängig von der Agrarpolitik der EU. Aber beschäftigen wir uns lieber mit dem einzigen Glattfußhuhn, das wir als heimische Art in Mitteleuropa mit viel Glück sehen können.

Beim Steigenlassen der Windvögel und bei «Stoppelschlachten» auf den abgeernteten Feldern oder Spaziergängen über lange, unbefestigte Feldwege im Spätsommer und Herbst war es in meiner Kindheit alltäglich, Rebhühnern zu begegnen: Familien von zehn, zwölf Vögeln, die plötzlich laut mit den Flügeln purrend vor unseren Füßen sich emporkatapultierten, oder kleine Ketten, die aufgeregt piepsend, mit langen Hälsen, merkwürdig aufrecht, sauseschnell auf dem Feldweg zwischen den Hecken vor uns herrannten und sich erst, wenn wir sie im schnellen Sprint fast eingeholt hatten, im flachen Flug erhoben.

Heute dehnen sich endlose Maisschläge, werden Unkräuter und Insekten mit Bioziden vernichtet, Hecken und Böschungen begradigt und ausgeräumt. Feldraine von mehr als Handtuchbreite sind Seltenheit, unbefestigte Feldwege mit Wildkrautsamen, Ameisenstraßen und Sandbädern wurden durch asphaltierte Giftbänder ersetzt. Schlechte Zeiten für Rebhühner und schlechte Zeiten für biophile Kinder. Die Hühner leiden nicht nur direkt unter Nahrungsmangel durch die Dezimierung von Insekten und Wildkräutern, auch ihr Sozialverhalten wird in der heutigen Wüstenei stark behindert. Das klingt merkwürdig, wenn man weiß, dass Rebhühner im Grunde sehr einsiedlerische Vögel sind. Nur im Spätsommer und Herbst kann man Rebhühner in Ketten sehen, dann nämlich, wenn die Familien noch beisammen sind oder sich zwei Familienverbände zusammengetan haben. Später im Jahr sind die Feldhühner nur noch paarweise anzutreffen, es sei denn, sie finden sich bei Schnee und Frost zu Völkern (Jägersprache) zusammen. Rebhühner meiden also die meiste Zeit des Jahres ihre Artgenossen, mit Ausnahme ihres Ehepartners – sie leben in Monogamie. Diese Kontaktvermeidung hatte in einer Landschaft, die von Hecken, Feldrainen, Altgrasstreifen, Brachen, Böschungen und unterschiedlichen Feldfrüchten strukturiert war, den Effekt, dass sich die Hühner mehr oder weniger gleichmäßig verteilten und die Reviere für alle genügend Futter boten.

Heute ist das anders. Da keine Sichtbarrieren die Hühner mehr daran hindern, einander zu sehen, rücken sie so weit auseinander, bis der Sichtkontakt vermieden ist. Die Reviere werden riesengroß. Dazu kommt, dass es kaum noch Marken gibt, an denen die Hühner ihre Reviere abgrenzen können. Einzelbüsche, Steinhaufen, Findlinge und anderes wurden vom Menschen als die Produktivität hemmend beseitigt. Die riesigen Flächen, die plötzlich innerhalb weniger Tage abgeerntet werden, stellen die Rebhühner vor große Anpassungsprobleme. Was gerade noch Nahrung und Deckung bot, ist plötzlich in eine den Hühnern äußerst unangenehme, nahrungslose Präsentiertafel verwandelt. Erst viele Hundert Meter weiter findet sich vielleicht ein Stück Brachland oder Wiese. Es ist leider bittere Wahrscheinlichkeit, dass die Rebhühner nur in speziellen Schutzgebieten den Ausverkauf der Kulturlandschaft überleben werden. Bitter ist auch die Nachricht, dass selbst heute noch Rebhühner geschossen werden.

Im Gegensatz zum Harem haltenden Fasan leben die Rebhühner in relativ dauerhafter Einehe. Untersuchungen der Universität von Lund in Südschweden ergaben interessante Einzelheiten zum Paarungsverhalten der Rebhühner. Die Hennen orientieren sich bei der Partnerwahl nicht daran, wie stark sich ein Hahn in Konkurrenz zu seinen Geschlechtsgenossen erweist, sondern an seiner Wachsamkeit. Sie wechseln so lange den Partner, bis sie einen Hahn gefunden haben, der ihrem Sicherheitsbedürfnis entspricht. Auch als Nicht-Wissenschaftler kann man beobachten, dass die Hähne – erkennbar an ihrem sehr kräftig gefärbten, hufeisenförmigen Bauchfleck – sehr viel häufiger sichernd den Kopf heben und zum Himmel schauen, während die Henne unbekümmert nach Unkrautsamen oder Insekten sucht. Der Hahn spielt nicht den ritterlichen Beschützer, wie man menschelnd formulieren würde, vielmehr erhöht er die Chancen, sich fortzupflanzen, wenn er sein kostbarstes Gut, die eierlegende Henne, so behütet, dass sie ihre Zeit ganz dem konditionsstärkenden Futtersuchen widmen kann. Nur so kann sie viele Eier legen und dem «treuen Vater» viele «Stammhalter» schenken. Die Henne dagegen sichert sich viele Nachkommen dadurch, dass sie den Hahn als Partner auserwählt, der ihr Sicherheitsbedürfnis am besten befriedigt. So ist beiden und der Art gedient.

Thomas Griesohn-Pflieger

P. A. Robert
1938

Rohrammer – der Spatz im Schilf

(Emberiza schoeniclus)

Die Feuchtwiesen und Auenlandschaften der Wetterau in Hessen sind während der Zugzeiten besonders spannend, wegen der vielen kurzzeitig rastenden Vögel und der eintreffenden Brutvögel, aber auch, weil sie eine unvergleichliche Geräuschkulisse bieten. Es ist ein milder Tag Mitte April, die hiesige Vogelbeobachtergemeinde ist bereits versammelt, Tüpfelsumpfhühner sind gesehen worden, Wasserrallen und sogar ein Kleines Sumpfhuhn. Da letzteres sehr heimlich lebt, wird es oft eher gehört als gesehen, aber das ist am Morgen hoffnungslos. Im flachen Wasser sind Kröten und Frösche mit der Balz beschäftigt, überall sieht man ihre Augen oder Hinterbeine aus dem Wasser ragen, und wie aus 100 Blasinstrumenten tönen ihre Rufe nach der passenden Partnerin. Dazu die Streitigkeiten der bereits auf ihren Nestern sitzenden Graugänse, an jeder Ecke sitzen sie, und die Ganter verteidigen ihre brütenden Partnerinnen gegen jede echte oder eingebildete Gefahr. Dann die Gesänge des Feldschwirls, der Goldammern, der Feldlerchen, die Rufe der nervösen Kiebitze. Es ist herzergreifend, es ist ohrenbetäubend. Keine Chance, ein Kleines Sumpfhuhn zu hören.

Also sind alle Augen und Ferngläser auf den Schilfrand gerichtet. Taucht das Tüpfelsumpfhuhn auf oder vielleicht sogar das Kleine? Von Zeit zu Zeit ein Seitenblick auf die weite Binsenlandschaft, in der Kampfläufer (S. 86) und Bruchwasserläufer Nahrung suchen, vielleicht kommt eine weitere Limikolenart dazu? Doch dem Schilfrand gilt unser Hauptaugenmerk, konzentriert schwenken die Spektive ihn immer wieder entlang und da – eine Bewegung! Ach, nur eine Rohrammer, die am Fuße des Schilfes nach Nahrung sucht. Das ist in dieser spannenden Zugzeit oft das Schicksal der Rohrammer – ein Blaukehlchen führt vielleicht zu Ausrufen – da ein Blaukehlchen – die Rohrammer eher zu einem stillen Registrieren – Rohrammer, ok, weiter. Dabei ist gerade die männliche Rohrammer ein recht hübscher Vogel, und auch die weibliche Rohrammer bietet mit ihren Gesichtsstreifen und den gedeckten Braun- und Beigetönen einen schönen Anblick. Wegen der ähnlichen Gefiederfarben wurde die Rohrammer auch Rohrspatz genannt und vielleicht auch, weil ihr Gesang im Gegensatz zu dem der Goldammer oder des Ortolans eher einfach und wenig harmonisch klingt. Uwe Westphal, Biologe und bekannter Tierstimmenimitator, schlägt als Merksatz für den Gesang der Rohrammer sogar vor: «Ich sing schlecht – schlecht sing ich – ich sing wieder schlecht … !»

Der Gesang der Rohrammer hat es dennoch in sich. Ist er auch schlicht, so übermittelt er gleichzeitig viele Informationen. So hat jede Rohrammer einen individuell einzigartigen Einleitungslaut, der vor Beginn jeder Strophe steht. An diesem Laut könnte man die Rohrammer individuell erkennen, wenn unsere Ohren fein genug für den Unterschied wären. Wir erkennen es im Sonogramm, die weibliche Rohrammer kann aber die einzelnen Sänger unterscheiden und erkennt ihren – potenziellen – Partner daran. Doch der Gesang übermittelt noch weitere Informationen. So singen unverpaarte Rohrammern schnell, die Pausen zwischen den Elementen einer Strophe sind kurz, die Pausen zwischen den Strophen etwas länger als die Strophe selbst. Ist der Sänger verpaart, singt er langsam, zwischen den Elementen einer Strophe liegen lange Pausen, ebenso zwischen den Strophen. Der Gesang klingt unzusammenhängend und stockend, vielleicht rührt daher der Ruf des schlechten Sängers. Am Gesang könnten also selbst wir Vogelbeobachter den Status des Vogels ablesen. Verliert er seine Partnerin während der Brutzeit, singt der Ammernmann wieder schneller. Die Häufigkeit des Gesanges lässt nach einer Verpaarung ebenfalls nach, sobald die Partnerin mit dem Brüten begonnen hat, wird er aber wieder häufiger. In dieser Zeit dient der Gesang nicht mehr der Revierabgrenzung oder der Partnersuche, sondern vor allem der brütenden Partnerin. Vielleicht möchte der Sänger sie so schon für die nächste Brut binden. Sobald die Jungen der ersten Brut ausgeflogen sind, verstummt der Gesang vorübergehend, die Reviergrenzen werden kurzzeitig aufgegeben. Man vermutet, dass diese Änderungen in Gesangshäufigkeit und Schnelligkeit auch der Synchronisation des Brutablaufes unter Nachbarn dient. Rohrammern brüten gerne in Gruppen, also in benachbarten Revieren, und das Brutgeschehen verläuft dort tatsächlich annähernd synchron. Jeder weiß jederzeit über den Status in den Nachbarrevieren Bescheid. So einfach der Gesang der Rohrammer also ist, so birgt er doch zahlreiche Informationen und ermöglicht trotz Revierverteidigung während der Brutzeit das Zusammenleben in enger Nachbarschaft. Nach der Brutzeit sind Rohrammern gesellig, sie suchen gemeinsame Schlafplätze auf und suchen in Gruppen nach Nahrung am Boden. Übrigens legen Kuckucke ihre Eier sehr selten in die Nester von Rohrammern und man vermutet, dass das an ihren aufwendig marmorierten und gekleckststen Eiern liegt. Die außergewöhnliche Zeichnung dieser Eier kann vom Kuckuck wohl nicht hinreichend genau nachgeahmt werden.

Und meine Beobachtung? Das Kleine Sumpfhuhn habe ich nicht mehr gesehen an diesem Morgen, aber dafür konnte ich ein Rohrammerpaar bei seiner wilden Verfolgungsjagd, die ihre Kennenlernphase einleitet, beobachten. Auch nicht schlecht!

Iris Lichtenberg

Le Bruant des roseaux.
Printemps: Mâles - Femelle.

Rohrdommel – Schwerenöter im Schilf

(Botaurus stellaris)

Plumpe Gestalt, gedrungen, geduckt, schwerfällig, unheimlich: die Beschreibungen, die man in den gängigen Büchern zur Rohrdommel liest, machen sie nicht gerade zum Sympathieträger. Tatsächlich glaubten die Menschen früher, dass eine Rohrdommel den Tod ankündigt, wenn sie über jemanden hinwegfliegt. Sicher trug ihr lautloser, fast eulengleicher Flug zu diesem Aberglauben bei. Würde ich es jemals erleben, dass eine Rohrdommel über meinen Kopf hinweg flöge, hätte ich Mühe, lauten Jubel zu unterdrücken. Der kleine Reiher ist selten geworden bei uns, und ihn zu sehen, ist immer wieder ein unvergessliches Glück. Jede einzelne Begegnung, die ich bisher mit einer Rohrdommel hatte, hat sich mir tief eingeprägt. Wo sie überwintern, hat man an kalten, aber sonnigen Wintertagen manchmal das Glück, eine Rohrdommel völlig frei zu sehen, wenn sie aus dem Schilf tritt, um sich in der Sonne zu wärmen. Bleibt sie im Schilf, ist es nahezu unmöglich, sie zu entdecken, selbst in lückigen Schilfreihen. Ihr Gefieder ahmt das Spiel von Licht und Schatten in einem Schilfgürtel so perfekt nach, dass sie unsichtbar wird, solange sie in Ruhe verharrt. Und das tut sie, meistens.

Behäbig, träge, wenig temperamentvoll: weitere Beschreibungen der Rohrdommel. Heute würde man vielleicht sagen: gechillt. Richtig ist, dass die Rohrdommel sich sehr langsam im Schilf fortbewegt, das trägt zu ihrer Tarnung bei. Und wie alle Reiher lauert sie nahezu bewegungslos auf Beute, stößt aber blitzschnell zu, wenn Amphibien, Reptilien, Mäuse, Fische oder größere Insekten in Reichweite des langen Halses gelangen. Reiher verfügen über einen verlängerten sechsten Halswirbel, der ihnen das s-förmige Einziehen des Halses ermöglicht, aber auch das schnelle Zustoßen. Die Rohrdommel bewegt sich durchaus elegant und geschickt in ihrem Lebensraum. Sie umfasst Stängel mit ihren langen Zehen und klettert an ihnen entlang, kann aber auch gut auf heruntergedrücktem Schilf laufen, solange der Unterwuchs nicht zu dicht ist. Eine Mischung aus altem und frischem Schilfrohr, Rohrkolben und Binsen ist der ideale Lebensraum für die Rohrdommel, sie ist sehr anspruchsvoll und störungsempfindlich, benötigt Verlandungszonen, in denen das Wasser nie zu hoch steigt, und ausgedehnte Schilfgebiete, die ihr Rückzug erlauben. Bei Gefahr nimmt sie die sogenannte Pfahlstellung ein, reckt ihren Hals nach oben und wiegt sich mit dem schwingenden Schilf. Schon die Jungvögel beherrschen das nach wenigen Tagen. Eine Tänzerin ist sie also, die Rohrdommel.

Aufgrund ihrer versteckten Lebensweise und ihrer Störungsempfindlichkeit sind noch viele Aspekte ihres Lebens unerforscht. Man weiß aber, dass sich der Dommel-Mann dort, wo es genug Artgenossen gibt, einen kleinen Harem hält. Bis zu fünf weibliche Rohrdommeln versammelt er in seinem Revier, und auch wenn er sich nach der Paarung nicht um Nestbau und Nachwuchs kümmert, so gibt seine Anwesenheit und Verteidigungsbereitschaft den brütenden Frauen doch Sicherheit. Revierkämpfe zwischen Rohrdommeln können tödlich enden und wird sie in die Enge getrieben, nimmt die Rohrdommel die sogenannte Uhustellung ein: sie senkt den Bauch auf den Boden, sträubt ihr Gefieder, breitet die Flügel aus und fixiert den Feind am hochgereckten Schnabel vorbei, beobachtet dabei sein Gesicht und stößt mit leicht geöffnetem Schnabel auf die Augen zielend zu, wenn der Gegner nicht schon vor diesem furchterregenden Anblick flieht. Flugfeinde werden in der Luft angegriffen. Wird sie auch als plump und träge beschrieben, muss die Rohrdommel doch wie jeder andere Vogel auch um sein Überleben kämpfen, wo Tarnung nicht mehr ausreicht.

Rohrdommeln essen gerne Aale, die sich dagegen wehren und sich im Schnabel der Dommel winden. Stellen Sie sich vor, wie Sie aussehen würden, wenn Sie versuchten, einen sich wehrenden Spaghetti mit Soße einzusaugen! Das geht der Rohrdommel nicht anders, sie ist nach der Mahlzeit an Gesicht und Hals mit Schleim bedeckt. Nun kommen ihr weitere Anpassungen der Reiher zugute: die Krallen an der Mittelzehe sind gezahnt und im Brustbereich bildet die Rohrdommel Puderdunen. Sie verteilt nun zunächst mit ihren Zehen Puder aus den Puderdunen im verschmutzten Bereich, um den Schleim zu binden und kämmt ihn dann mit der gezahnten Kralle aus dem Gefieder. So ist sie wieder wasserdicht und kann weiter jagen.

Vergessen möchten wir an dieser Stelle natürlich nicht die häufig beschriebenen Rufe der Rohrdommel, die ihr den Beinamen Moorochse eingebracht haben. Selbst ihr wissenschaftlicher Name «Botaurus» kann als Brüllochse übersetzt werden. Die Rufe der Rohrdommel gehören zu den tiefsten im Vogelreich, und gingen die Menschen früher in der Dämmerung an einem Schilfgebiet vorbei und hörten das dumpfe Brüllen vom Wasser her, war ihnen sicher unheimlich zumute. Der tiefe Ruf «üü-prüm» wird durch ein tiefes Einatmen «üü», mit dem die Dommel ihre Speiseröhre aufbläst, und dem Auslassen der Luft aus der Speiseröhre «prüm» erzeugt. Ein gewaltiger Rülpser also, wenn man es genau nimmt. Die weiblichen Dommeln sind in der Lage, diese Rufe individuell zu unterscheiden, wissen also, dass ihr Partner, auch wenn er sich nach der Paarung nicht mehr blicken lässt, weiterhin das Revier verteidigt und sie dadurch schützt.

Iris Lichtenberg

1940.
P. A. Robert.

Rotdrossel – Dialekte im hohen Norden

(Turdus iliacus)

Es ist Mitte Mai in Vardø, der östlichsten Stadt Norwegens, gelegen auf der «Wolfsinsel» Vardøya am nordöstlichen Ende des Varangerfjords. Die Sonne geht in der Nacht nur noch wenige Minuten unter, der Hafen ist eisfrei und viele nordische Brutvögel sind schon heimgekehrt. Bereits auf der Fahrt hierher haben wir Vögel gesehen, die wir nur aus dem Winter oder den Zugzeiten kennen: Merline, Ohrenlerchen, Goldregenpfeifer, Kampfläufer im Prachtkleid. In der Festung von Vardø sollen Kampfläufer eine Arena errichtet haben und die ersten Rotkehlpieper sollen eingetroffen sein, nach dem kräftezehrenden Heimzug Nahrung suchend. Also brechen wir nach dem Abendessen Richtung Festung auf, es ist 22 Uhr, aber noch hell und die Luft überraschend mild.

Das sanfte Licht der Mitternachtssonne schafft eine unwirkliche Atmosphäre, die Ruine des Forts hier im arktischen Norden verschärft den traumhaften Eindruck. Das Fort ist dicht von Sträuchern und Dornbüschen umstanden, im ehemaligen Graben wächst Rasen, von der Mauer kann man auf eine Bucht der Barentsee schauen, wohin sich zum Entzücken der einheimischen Birder ein Säbelschnäbler verirrt hat. Die Kampfläufer sind tatsächlich da, stehen aber etwas gelangweilt am Rande der Arena herum, offenbar sind die Tänze des Tages bereits getanzt. Es sind nur männliche Vögel und ohne die Anwesenheit der holden Weiblichkeit gibt es keinen Grund, Kräfte zu verschwenden. In diese unwirkliche Atmosphäre brechen plötzlich klare Flötentöne, gefolgt von einem schwatzenden Gesang. Und das Gleiche noch einmal, aus einer anderen Ecke des Forts. Flöten ... schwätzen ... flöten ... schwätzen. So klar habe ich das in unserem Winter noch nie gehört, obwohl der Vogel dann nicht selten bei uns in Mitteleuropa ist. Insgesamt drei Rotdrosseln sitzen in weitem Abstand auf der Spitze der Sträucher, die das Fort begrenzen, gut sichtbar und jetzt, etwa eine Stunde vor Mitternacht, noch aus voller Kehle singend. Ihr Lied ist bescheiden für eine Drossel, vergleicht man es etwa mit dem der Singdrossel oder gar der Amsel. Je sozialer eine Drossel ist, desto bescheidener ist ihr Lied, haben Ornithologen festgestellt, und so ist der Gesang der sehr geselligen Wacholderdrossel (S. 178) kaum noch als solcher zu bezeichnen, während die sehr territoriale Amsel eine Meistersängerin ist. Die Rotdrossel steht irgendwo dazwischen, sie verteidigt zwar während der Brutzeit die Umgebung ihres Nestes, ist aber außerhalb der Brutzeit gesellig und bildet große Trupps auf dem Zug und Schlafgemeinschaften im Winter.

Der bescheidene Gesang der Rotdrossel ist etwas Besonderes, denn er ist sehr kleinräumig dialektal gefärbt. Untersuchungen in Norwegen haben ergeben, dass die Verbreitungsgebiete der Dialekte oft nur etwa 40 Quadratkilometer groß sind, in anderen Gebieten bis zu 150 Quadratkilometer. Es ist noch nicht erforscht, ob die Dialekte Auswirkungen auf die Paarungschancen des Sängers haben, es ist aber nicht sehr wahrscheinlich, da Rotdrosseln Nomaden sind und weder im Sommer noch im Winter besonders ortstreu sind. Das flötende Anfangsmotiv im Gesang der Rotdrossel wird während der gesamten Brutzeit konstant vorgetragen, der schwätzende Nachgesang variiert in Länge und Intensität je nach Brutphase. Der Nachgesang dient in erster Linie der Revierverteidigung und lässt schnell nach, wenn die Partnerin das Nest gebaut und Eier gelegt hat. Rotdrosseln respektieren dann in der Regel die Reviere der anderen und es ist kein kontinuierlicher Reviergesang mehr notwendig. Im Winter sehen wir Rotdrosseln bei uns häufig in Trupps mit den großen Wacholderdrosseln, und das ist auch im Brutrevier nicht anders, denn Rotdrosseln brüten gerne im Schutze von Wacholderdrossel-Kolonien, um von der hohen Verteidigungsbereitschaft der großen Verwandten zu profitieren. Im Herbst ziehen Rotdrosseln in großen Trupps nach Mittel- und Südeuropa. Ziehen sie über die Nordsee, sind sie wie viele Singvögel, die diesen Weg wählen, auch menschengemachten Gefahren ausgesetzt. So hat man beobachtet, wie ganze Schwärme stundenlang um die Flammen der Erdölplattformen kreisten, was ihre dringend benötigten Energiereserven aufbraucht. So geschwächte Vögel fallen auch leichter den natürlichen Feinden wie Großmöwen und Eulen zum Opfer. Es kommen auch regelmäßig nachts ziehende Vögel um, wenn sie gegen Aufbauten von Plattformen fliegen. In manchen Wintern versammeln sich bei uns in Mitteleuropa große Trupps von Rotdrosseln, oft in Gemeinschaft mit Wacholderdrosseln. Bevorzugen sie im Sommer Insekten und Schnecken, ernähren sie sich im Winter hauptsächlich von Beeren. Wenn sie sich am späten Nachmittag in einem Beeren tragenden Gebüsch versammeln, hat man vielleicht das Glück, ihrem Chor lauschen zu dürfen. Sie üben ihren Gesang als leisen Subsong, was bei Hunderten von Vögeln ein beeindruckendes Konzert sein kann.

Hier im Fort von Vardø stehlen die singenden Rotdrosseln eine Zeit lang den Kampfläufern und Sandregenpfeifern, den Rotkehlpiepern und Goldregenpfeifern die Schau. Sie sind nicht scheu, stehen auf der Spitze der dornigen Sträucher und singen gegeneinander oder miteinander ihr kleines Lied. Ihre roten Flanken und ihr ausdrucksstark gezeichnetes Gesicht glühen in der Mitternachtssonne und ihr Lied passt gut hierher in den kargen Norden.

Iris Lichtenberg

La Grive mauvis.
Mâles. 1

La Grive mauvis.
Femelle. 2

Rotkehlchen – Deutschlands Lieblingsvogel?

(Erithacus rubecula)

«Herr Griesohn, unser Rotkehlchen ist wieder da! Seit zwölf Jahren kommt es jeden Winter in unseren Garten und hüpft über die Terrasse. Dem gefällt es so gut bei uns, dass es immer wieder kommt!» Solche Ansprachen bekommt der stadtbekannte Vogelgucker immer wieder zu hören.

Das Rotkehlchen, das angeblich seit Jahren immer die gleiche Ecke des Gartens besetzt, gibt es wahrscheinlich nicht. Viel wahrscheinlicher ist, dass es sich um zehn verschiedene Vögel oder doch zumindest um eine Handvoll handelt. Die Lebenserwartung von Kleinvögeln ist sehr gering; über die Hälfte stirbt schon im ersten Lebensjahr. Wenn sie das allerdings überlebt haben, werden sie wohl regelmäßig bis vier Jahre alt. Das älteste Rotkehlchen wurde 17 Jahre alt und war beringt.

Aber diese Ansprachen zeigen, dass das Rotkehlchen den Menschen vertraut ist. Es gehört zu den etwa zehn Vogelarten, die jeder Deutsche kennt.

In der Beliebtheit schneidet das Rotkehlchen gut ab. Als Redakteur eines populären Vogelmagazins führte ich einmal eine Umfrage unter den Lesern durch, welcher Vogel der Lieblingsvogel sei. Das Rotkehlchen gewann haushoch, damit wurde die Theorie vom Kindchenschema bestätigt, die Konrad Lorenz im vorigen Jahrhundert aufstellte. Mit seinem runden Körper, den großen schwarzen Augen, der gewölbten Stirn ist es eben einfach niedlich! Manche Menschen berichten mir, dass sie bei der Gartenarbeit von «ihrem Rotkehlchen» begleitet würden. Wenn ich dann antworte: «Für das Rotkehlchen bist du ein Wildschwein!», sind sie beleidigt oder verblüfft, je nach Selbstbewusstsein. Aber es stimmt: Bei Erdarbeiten im Garten sind Rotkehlchen oft dabei und stellen sich auch auf den Spatenstiel, wenn der Gärtner Pause macht. Ein ähnliches Verhalten zeigen sie, wenn eine Wildschweinrotte in ihrem Revier wühlend nach Wurzeln und Engerlingen sucht. Da fallen dann für den kleinen Sänger Würmer und Maden ab, die im schnellen Flug davongetragen werden. Der Vergleich liegt also durchaus auf der Hand.

Rotkehlchen sind Bodentiere. Ihre Nahrung suchen sie im Moos der Baumstubben, im alten Laub und im Mulm der alten Holzhaufen. Sie fressen hauptsächlich Insekten, nehmen aber auch besonders im Winter Beeren gerne an. Eine Vorliebe scheinen sie für Pfaffenhütchen zu haben. Ich habe erlebt, wie in einem Winter mit Frost und Schnee ein Rotkehlchen einen großen Pfaffenhütchenstrauch gegen andere Rotkehlchen und auch die viel größeren Rotdrosseln und Amseln verteidigt hat. Und das mit einer Vehemenz, die mich beeindruckte. Aber, so wurde mir klar, es geht ans Eingemachte, wer diesen Strauch mit den vielen noch nicht geernteten Pfaffenhütchen – so kann man die Beeren beschreiben – besetzt und verteidigt, hat vielleicht Chancen, über die frostige Zeit zu kommen. Überhaupt sind Rotkehlchen, wenn es um Reviergrenzen und andere Besitztümer geht, absolut nicht niedlich, sondern eher sehr aggressiv. Gartenbesitzer können das nicht nur zur Paarungszeit erleben, sondern auch oft im Winter, wenn ein Rotkehlchen mit ausdauernder Heftigkeit ein anderes Rotkehlchen vertreibt. Die Jagd geht durch Büsche und Zäune hin und her. Aufgeregt knicksen und schlagen sie mit dem Schwanz und die aufgeplusterte rote Brust wird als Signalfahne zur Schau gestellt. Dann rufen sie schnickernd «tick», manchmal in langen Reihen.

Das Lied der Rotkehlchen besteht aus einer recht langen Strophe, die schwer zu beschreiben ist. Wie traumverloren perlen die hohen, fast metallischen Töne aus der roten Brust. Es wirkt feierlich, melancholisch oder romantisch. Niemand wird es als frisch, schmetternd oder fröhlich empfinden. Richard Gerlach beschrieb den Gesang so: «Es ist das seelenvolle Lied der Gärten und des Waldes, wenn das Schweigen der Nacht mit dunklen Schatten heraufsteigt.» Beethoven hat es in der Pastorale verarbeitet. In der Szene am Bach «ertönt ein klagendes Motiv, vier sich schnell folgende Töne und zwei absinkende: ein Stück aus dem Rotkehlchenlied.» (R. Gerlach).

Schade ist, dass vor allem die Älteren unter uns nicht alles, was der kleine Sänger vorträgt, auch hören, denn es liegt jenseits der 20 000-Hertz-Grenze, bis zu der unser Gehör in der Regel wahrnehmen kann. Da das Rotkehlchen noch sehr spät, wenn die Dämmerung schon eingesetzt hat, singt, ist es oft allein zu hören und bestimmt den Feierabend. Dasselbe gilt auch für die Wintermonate, wenn es nicht regelmäßig, aber häufig singt, oft in der Nähe einer Laterne. Im Herbst und Winter singen auch die weiblichen Rotkehlchen, die dann eigene Reviere halten.

Das Rotkehlchen gehört zu den Teilziehern. Das heißt nicht etwa, dass es nur teilweise zieht, sondern der Ausdruck Teilzieher bezieht sich auf die Rotkehlchenpopulation und nicht auf den einzelnen Vogel. Untersuchungen aus Belgien haben gezeigt, dass Rotkehlchen, die in Wäldern wohnen, ihr Brutgebiet verlassen. Sie ziehen in ihr Winterquartier an die Mittelmeerküste. Rotkehlchen, die am Waldrand oder in den Gärten wohnen, ziehen dagegen nicht weit weg. Sie bleiben im Lande und beziehen eigene Winterreviere in der Nähe der Brutgebiete. Das sind die Vögel, die dann in den Gärten auftauchen und als «unser Rotkehlchen» erfreut von den Menschen begrüßt werden.

Thomas Griesohn-Pflieger

Le Rouge-gorge.

Rotmilan – schmuddeliger König der Lüfte

(Milvus milvus)

Er ist einer der schönsten Greifvögel, die im Luftraum über Europa segeln, der Gabelweih oder Rote Milan, für den wir in Deutschland eine besondere Verantwortung tragen. Als «der König der Lüfte» wurde er von Friedrich von Schiller bezeichnet. In seinem Gedicht im Drama «Wilhelm Tell», später vertont und als Lied «Mit dem Pfeil, dem Bogen» populär geworden, setzte er ihm ein kleines Denkmal. Dem großen Dichter müssen die Flugkünste imponiert haben, die auch uns beeindrucken, wenn wir dem Rotmilan zusehen, wie er am blauen Sommerhimmel seine Kreise zieht. Das Prädikat «schwerelos» wird oft gebraucht, wenn wir den Flug eines Vogels beschreiben, aber hier ist es besonders angebracht, denn der Rotmilan segelt auf langen Schwingen so mühelos. Der Milan übergibt sich nicht den strömenden Luftmassen, sondern er lenkt den Wind. Wenn wir länger hinschauen können, erkennen wir die unmerklichen Hebungen und Bewegungen der Flügel und des Schwanzes und damit die Leichtigkeit, mit der der Vogel die Strömungen unter seine Federn lenkt. Getragen von unsichtbaren Kräften gleitet der große, majestätische Vogel in einer Mischung aus Hingabe und sanfter Lenkung wie ein Tanzpaar zur Walzermusik durch den Raum. Es gibt viele gute Flieger unter den Gefiederten. Sie rudern, rasen, sicheln, flitzen, brummen, heben sich in die Luft – der Milan gleitet elegant und bietet jedes Mal ein Schauspiel, das wir genießen können.

Muss er aktiv fliegen, sehen wir seine tief ausholenden, langsamen Flügelschläge. Selbst wenn er es eilig hat, fliegt er fast wie in Zeitlupe gefilmt. Immer sind die ausgleichenden Bewegungen des Schwanzes zu sehen, anders als andere große Segler gleicht der Milan Ungleichheiten des Luftstroms durch drehende Bewegungen der langen Steuerfedern aus, und nicht mit den Flügeln, wie etwa Bussarde. Zu erkennen ist der gegabelte Schwanz vor allem im Gleitflug, wohingegen die Schwanzfedern beim Segeln in thermischen Luftblasen so gespreizt werden, dass die Gabel des Schwanzes verschwindet. Der Rotmilan ist ein bunter Greif, soviel Farbe kennen wir sonst nur von den nicht mit den eigentlichen Greifvögeln verwandten Falken. Im adulten Prachtkleid, also im Hochzeitskleid des Erwachsenen, zeigt er einen grauen Kopf mit gelbem Schnabel, und der Körper ist rostfarben mit dünnen, schwarzen Stricheln, wie auf dem Bild von Robert gut zu sehen. Oft wirken die Flügel durch die hellbraunen Armdecken zweifarbig. Richtig bunt wird er, wenn er über uns gleitet. Der sich ständig bewegende Schwanz ist oberseits rostbraun und unterseits heller graubraun, helle Flügelfenster im Handflügel kontrastieren mit den schwarzen Hand- und Armdecken, dazu kommt der gelbe Schnabel und die gelben Beine. Diese Buntheit ist ein gut brauchbarer Unterschied zum figürlich sehr ähnlichen Schwarzmilan, der, bei ähnlicher Statur und nahezu einfarbig kaffeebraun gefärbt, keine so markante Schwanzgabelung zeigt.

Beide Milanarten leben nicht nur von selbst erbeuteter Nahrung, wie Mäusen, jungen Vögeln, Fischen, Fröschen, Insekten und Regenwürmern, sondern auch von Abfall. An den Futterplätzen der Geier tauchen regelmäßig auch Milane auf. Eine besondere Art des Lebensunterhalts betreiben sie mit Kleptoparasitismus, was man mit «Stehlbetteln» übersetzen kann. Sie verfolgen andere Vögel, etwa Greife, Möwen, Reiher, Kormorane, so lange, bis diese ihren Kropfinhalt ausspeien. Sie nehmen, was sie kriegen können. Als unsere Müllkippen noch offene Deponien waren, sah man Dutzende Milane zusammen über den Unrat verteilenden Planierraupen kreisen und auf Aas, Hühnerbeine, Knochen und anderen verwertbaren Abfall herabstoßen. Wird eine Wiese in ihrem Revier gemäht, sind sie wie vom Himmel gefallen plötzlich da und suchen oft zu Fuß nach verletzten Mäusen, Insekten und Amphibien. Diese Rolle der Milane als Müllverwerter wird schon im Altertum beschrieben. Zum majestätischen Bild des edlen Greifvogels passt das nicht, aber damit nicht genug. Das typische Nest eines Milans ist zum Teil aus Müll gebaut! Plastiktüten, Lumpen, Papierfetzen, Fellfetzen tragen sie ein. Der bedeutende Vogelforscher Otto Kleinschmidt (1870–1954) berichtete: «Von einem Waldarbeiter verlorene, wollene Handschuhe fanden sich in einem Milanhorst wieder.»

Seit die offenen Abfallberge geschlossen wurden und Müll nicht mehr deponiert, sondern verbrannt wird, haben die Milane ein Problem. In den 1990er-Jahren nahm ihre bis dahin weitgehend konstante Zahl in Deutschland ab. Der Atlas deutscher Brutvogelarten schätzt den deutschen Bestand auf 10 000 bis 14 000 Paare (2005). Das ist nicht viel, vor allem, wenn man bedenkt, dass mehr als die Hälfte der europäischen Rotmilane in Deutschland brütet. Der Weltbestand – die Art brütet regelmäßig nur noch in Europa – wird auf 19 000 bis 25 000 Paare geschätzt. In vielen Ländern nehmen die Bestände weiter ab. In England und Wales, wo er ausgestorben war, ist er wieder angesiedelt worden, und dort breitet sich der Red Kite (der rote Drachen) wieder erfolgreich aus.

Eine neue Gefahr droht dem Rotmilan, vor allem in Deutschland, durch den Ausbau der Windenergie. Im Flug schaut der Milan nach unten und sucht nach Beute, da wird er Opfer der sich an der Spitze mit 250 bis 300 Stundenkilometern rasend schnell drehenden Rotorblätter. Ein flächendeckender Ausbau mit Windkraftwerken könnte sein langfristiges Aus bedeuten. Warum ist bei uns nicht mehr von Energiesparen die Rede, wie noch in den 1990er-Jahren? Wir könnten mit weniger Naturzerstörung auskommen. Aber ein auf Nachhaltigkeit gerichteter Blick ist nicht der des Homo sapiens.

Thomas Griesohn-Pflieger

1938.
P. A. Robert.

Saatkrähe – eine Herausforderung

(Corvus frugilegus)

Ende Oktober, wenn die Rotdrosseln nachts mit ihrem rauen «Zih» rufend über die Städte ziehen, ist es soweit, dass ich morgens häufiger den Blick prüfend nach Nordosten richte. Bis ich sie sehe! Meist am Vormittag zieht ein bandförmiger Schwarm von schwarzen Vögeln ziemlich schnell über die Stadt. Die Saatkrähen sind da! Mit etwas heiseren, weichen «grah»-Rufen machen sie auf sich aufmerksam und oft begleitet den Krähenchor das hellere und festere «kjak» der mitziehenden Dohlen. Dann macht sich bei mir – egal ob es morgens schon frostig ist oder ich im leichten Pullover unterwegs bin – Herbststimmung breit. Saatkrähenzeit. Vogelzugzeit. Überraschungszeit.

Zielstrebig fliegen die Dohlen, bleiben im Flug auf einer Höhe und schlagen schnell mit den runden Flügeln. Anders die Krähen, die schon alleine durch die Größe zu unterscheiden sind. Im Fernglas sieht man den leicht schwankend wirkenden Flug, dem die Zielstrebigkeit der Dohlen abgeht. Saatkrähen fallen im Flug mal einen Meter nach unten, schnellen wieder hoch, um dann wieder an Höhe zu verlieren. Dabei rudern sie allerdings so schnell wie die eilig wirkenden Dohlen und deshalb ziehen sie wohl auch gemeinsam, die schwarzen Rabenvögel, die nicht sehr nahe verwandt sind.

Der Saatkrähenschwarm hoch am herbstlichen Himmel ist ein Symbol für den Herbst, für den am Tage sichtbaren Vogelzug, der neben Lerchen, Drosseln und Finken auch Überraschungen verheißt. Er steht aber auch für kalte Füße, laufende Nase, beschlagene Ferngläser und überraschende oder vertraute Naturerlebnisse. Zunächst ziehen die Saatkrähen nur durch, aber nach wenigen Tagen nehmen die ersten Wintergäste ihre traditionellen Plätze ein. Ein kleiner Trupp von vielleicht zwanzig Vögeln hat wieder in den Pappeln an der Ausfallstraße zwischen Tankstelle und Flussaue Quartier bezogen. Die wenig scheuen, großen Vögel suchen nach Resten der menschlichen Zivilisation – viel Essbares wird weggeworfen, was die derben Schnäbel noch gebrauchen können. Auch in den Wiesen der Flussaue und auf abgeernteten Feldern suchen die Schwarzberockten nach Nahrung. Dabei löst sich der Schwarmverband auf. In lockerer Reihe schreiten die Saatkrähen den Boden absuchend über das Land und wenden hier eine kleine Scholle oder heben Laub hoch, drehen da einen Ast oder hebeln ein Grasbüschel nach oben und inspizieren dort eine Löwenzahnrosette und wir erkennen im kräftigen, relativ langen Schnabel eine Beute, – einen Engerling, einen Regenwurm, manchmal sogar eine Maus – die dann bearbeitet oder gleich verschluckt wird.

In meiner Heimat zählen Saatkrähen nicht zu den Brutvögeln, deshalb ist ihre Beobachtung im Winter immer eine Freude und auch eine Übung, denn wie unterscheiden wir sie von den Rabenkrähen? Sie sind gleich groß, die beiden in Mitteleuropa verbreiteten schwarzen Krähen. Vogelfreunde im östlichen Österreich sowie in einigen Kantonen der Schweiz haben das Problem der Unterscheidung nicht, denn dort wird die schwarze Rabenkrähe durch die schwarz-graue Nebelkrähe ersetzt.

Saatkrähen im erwachsenen Federkleid lassen sich leicht erkennen, denn sie sind zwar ebenfalls schwarz befiedert wie die Rabenkrähe, aber der Schnabelgrund und der Kropf sind unbefiedert und daher weiß-grau. Dadurch wirkt der Schnabel auch klobiger. Schaut man bei Sonnenschein noch genauer hin, so kann man mit etwas Glück erkennen, dass das Gefieder der Saatkrähe purpurn bis blau changierend glänzt. Dazu kommt die Befiederung der Beine, die lockere Hosen bildet. Das Fehlen der Federn am Schnabelgrund und drumherum ist wohl eine Anpassung an die grabende Tätigkeit der Saatkrähen. Schwieriger ist die Unterscheidung der jungen Saatkrähen von Rabenkrähen, denn bis in den ersten Winter hinein ist ihr Schnabelgrund befiedert und das Gefieder noch ohne Glanz. Dann spielen die Federhosen eine Rolle und ebenso wichtig ist das weiche «graah», das wir hören und das sich deutlich vom kräftigeren, krächzenden «krra, krra» der Rabenkrähen unterscheidet.

Mensch und Saatkrähe haben eine lange gemeinsame Geschichte. Einst wanderten die geselligen, in Kolonien brütenden Vögel aus den Steppen und Flussauen des Ostens bei uns ein und profitierten vom Ackerbau der Menschen. Sie waren gern gesehen, denn auf ihren wackelnden Kontrollgängen beseitigten sie manches Tier, das von den Menschen als schädlich angesehen wurde. Und sie selbst dienten als Nahrung – junge, noch nicht flügge Jungkrähen wurden ausgehoben und als Leckerbissen verzehrt. Die Änderungen in der Landwirtschaft sorgten seit Ende des 19. Jahrhunderts für eine massive Abnahme der Saatkrähenbestände. Sie galten schnell als Schädlinge sowohl der Landwirtschaft als auch der Jagd und wurden intensiv verfolgt – bei einem Koloniebrüter keine große Kunst. Saatkrähen zogen es bald vor, in Siedlungen zu brüten, in denen Schusswaffen tabu sind. Aber erst seit den 1990er-Jahren ist ein deutlicher Bestandszuwachs in Deutschland zu erkennen. Jetzt sorgt die Bevorzugung der Menschensiedlungen als Platz für die Brutkolonien für Konflikte. Außerhalb der Siedlungen brüten kaum noch Saatkrähen und in den Siedlungen sorgen die Kolonien der großen Vögel mit Dreck und Lärm für Ungemach.

Freude macht mir immer wieder die winterliche Übung, Raben- und Saatkrähen im Flug zu unterscheiden. Die etwas anderen Flugweisen und der eher runde Schwanz der Saatkrähe machen das möglich. Nicht immer liege ich mit meiner Bestimmung richtig. Aber jeden Winter klappt es besser.

Thomas Griesohn-Pflieger

Le Freux.

Säbelschnäbler – der Wassersäbler

(Recurvirostra avosetta)

Ein milder und sonniger Oktobertag an der deutschen Nordseeküste. Ich warte binnendeichs, denn es ist auflaufendes Wasser und mit dem Wasser kommen die Watvögel zurück, die sich zur Nahrungssuche weit über die Schlickflächen des Watts verteilt hatten. Sie suchen bei Flut Gebiete zum Ruhen auf, bis die nächste Ebbe die reichhaltigen Nahrungsgründe des Wattenmeeres wieder freilegt. Doch hier, nahe der dänischen Grenze, wo auch vor dem Deich weitläufige, flache Wasserflächen mit Wiesen abwechseln, muss man nicht auf die einfallenden Watvögel warten, auch bei Ebbe sind interessante Beobachtungen möglich. Wie jetzt: ein großer, schwarz-weißer Schwarm erhebt sich am Horizont. Die Vögel scheinen perfekt aufeinander abgestimmt, jede Richtungsänderung durchläuft den Schwarm binnen Bruchteilen von Sekunden und zeichnet ein grafisches Muster in den Himmel. Diese Vögel sind selbst aus der Ferne gut erkennbar, der weiße Flügel mit den schwarzen Spitzen, die markante schwarz-weiße Rückenzeichnung: Säbelschnäbler! Sie kommen näher, landen im flachen Wasser und gehen scheinbar ohne Pause zu ihrer speziellen Form der Nahrungssuche über.

«Die mit dem rückwärts gebogenen Schnabel» – Recurvirostra – der wissenschaftliche Name bezieht sich auf das besondere Merkmal der Säbelschnäbler, ihren markant nach oben gebogenen Schnabel. Mit langsamen Schritten bewegen sich die Säbelschnäbler in kleinen Reihen durch das flache Wasser vorwärts und schwenken ihren leicht geöffneten Schnabel dabei unter der Wasseroberfläche stetig hin und her, sie «säbeln» mit seitlichen Bewegungen des Kopfes und seihen dabei den feinen Schlick durch. Sobald sie auf kleine Lebewesen stoßen, Insekten oder ihre Larven, Fischlein, kleine Krebstiere oder Ringelwürmer, schließen sie den Schnabel und verschlucken ihre Beute. Die Nahrungssuche in der Gruppe hat den Vorteil, dass der Schlick stärker aufgewühlt und Kleinlebewesen nach oben gespült werden. Die Form des Schnabels ist für diese Art der Nahrungssuche ideal, er ist von der Spitze bis zur Basis immer etwa gleich weit geöffnet, und wenn der Vogel sich vorbeugt, ist ein größerer Teil seines Schnabels horizontal unter Wasser. Um die Nahrungssuche weiter zu erleichtern, sind die Füße der Säbelschnäbler mit feinen Schwimmhäuten versehen, so sinken sie in dem feinen Schlick nicht ein, können auch gut damit schwimmen und notfalls tauchen. Manchmal gründeln sie wie Stockenten oder picken Nahrung von der Wasseroberfläche auf, mit ihren langen Beinen können sie weit ins Wasser waten und so auch uferferne Bereiche absuchen.

Säbelschnäbler sind keine territorialen Vögel, sie sind außerhalb der Aufzuchtzeit sogar sehr sozial und rücken sofort wieder enger zusammen, wenn die Jungen groß genug sind. Auch während der Brutzeit bilden sie zunächst lockere Kolonien. Während der gesamten Brutzeit kann man ein fremdartiges Schauspiel immer wieder beobachten: den Gruppentanz. Es ist nicht ganz sicher, wozu er dient, da die Brutpaare aber immer eng, meist unter Körperkontakt zusammenbleiben, dient dieser Tanz wohl der Festigung der Beziehungen in der Kolonie und dem Zusammenhalt der Brutpaare. Bei diesem Tanz stehen sich 3 bis 20 Vögel im Kreis gegenüber, sie verbeugen sich, trippeln auf der Stelle oder laufen aufeinander zu, verfolgen sich, bilden wieder einen Kreis und so weiter. Ein solcher Gruppentanz kann unvermittelt in Aggression umschlagen, denn während der Brut ist die einzige Zeit für Kämpfe untereinander, nicht um das Revier, sondern um den Partner. Weidevieh, das sich dem Nest nähert, wird vom Altvogel umgelenkt, indem er sich demonstrativ vor dem Tier aufbaut und sein markantes Muster mit ausgebreiteten Flügeln zeigt. Menschen, die sich dem Nest nähern, werden durch Verleiten abgelenkt, Feinde aus der Luft werden gemeinsam von den Mitgliedern der Kolonie angegriffen. Sobald alle Jungen im Nest geschlüpft sind, verlässt das Paar die Brutkolonie und sucht ein Aufzuchtterritorium auf, in dem auch die Jungvögel ausreichend Nahrung finden. Da ist es gut, dass die Küken bereits ein bis zwei Stunden nach dem Schlüpfen flink auf den Beinen sind und auch schwimmen können, dennoch kommen auf diesem Weg immer wieder Küken um. Das Aufzuchtterritorium wird von den Eltern sowohl gegen Artgenossen, als auch gegen andere Watvögel, Möwen und Enten verteidigt.

Im letzten Sommer habe ich so eine Familie beobachten können. Der Jungvogel war schon größer, sein Schnabel schon voll ausgebildet, aber das Gefieder noch weiß-braun gemustert. Die Eltern suchten in der Nähe gemeinsam nach Nahrung, der Jungvogel spazierte am Gewässerrand nur wenige Meter von einer niedrigen Aussichtsplattform entfernt herum. Da Säbelschnäbler nicht mehr bejagt werden dürfen, hatte er wohl noch keine schlechten Erfahrungen mit Menschen gemacht und so reagierte er nicht, als ich die Plattform betrat. Ganz im Gegensatz zu seinen Eltern! Sie näherten sich langsam und nervös, wagten sich aber nicht wirklich nahe heran. Stattdessen versuchten sie ihr Junges durch aufgeregtes Rufen von der Gefahr zu überzeugen. Vergebens, der Jungvogel ignorierte sie. Sicher würde es nur noch wenige Tage dauern, bis die drei sich wieder ihrem Schwarm anschließen. Hier war jemand erwachsen geworden und würde bald die Gemeinschaft kennenlernen.

Iris Lichtenberg

1940.
P. A. Robert.

Schleiereule – lautloser Jäger

(Tyto alba)

«Ne Eule? Nee, nee – so was wollen wir nicht!» Der erste Bauer, – früher hießen so die Landwirte – den ich besuche, lehnt ab. Schon, dass die Uhlenluke an der Scheune mit einem Brett verschlossen war, hätte ich als schlechtes Omen werten können, aber ich sehe es jetzt erst. «Nee, die scheißen alles voll und durch die Uhlenluke kommen die Spatzen in die Scheune. Die fressen mir den Weizen weg», meint er abschließend im Wegdrehen und stapft zum Trecker. Die anderen drei Bauern, die ich am selben Tag besuche, sind freundlicher. Ich zeige ihnen den Schleiereulenkasten, den ich im Auto als Muster herumfahre. Und zwei von ihnen sind sofort dabei, ein dritter muss erst seinen Vater fragen. Und so werden dann zwei Wochen später die großen Kästen montiert. Einer direkt an der inneren Giebelwand hinter die «Uhlenluke» und einer frei auf einem Balken. Der eine hat den Vorteil, dass der Einflug in die Scheune nicht möglich ist, und der zweite Eulenkasten steht in einer Scheune, die als Unterstand für Trecker und Maschinen dient. Hier stören die Vögel nicht. Und siehe da: Beide Kästen wurden besetzt! Und bei meinen Kontrollbesuchen auf den Höfen lernte ich die Eulen und die Bauern etwas besser kennen. Ich lernte Schleiereulengewölle zu sammeln und auseinanderzupfriemeln. Ich lernte Mäuseschädel an der Zahnformel zu bestimmen und sie von den selteneren Spitzmausschädeln zu unterscheiden und fand auch manchen unverdaulichen Rest eines Kleinvogels – fast immer Spatzen – in den kleinen, aus Mäusehaaren gebildeten Gewöllewürsten. Diese unverdaulichen Reste der Nahrung speien die Eulen, wie viele andere Vögel auch, an ihren Ruheplätzen aus. Sie sind nicht nur Nachweise für das Eulenvorkommen an sich, sondern werden auch von Säugetierspezialisten genutzt, um ihre fast heimlichen und schwer zu beobachtenden, vierbeinigen Forschungsobjekte nachzuweisen.

Manchmal saß die schöne Schleiereule wie eine verwunschene Prinzessin auf dem Balken und schaute mich den Kopf drehend mit ihren großen schwarzen Augen an. Diese Augenblicke sind unvergesslich und auch sie fliegen zu sehen, ist ein besonderer Genuss – so leicht, schwerelos und elegant fliegt sie mit dem großen Kopf durch die Dämmerung der Scheune. Wer keinen Bauernhof kennt, in dem es noch Schleiereulen gibt, muss viel Glück haben, sie zu sehen. Manchmal gelingt es am Dorfrand beim Beobachten der Fledermäuse und bei der nächtlichen Kontrolle der Krötenwanderung oder bei nächtlichen Autofahrten, aber das sind dann nur Sekunden der Überraschung.

Die meisten Schleiereulen habe ich in Israel gesehen. In dem kleinen Land am Mittelmeer gibt es eine sehr gut organisierte und schlagkräftige Vogelschutzbewegung, die sich unter anderem der Schleiereulen angenommen hat. Das Nationale-Schleiereulen-Projekt, gegründet vom Agrarministerium in Verbindung mit den Biologen der «Tel Aviv University» reduziert mit der Förderung der Eulen den Einsatz von Rodentiziden – Gift gegen Nagetiere – in der Landwirtschaft. So wurden mehr als 5000 Nestboxen im Land aufgestellt. Ganz anders als bei uns stehen die weißen Kisten, im Format etwa so groß wie acht Schuhkartons, auf dünnen Masten direkt am Rande der Felder. Kaum ein Kibbuz, den ich besuchte, ohne Schleiereulen, die wir nachts schnarchen und kreischen hörten und mit Glück beim Gang in die Kantine durch das Laternenlicht fliegen sahen. Ach, wäre es doch bei uns auch so einfach!

Hier in Mitteleuropa ist die Schleiereule in weiten Teilen ein seltener Vogel. In ganz Deutschland wurde 2005 der Bestand auf 13 000 bis 18 000 Paare geschätzt. In der Schweiz vermutet man 200 bis 1000 Paare und in Österreich ist sie vom Aussterben bedroht. Genaue Zahlen fehlen, aber zu Beginn des Jahrhunderts lag der Gesamtbestand dort bei nur 50 Paaren. Schleiereulen besiedeln als bei uns strenge Kulturfolger strukturreiche Landschaften mit einem reichen Nagerbestand. Dabei werden die Niederungen bevorzugt. Fördern lassen sich Bestände durch das Anbieten von Nistgelegenheiten in Gebäuden – auch in halboffenen Unterständen wie Remisen kann die Schleiereule in Nistkästen brüten. Wichtig ist der Verzicht auf Ratten- und Mäusegift. Durch diese Rodentizide kommen viele Schleiereulen um.

Schleiereulen jagen im lautlosen Flug in der finsteren Nacht und verlassen sich weitgehend auf ihr Gehör. Die Orientierung der Schleiereulen ist neben den Federanpassungen für den lautlosen Flug ein weiteres Wunderwerk. Beim Beutefang sind die Augen der Eule geschlossen. Auch das Töten der Beute durch einen Biss in das Genick oder Erdolchen mit den Krallen geschieht mit geschlossenen Augen. Die akustische Orientierung der Schleiereulen basiert auf der leicht unterschiedlichen Anordnung der Gehörgänge. Das führt dazu, dass das rechte Ohr am besten nach rechts oben, das linke Ohr am besten nach links unten hören kann. Geräusche erreichen nie beide Ohren gleichzeitig. Je nachdem, wo sich die Schallquelle befindet, erreichen die Schallwellen zuerst das linke oder das rechte Ohr und erst – wenn auch nur Sekundenbruchteile später – das andere. Die Differenzen werden von der Schleiereule zur Orientierung ausgewertet. Und das analog und nicht digital seit Tausenden von Jahren …

Thomas Griesohn-Pflieger

Schwanzmeise – ausbalanciert

(Aegithalos caudatus)

Die äußersten Spitzen der Zweige, wo nur wenige Vögel nach Nahrung suchen können, sind die Futterplätze der Schwanzmeise. Ihr auffallend langer Schwanz, der ihr den Namen gegeben hat, dient ihr als Balancierstange und so ist sie dank dieser körperlichen Anpassung nahezu konkurrenzlos, sieht man von den winzigen Goldhähnchen ab, die allerdings Energie hineinstecken müssen, vor den Zweigspitzen rüttelnd die kleinen Beutetiere abzulesen.

Die Schwanzmeise ist zoologisch gesehen keine wirkliche Meise, sondern eben eine Schwanzmeise. Die Schwanzmeisen bilden eine eigene Familie innerhalb der großen Ordnung der Singvögel. Die «echten» Meisen bilden eine andere, der Kohl-, Blau- und Tannenmeise angehören, um drei der sechs mitteleuropäischen Meisenarten zu nennen.

Allen «Meisen» ist gemein, dass sie kleine, meist «süße» Vögel sind. Das gilt ganz besonders für die Schwanzmeise. Dem Kindchenschema, das sie so vortrefflich erfüllt, kann sich wohl niemand entziehen. Der kugelrunde Kopf mit den schwarzen Knopfaugen und der schwarze, kurze Schnabel in Kombination mit dem runden Körper erfüllt dieses von Konrad Lorenz beschriebene Erscheinungsbild. Diese Beschreibung gilt für alle der Unterarten, die durch die mitteleuropäischen Niederungswälder, Gärten und Parks turnen. Die Geschlechter lassen sich nicht erkennen, aber die Jungvögel haben ein eigenes Kleid, das sie im Verlauf des Sommers gegen das adulte Federkleid eintauschen. Bis dahin zeigen sie einen schwarzen Kopf mit weißer Stirn und lassen das Rotbraune der adulten Vögel vermissen.

Mich erinnern die Schwanzmeisen an die Mausvögel Afrikas. Diese klettern ähnlich geschickt wie unsere Schwanzmeisen durchs Geäst, sind aber sehr viel größer. Aber beide haben diese Balancierschwänze und ein ähnlich komplexes Sozialverhalten, und beide können – das hat mich überrascht – wie Papageien aus ihrer Hand fressen, während sie sich mit dem anderen Bein, möglicherweise kopfunter hängend, festhalten. Schwanzmeisen können kopfüber an der Unterseite eines Zweiges entlanghüpfen und sich sogar aus dieser Lage wieder nach oben drehen! Vergleichbar akrobatisch klettern auch die Mausvögel Afrikas, und wie die Schwanzmeisen sind auch sie nie alleine unterwegs, sondern in Großfamilien oder Trupps.

Einsteigende in die Vogelbeobachtung kann man beim Beobachten von Schwanzmeisen vor allem im Winterhalbjahr leicht verblüffen. Meist beginnt es damit, dass eine Schwanzmeise über den Weg fliegt und in der Krone eines Baumes landet. «Schwanzmeise!», so ertönt es, sobald sie entdeckt wird. «Ich wette, da kommen noch mehr, und zwar ungefähr zehn.» Und dann kommen noch mehr, eine nach der anderen fliegt im bogigen Flug, wie ein Federball über den Weg in den Baum. Wir hören ihren typischen Schwarmruf. Das dreisilbige «srie-srie-srie» ist weit zu hören und kündigt die Schwärme meist schon an. Fast immer habe ich mit meiner Prophezeiung recht und zwischen zehn und zwanzig Vögel haben schließlich den Weg gequert und turnen rastlos weiter. Schwanzmeisen sind immer in Bewegung. Selten nur sind sie zehn Minuten an einer Stelle. Das gilt auch für Vogelfütterungen in den Gärten. Bei der Suche nach Blattläusen und anderem Futter legen die kleinen Vögel kletternd und fliegend im Schnitt fünf Kilometer am Tag zurück.

Schwanzmeisen sind nicht selten, aber unregelmäßig an Futterstellen zu sehen. Hier interessieren sie allerdings nicht die Körner, die Meisen und Finken anziehen. Sie können mit Sonnenblumenkernen, Hirse, Weizen und Erdnüssen nur wenig anfangen, dafür sind ihre Schnäbel nicht geeignet. Es sind vor allem die Krümel, die von Meisenknödeln herunterfallen, die sie interessieren. Da kann es auch vorkommen, dass sich Schwanzmeisen an Meisenknödel hängen und das Fett zwischen den Kernen herauspicken. Oft suchen sie nach kleinsten Erdnussstückchen, die durch die Hacktätigkeit von Meisen oder das Zerquetschen der Kerne durch Finken entstehen. Auch hier sind die Schwanzmeisen nie alleine und wie es ihr Rhythmus gebietet, bleiben sie nicht lange, sondern ziehen nach wenigen Minuten, eine nach der anderen, wieder ab.

Die Gruppen bestehen aus einigen Familien und weiteren Vögeln, die sich anschließen. Diese Wintertrupps verteidigen ein größeres Revier gegenüber anderen Trupps. In frostigen Zeiten kuscheln sich die Schwanzmeisen zu flauschigen Knäueln zusammen und überstehen so die kalte Winternacht – übrigens im Freien, nicht etwa wie echte Meisen in Höhlen. Im Frühjahr zerfallen die Gruppen und Paare sondern sich ab.

Das Nest ist ebenso typisch wie ihr Verhalten. Es ist eiförmig, geschlossen, mit einem Einschlupfloch und wird in dichten Bäumen, auch Nadelgehölzen, und hohen Sträuchern angelegt. Die Besonderheit ist, dass die Schwanzmeisen sehr feines Material regelrecht verweben. Moos, Flechten, Tierhaare, Federn und Pflanzenwolle werden mit Spinnennetzfäden durchwoben. Das Gelege besteht aus acht bis zwölf weißen Eiern und wird 12 bis 14 Tage bebrütet. Die Jungvögel sind 14 bis 18 Tage nach dem Schlupf flügge. Und sie werden, wie bei den Mausvögeln, nicht nur von den Eltern gefüttert. Ob diese «Helfer am Nest» Verwandte sind oder zumindest aus dem gleichen Wintertrupp stammen wie die Eltern, ist noch nicht erforscht.

Thomas Griesohn-Pflieger

Bild rechts: unten Schwanzmeise, oben Haubenmeise

La Mésange à longue queue.

La Mésange huppée.

La Mésange à longue queue.

Schwarzkehlchen – der Wiesenschmatzer

(Saxicola rubicola)

Die Sonne steht hoch am Himmel. Der Schweiß läuft in den Nacken, die Zunge klebt am Gaumen. Außer den grünbraunen Sandlaufkäfern, die unermüdlich vor uns auffliegen, vorausrennen und wieder auffliegen, wenn sie eingeholt sind, ist kein Lebewesen zu hören oder zu sehen. Jetzt ist der Schatten der hohen Kiefern, die die schüttere Schonung mit den Jungpflanzen einrahmen, erreicht. Sogar eine Bank steht hier am sandigen Weg, auf dem das Wandern so mühsam ist. Pause! Da ertönt ein harter Laut in der Mittagsstille: «trt, trt – fied trt, trt … ». Den Rucksack abstellen und das Fernglas heben, ist eine gleitende Bewegung. Rundschau halten. Da, von links noch einmal hart und hölzern: «trt, trt – fied trt, trt … ». Auf der Spitze der Jungkiefer, über dem verstaubten Farn rechts am Weg sitzt ein kleiner Vogel mit großem, rundem Kopf.

So könnte sie beginnen, die Begegnung mit einem Schwarzkehlchen oder, wie es vor drei Generationen noch hieß, dem Schwarzkehligen Wiesenschmätzer – aber darauf kommen wir noch zurück. So könnte sie sich abspielen, die Begegnung, oder auch ganz anders und doch ähnlich. Denn nicht nur die staubigen Heiden sind der Lebensraum dieses mit den Schnäppern verwandten Kleinvogels, sondern auch die weiten Feuchtwiesenlandschaften Nordwestdeutschlands, bayerische Niedermoore, Auen am Oberrhein, Sturmwurfflächen in den Kiefernwäldern des Havellandes. Alle Lebensräume des Schwarzkehlchens haben gemein, dass sie übersichtlich sind und insektenfreundlich warm. Baumreihen ja, Wälder nein. Sitzwarten werden benötigt, denn der kleine, attraktive Vogel ist ein Ansitzjäger. Wie ein kleiner Würger steht er auf dem Koppelpfahl, der Spitze des Ginsterbusches, dem alten Rainfarnstiel oder der kleinen Kiefer und hält Ausschau. Es dauert meist nicht lange und er lässt sich nach unten fallen, macht ein, zwei Hüpfer und kehrt mit einer kleinen Beute auf seinen Ansitz zurück. Genau das macht er jetzt, der Schwarzkehlchenmann. Wir sehen seine sehr aufrechte Körperhaltung, die leicht hängenden Flügel. Da wir ihn im Gegenlicht nicht richtig genießen können, weil die Farben nur schlecht zu sehen sind, versuchen wir etwas mehr unter die Sonne zu kommen. Kaum sind wir zwei Meter gegangen, ist der Vogel zwanzig Meter geflogen, sitzt wieder auf einer kleinen Kiefer, wieder rechts am Weg. So geht das noch dreimal, bis der Vogel aufsteigt und einen Bogen beschreibend wieder zurückfliegt. Jetzt steht er in der Sonne auf einem Brombeerbogen. Ein schöner Vogel – nicht umsonst ein Publikumsliebling. So wie beim verwandten Braunkehlchen ist es nicht nur seine Schönheit, sondern auch sein offenes Verhalten, das die Beobachtergruppen häufig zu längerem Zuschauen verleitet. Die Wiesenschmätzer – neben den beiden «Kehlchen» zählen auch die Steinschmätzer dazu – sind, da wo sie vorkommen, leicht zu finden. Sie sind keine Heimlichtuer, lieben nicht nur die offene Landschaft, sondern lassen sich dort auch gut wegen ihres offenen Verhaltens beobachten, da sie auf den unbedingt nötigen Sitzwarten gut und lange zu studieren sind.

Schwarzkehlchen kommen viel früher, oft schon Ende Februar, aus dem Winterquartier zurück als die verwandten Braunkehlchen, mit denen sie ansonsten viel gemein haben. Noch im Oktober können wir sie beobachten. Das Braunkehlchen, das die feuchten Wiesen bewohnt, hat es weiter, als Langstreckenzieher fliegt es bis ins tropische Afrika.

Schwarzkehlchen waren dabei, zur Rarität zu werden. Aber die späten 1980er-Jahre brachten die Wende und die Bestände nahmen erfreulich zu. Rechnete man noch zu Beginn der 1980er-Jahre mit 1500 bis 2750 Brutpaaren in Deutschland, so lauten die Schätzungen für den jüngsten Erfassungszeitraum (2005–2010) auf 12 000 bis 21 000! Nicht nur die Bestände nahmen zu, auch eine enorme Arealausweitung nach Norden und Osten ist zu konstatieren, heißt es im Atlas Deutscher Brutvogelarten. Über die Gründe der erfreulichen Bestandszunahme gibt es keine gesicherten Erkenntnisse. Die Ausweitung nach Norden und Osten könnte für eine Reaktion auf den Klimawandel sprechen. Drei Schwerpunkte gibt es in Deutschland mit dem Nordwestdeutschen Tiefland, dem mittleren Westen mit Kölner Bucht und Teilen von Rheinland-Pfalz sowie Mitteldeutschland von Südhessen bis zur Leipziger Tieflandsbucht. Der Osten Deutschlands ist spärlicher besiedelt. In der Schweiz rechnet man im Voralpengebiet und in den Flusstälern mit 1500 bis 2000 Brutpaaren und in Österreich mit einem abnehmenden Bestand von 4500 bis 9000 Paaren.

Die Wiesenschmätzer sind allesamt sehr attraktive Vögel! Alle drei mitteleuropäischen Arten – Steinschmätzer, Braunkehlchen und Schwarzkehlchen – werden hier im Buch behandelt. Aber nur der Steinschmätzer führt den Schmätzer im Namen. Die Schmätzer sind mit den Schnäppern verwandt, die ähnlich wie sie von Ansitzwarten aus Insekten jagen. Allerdings machen das die Fliegenschnäpper in baumbestandenen Lebensräumen von Ästen aus und die ebenfalls verwandten Drosseln und Erdsänger schnappen ihre Nahrung auf Wiesen, im Schilf oder scharren im Laub. Woher kommt der Name Schmätzer? Man kann es sich vielleicht schon denken: Die Warnlaute der Wiesenschmätzer klingen schmatzend, so als wenn wir mit der Zunge schnalzen. Auf dieses Geräusch reagieren die Vögel oftmals mit Interesse, denn es ist ein Warnlaut, so wie es bei uns Menschen ein Laut der Missbilligung ist. Schnalzt uns also ein Wiesenschmätzer an, ziehen wir uns besser zurück. Wir stören ihn nämlich.

Thomas Griesohn-Pflieger

Le Traquet pâtre.
Automne (Mâle)

Le Traquet pâtre.
Printemps (Mâle - Femelle).

Schwarzmilan – eleganter Schmarotzer

(Milvus migrans)

Etwa 30 schwarze Pünktchen werden am Horizont sichtbar, sie kreisen an der marokkanischen Küste, schrauben sich im Aufwind langsam hoch. Schließlich wagen sie es: gemeinsam nehmen sie Kurs auf Spanien über das unruhige Wasser der Straße von Gibraltar. Bald muss man nicht mehr durch das Spektiv schauen, sie sind mit dem Fernglas gut sichtbar. Die Vögel gehen früh in den aktiven Ruderflug über, mit möglichst langen Gleitphasen, aber offenbar sind die Wetterverhältnisse heute nicht ideal für den Gleitflug. Während sie sich der spanischen Küste nähern, sinken sie immer weiter ab, rudern immer häufiger aktiv. Die Gruppe ist nun weit auseinandergezogen, ein Band von Zweier- und Dreiergruppen, aber sie halten geraden Kurs. Inzwischen sind sie so tief abgesunken, so nah über dem Wasser, dass wir mitfiebern. Wir können von der Steilküste bei Punta Canero auf sie hinabschauen und fürchten, dass sie es nicht schaffen. Landet ein Vogel im Wasser, ist er unrettbar verloren. Jetzt sieht man sie mit bloßem Auge. Wie so oft in den letzten Stunden können wir uns laute Ausrufe nicht verkneifen: «Los, ihr schafft das!» Und dann die Erleichterung: etwa 20 Meter vor der Küste bekommen sie wieder Wind unter die Flügel. Wir atmen auf und übertragen das Gefühl auf die Gruppe Schwarzmilane, die gerade einen der kräftezehrendsten Teile ihres Frühjahrszuges hinter sich gebracht haben – die Rückkehr auf das europäische Festland. Schaut man genau hin, sieht man ihnen die Anstrengung an, ihre Schnäbel sind weit geöffnet, die Zunge schaut heraus. Doch sobald sie die Thermik spüren, kreisen sie wieder, steigen unglaublich schnell an der Flanke der Berge hoch und überqueren sie, sind binnen weniger Minuten außer Sicht.

Die geselligen Schwarzmilane kommen hier in Gruppen an, steht man einige Stunden an der Küste, sind es Hunderte. Man glaubt sofort, dass sie die häufigsten Greifvögel der Welt sind. Fährt man hinter die Bergkette und schaut, wie sie hinüberkommen, muss man weitere sorgenvolle Momente überstehen. Hier wurden große Windparks angelegt und an einem Morgen kommen etwa 400 Schwarzmilane aus Richtung Küste und beginnen ausgerechnet auf der Höhe eines großen Windparks, dessen Rotoren sich schnell drehen, mit dem Aufstieg in der Thermik. Aus unserer Perspektive sieht es so aus, als ob sie jeden Moment mit den Rotorblättern kollidieren und tatsächlich werden hier an der Straße von Gibraltar die meisten Schlagopfer Europas gefunden, oft Gänsegeier, aber auch Milane, Zwergadler und Schlangenadler, deren Zugweg durch diese Kette von rotierenden Flügeln führt. Inzwischen werden viele Anlagen zur Zugzeit überwacht und ausgestellt, wenn große Vögel sich ihnen nähern.

Schwarzmilane sind Opportunisten bei der Nahrungssuche. Sie verschmähen weder Aas noch frische Beute, in Ländern mit offenen Mülldeponien können sich Tausende dort einfinden. Sie sind wendige Flieger und können sich steil nach unten fallen lassen, etwa um anderen Vögeln, auch Greifen, die wesentlich größer sind als sie selbst, die Nahrung zu entwenden. Sie nehmen die Beute oft im Flug auf, tote Fische, die auf dem Wasser schwimmen, oder lebende Fische nahe der Oberfläche. Käfer und Libellen werden im Flug erbeutet und aus den Fängen fliegend verzehrt. Die Klugheit, mit der sie sich Nahrungsquellen erschließen, und die generelle Anspruchslosigkeit haben sie so erfolgreich gemacht. Bei uns in Mitteleuropa brüten sie bevorzugt in Gewässernähe. Bei der Wahl des Neststandortes ist außerdem ein freier An- und Abflug wichtig. Der männliche Schwarzmilan trifft oft als Erster im Brutgebiet ein und beginnt gleich mit dem Nestbau. In das Nest hoch in einer Baumkrone verbaut er auch Müll, was den Jungvögeln manches Mal zum Verhängnis wird. Ist zu viel Plastik am Boden des Nestes verbaut, fließt das Wasser nicht ab und die Jungvögel können an Unterkühlung sterben. Oder sie verfangen sich in Plastikschnüren und erhängen sich oder gehen zugrunde, weil sie nicht mehr freikommen. Ein Problem, das auch bei vielen Seevögeln auftritt, die die Reste von Fischernetzen, die die Weltmeere verschmutzen, zum Nestbau verwenden.

Schwarzmilane sind elegante Flieger, suchen sie ihre Beute, fliegen sie 10 bis 20 Meter über dem Boden mit tiefen, ruhigen Flügelschlägen, ihren Schwanz setzen sie dabei wie der Rotmilan ein, er steuert mit drehenden Bewegungen den Flug. Beobachtet man den Greifvogelzug an der Straße von Gibraltar, fallen sie durch diese ruhige, gleichmäßige Flugweise auf und die Leichtigkeit, mit der sie die erste Thermik nutzen, die ihre Schwingen streift. Den ebenfalls in großer Zahl dort ziehenden Schlangenadlern dagegen sieht man die Anstrengung an, sie rudern langsam und mehr als einmal dachten wir, nun ist es soweit, der Adler gibt auf und lässt sich einfach fallen. Oft fehlten den Schlangenadlern die Kräfte, um den Aufwind optimal für sich zu nutzen und sie schraubten sich nur mit Mühe an der Steilküste und der spanischen Bergflanke hoch.

Sehe ich zu Hause einen Schwarzmilan, denke ich an den Vogelzug, daran, welche Anstrengungen Vögel auf sich nehmen, um die schwindenden Ressourcen dieser Welt zu nutzen. Und im Mitfiebern mit jedem einzelnen Vogel dort drückte sich die Hoffnung aus, dass sie uns erhalten bleiben, diese faszinierenden Geschöpfe.

Iris Lichtenberg

1938.
P. A. Robert.

Schwarzspecht – Sozialer Wohnungsbau im Wald

(Dryocopus martius)

Ein klarer, kalter Wintertag in einem lichten Waldstück, ich stehe noch am Beginn meiner Vogelbeobachter-«Karriere», als klagende Rufe mich aufschrecken lassen. Es klingt unheimlich: «kliääh – kliääh – kliääh». Laut und durchdringend, ich schaue nach oben, weil ich einen Greif vermute, einen Falken vielleicht, sehe aber nichts am klaren Winterhimmel. Jetzt kommt ein anderes Geräusch hinzu, ein Hacken und Reißen, das lässt sich besser verorten und kommt ganz aus der Nähe. Langsam gehe ich um eine große Eiche herum und sehe den Verursacher – ein Schwarzspecht reißt die Rinde von einem toten Baum auf der Suche nach Insekten und deren Larven, die sich dahinter verbergen. Zu übersehen ist er kaum, er ist etwa krähengroß und damit Europas größter Specht und auch weltweit gehört er zu den ganz Großen. Er arbeitet kraftvoll und konzentriert, macht dann aber kurz Pause und ruft: «kliääh – kliääh – kliääh!» Einem Specht hätte ich diese durchdringenden Rufe niemals zugeordnet, wieder etwas gelernt!

«Der kriegerische Eichenhämmerer» oder auch «Der Eichenhämmerer des Mars», so lässt sich sein wissenschaftlicher Name übersetzen. Den Römern galt er als heilig, als Vogel des Kriegsgottes Mars, den Förstern war er lange ein Dorn im Auge, weil er seine tiefen Höhlen am liebsten in die kräftigsten Rotbuchen zimmert und er damit als Schädling eingestuft und verfolgt wurde. Heute kennt man seine wichtige Rolle im Ökosystem des Waldes. Er betreibt nicht nur sozialen Wohnungsbau, sondern erschließt kleineren Vögeln mit weniger kräftigem Schnabel auch Nahrungsquellen, indem er Rinde ablöst und Löcher hämmert, um an baumlebende Insekten zu kommen. Was übrig bleibt, zu Boden fällt oder sich in den entstandenen Spalten neu ansiedelt, wird von Meisen und Baumläufern gerne geerntet. Der Schwarzspecht selbst verspeist neben Käferlarven bevorzugt baumbewohnende Ameisen. Wenn man Fichten sieht, die vom Stammanlauf hochgehend Löcher und in das Holz gehämmerte Spalten aufweisen, hat der Schwarzspecht dort die Nester von Rossameisen gesucht und sicher auch gefunden, denn seinen kraftvollen Schnabel nutzt er auch zum Auffinden von Fäulnisstellen in Stämmen, seien es Ameisennester in Fichten oder potenzielle Höhlenstandorte in Buchen. Er baut seine Höhlen nicht in gesunde Stämme. Wo er baut, sind bereits Schwachstellen vorhanden, auch wenn man es den Bäumen nicht ansieht. Eine Buche, die innen bereits Fäulnis aufweist, hat aber weiterhin hartes Splintholz und so betreibt der Schwarzspecht quasi Bauplanung, indem er in solchen Buchen sogenannte Initialhöhlen anlegt, kleine Höhlen, die es Pilzen erleichtern, das Innere des Baumes zu befallen und so das Holz weicher zu machen. Wenn man bedenkt, dass jeder Schwarzspecht in seinem Leben nur ein bis zwei Höhlen zimmert, legt er solche Initialhöhlen, die mehrere Jahre benötigen, um verwertbar zu sein, oft für nachfolgende Generationen an.

Hat er einmal eine Höhle gezimmert, benutzt er sie viele Jahre zur Aufzucht seiner Jungen. Immer wieder muss er auch in diesen Jahren seine Höhlen schon gegen andere Vögel wie Hohltauben und Raufußkäuze verteidigen. Warum sind seine Höhlen so beliebt? Er baut sie, wenn möglich, in zehn bis zwölf Metern Höhe an glatten Buchenstämmen, damit sind sie für Baummarder schwer zugänglich. Seine Höhlen sind bis zu 40 Zentimeter tief und damit haben Greife und Eulen, die gerne die Jungvögel aus dem Nest holen, keine Chance, ihre Beine sind zu kurz. Und seine Höhlen sind gut vor Nässe geschützt, sie haben oben eine Tropfkante und unten eine schräge Ablaufkante, und damit dieser Nässeschutz seine Funktion erfüllen kann, werden die Höhlen vom Schwarzspecht über Jahre gepflegt. Er entfernt den Wundkallus, den der Baum bildet, regelmäßig. Wer wollte nicht so wohnen? Fledermäuse, Bilche, Schellenten, Hohltauben, Meisen, verschiedene Eulen und viele mehr nutzen die Höhlen auch noch viele Jahre, nachdem die Spechte ausgezogen sind. Denn gerade die stämmigen Buchen, die der Schwarzspecht bevorzugt, können noch viele Jahre leben und bleiben stehen, da der schwarze Zimmermann immer ausreichend Wandstärke übrig lässt. Welche Baumhöhle von einem Schwarzspecht gezimmert wurde, kann man leicht erkennen, es sind die einzigen mit einem ovalen Eingang.

Mehrere Anpassungen erlauben ihm seine Zimmermannsarbeit im Wald: So ist sein kräftiger Schnabel nicht zu spitz, damit er nicht im Holz stecken bleibt. Um Kopfschmerzen beim Hämmern und Trommeln zu vermeiden, hat er einen eingebauten Stoßdämpfer, und wenn der Schnabel auf das Holz trifft, schließt sich die Nickhaut am Auge, um Schäden durch Holzsplitter zu vermeiden. Seine Schwanzfedern sind besonders kräftig, damit er sich mit dem Schwanz abstützen kann, wenn er mit seinen kraftvollen Füßen Stämme hinaufklettert oder eine Höhle zimmert. Von den vier Zehen sind zwei nach vorne und zwei nach hinten gerichtet, das gibt ihm guten Halt. Seine Zunge hat eine harte Spitze mit einem rückwärts gerichteten Haken, sodass er Insekten und Larven aus Spalten hervorziehen kann.

Eine nachhaltige Forstwirtschaft, die die alten Buchen als «Biotopbäume» stehen lässt und Totholz duldet, ist für seinen Bestandserhalt wichtig. Zum Glück stehen diese Bäume inzwischen weitgehend unter Schutz, sodass wir den größten unserer Spechte hoffentlich noch lange im Wald beobachten können.

Iris Lichtenberg

Le Pic noir.
Mâle - Femelle.

Seggenrohrsänger – Vielweiberei im Sumpf

(Acrocephalus paludicola)

Ich hatte bisher einfach Glück gehabt. Unverschämtes Glück, meinten sowohl Andreas als auch Matti und viele andere, die es bisher anders erlebt hatten. Aber diese Glückssträhne ging jetzt zu Ende. Und jetzt traf sie mich auch, die Mückenplage. In Finnland und in Norwegen nicht, nicht in Estland und nicht in der spanischen Coto Donana, aber jetzt hier in Belarus. Das ging mir durch den Sinn, als ich mit einer Gruppe Vogelbeobachter in den Sporovo-Sümpfen im Südwesten von Belarus (Weißrussland) bei einbrechender Dämmerung zwischen Pfützen und Seggenbulten stand. Warum tut man sich so was an? Gefühlte Milliarden von Stechmücken umschwärmten uns, sie stiegen wie Wolken bei jedem Schritt aus der Vegetation hoch, umkreisten die Gesichter, die Hände, stachen in Nacken, Ohrläppchen, Lippen – in alles, was in der Eile nicht bedeckt werden konnte. Warum tut man sich so was an?

Die Sporovo-Sümpfe sind eines von drei großen Niedermoorgebieten in Belarus, in denen der Seggenrohrsänger brütet. Unsere Partner vom belarussischen Naturschutz wollen uns hier singende Seggenrohrsänger zeigen. Eine Vogelart, die für die meisten von uns neu ist. Denn der Seggenrohrsänger ist so selten, dass er die einzige global gefährdete Singvogelart auf dem europäischen Festland ist. Vielleicht 11 000 singende Seggenrohrsänger lassen ihr knarrendes kleines Liedchen durch mückenverseuchte Sümpfe und Niedermoore erschallen. Nur noch im Nordosten Polens, in Belarus sowie in kleineren Vorkommen in Litauen und in der Ukraine kommt der an den Schilfrohrsänger erinnernde Rohrsänger vor. In Deutschland ist er vor wenigen Jahren aus dem letzten Brutgebiet im Odertal als Brutvogel verschwunden und lässt sich nur noch auf dem Durchzug erleben, und dazu gehört entweder glücklicher Zufall oder eine große Vogelfanganlage, wie sie Vogelwarten betreiben.

Und wir haben das Glück, dass wir am Rande eines seiner letzten großen Lebensräume in Belarus etwa 200 Meter entfernt drei oder vier singende Sänger dieser seltenen Vogelart sehen dürfen. Dafür tut man sich das an!

Der Seggenrohrsänger, der sich vom Schilfrohrsänger durch einen Scheitelstreifen unterscheidet, ist kein beeindruckender Sänger oder besonders bunter Vogel. Wäre er nicht so selten, wäre seine Beobachtung sicher viel weniger begehrt und nur wenige würden für seinen Anblick in Kauf nehmen, noch nach Tagen mit roten Pickeln im Gesicht durch die Welt zu gehen. Aber neben seiner Seltenheit ist er für Ornithologen – das sind die Wissenschaftler unter den Vogelbeobachtern – wegen seiner Brutbiologie, Lebensraumansprüche, seines Zugverhaltens und seines bis vor wenigen Jahren nicht bekannten Winterquartiers ein sehr interessanter Vogel. Spezialisiert hat sich der kleine Rohrsänger auf sehr nasse, niedrigwüchsige Seggenmoore. Diese sauren Wiesen waren früher nicht selten und der Seggenrohrsänger auch nicht. Heute lassen sich nasse Flächen mit riesigen Maschinen entwässern und bewirtschaften. Viele Tausend Quadratkilometer sind so in Agrarsteppe umgewandelt worden und in der kurzen Zeit von etwa 100 Jahren verschwand der Seggenrohrsänger aus der Landschaft. Dass er heute noch von Belarus durch Deutschland, die Niederlande, Frankreich und Spanien nach Afrika zieht, ist ein sicheres Zeichen dafür, dass er seinem alten (nacheiszeitlichen) Ausbreitungsweg folgt. Aus seinen Stammgebieten im Westen ist er verschwunden und nur am östlichen Rand seines früher großen Verbreitungsgebietes ist er noch zu finden.

Seggenrohrsänger sind polygyn, das bedeutet, dass sich ein Rohrsängermann mit mehreren Vogelfrauen paart, die andererseits mit mehreren männlichen Rohrsängern kopulieren. Dieses Paarungssystem ist nur dort erfolgreich, wo es ein einzelner Vogel schafft, eine Brut alleine aufzuziehen. Das ist beim Seggenrohrsänger der Fall, denn für die Aufzucht der Kinder sorgt alleine der weibliche Vogel. Weil in den Seggenwiesen größere Beute gemacht werden kann, kann es sich diese Art «erlauben», auf die Mitwirkung der männlichen Vögel zu verzichten.

Im Herbst ziehen Seggenrohrsänger meist auf einem zunächst nordwestlichen, küstennahen Weg in ihr 6000 bis 7000 Kilometer entferntes afrikanisches Überwinterungsgebiet. Seine Lage war lange nicht bekannt. Da man aber annahm, dass die anhaltenden Bestandsabnahmen möglicherweise mit der Situation im Winter zu haben könnten, unternahm man große Anstrengungen herauszufinden, wo die kleinen Vögel den Winter verbringen. Martin Flade, einem deutschen Ornithologen und Naturschutzfachmann, gelang es 2007 schließlich nach jahrelanger Recherche und dann tagelangem Suchen im Delta des Senegals die unauffälligen Vögel zu entdecken. Heute kümmert sich ein internationales Expertengremium, das «Aquatic Warbler Conservation Team», um den Schutz der kleinen Rohrsänger. In den osteuropäischen Brutgebieten klappt das wohl ganz gut. Aber ob er jemals wieder in Deutschland Fuß fassen wird, ist ungewiss.

Es könnte aber für den Seggenrohrsänger so starten, wie seine Erforschung durch den deutschen Arzt und Ornithologen Karl Schulze-Hagen begann, nämlich mit dem Import von Jungvögeln aus dem Osten. Er holte in den 1980er-Jahren aus Polen junge Rohrsänger nach Deutschland und baute ihnen im Keller einen Lebensraum, um sie zu erforschen.

Ohne diese Pionierarbeit wüssten wir nichts über den seltenen Vogel und ich hätte nicht in Belarus meinen ersten großen Mückenüberfall erlebt.

Thomas Griesohn-Pflieger

La Calamodyte aquatique. 8

La Calamodyte aquatique. 3

Singdrossel – Rapper im Wald

(Turdus philomelos)

Ich habe kein musikalisches Gehör und war nie besonders gut darin, Vögel am Gesang zu erkennen. Jeden einzelnen Vogelgesang muss ich mir mühsam erarbeiten und jedes Frühjahr habe ich einen Teil wieder vergessen. So arbeite ich mich langsam voran und freue mich über jeden weiteren Vogel, dessen Gesang ich auf Anhieb zuordnen kann. Die Mühe lohnt sich, denn es erschließt sich eine ganz neue Welt, wenn man die akustischen Signale um sich herum deuten kann. Plötzlich gibt es so viel mehr Leben, so viel mehr Informationen über die Vielfalt eines Lebensraumes und seinen Wandel im Laufe des Jahres. Erkennt man den Ärgernisruf einer Krähe, sucht man nach dem Greif, der sie verärgert. Erkennt man den Gesang einer Nachtigall, weiß man, dass sie da ist, auch wenn sie sich sehr selten blicken lässt.

Es gibt einen Vogel, der es mir leicht gemacht hat, sein Gesang gehörte zu den ersten, die ich sicher zuordnen konnte: die Singdrossel. Trotz seines Variantenreichtums ist die rhythmische, drängende Art, mit der sie ihre klaren Motive immer ein- bis fünfmal wiederholt, unverkennbar. Drosseln sind große Sänger, wie wir schon bei der Amsel (S. 10) gesehen haben, doch wenn die Amsel vor allem ein Komponist weicher, gelassener Flötenstücke ist, ist die Singdrossel der Rapper unter den Drosseln. Sie beherrscht mehr Phrasen und Elemente als jede andere Drossel der Westpaläarktis, bis zu 219 wurden gezählt, reiht diese aber scheinbar wahllos aneinander und die einzige Konstante ist die rhythmische Wiederholung. Robert Browning unterstellte in seinem Gedicht «Home Thoughts From Abroad» der Singdrossel, dass sie ihre Strophen wiederholt, um uns zu zeigen, dass sie jederzeit imstande ist, «die sorglose Verzückung» der ersten Strophe erneut zu entfesseln. In ihren Gesang baut die Singdrossel viele Imitationen ein und Oskar Heinroth, ein bekannter deutscher Zoologe, stellte bei seinen Käfigvögeln fest, dass die Jungvögel in der Lage sind, Umgebungsgeräusche zu imitieren, bevor sie den arteigenen Gesang erlernen. «Wuti witt – wuti witt – wuti witt» – die Teilnehmerin einer Reise sagte einmal zu mir: «Immer, wenn ich eine Singdrossel höre, muss ich an meine Freundin Judith denken.» Dies sind die Eselsbrücken, die uns beim Erlernen von Vogelgesängen helfen. Obwohl ich den Gesang der Singdrossel zu dem Zeitpunkt schon kannte, muss auch ich nun immer an Judith, unbekannterweise, denken, wenn die Singdrossel ihr Lied beginnt.

Neben ihrem Gesang unterscheidet die Singdrossel noch etwas von den anderen Drosseln und den meisten Singvögeln: der Nestbau. Sie kleidet den Boden ihres Nestes mit Holzmulm aus, den sie zerkaut und mit Speichel durchtränkt, mit Erde oder Lehm vermischt und aushärten lässt. Noch weiß man nicht sicher, wozu das dient, aber man vermutet, dass so die Vermehrung von blutsaugenden Parasiten im Nest erschwert wird. Nestparasiten können zu einer ernsten Gefahr für bereits geschwächte Nestlinge werden und in der Vogelwelt gibt es viele Methoden, ihre Vermehrung zu verhindern, vom Eintragen frischer Kräuter bis zum Sammeln von Zigarettenkippen.

Die Singdrossel ist ein Waldvogel, kommt aber auch zunehmend in Parks, Gärten und auf Friedhöfe, wo sie aber ihre Scheu selten ablegt. Sie bevorzugt unterholzreiche Wälder mit angrenzendem Offenland und sucht ihre Nahrung am Boden, entweder im schattigen Unterholz und in altem Laub, aber auch auf Wiesen, wenn Deckung in der Nähe ist. Regenwürmer, Insekten, Käfer und andere Wirbellose zählen zu ihrer Nahrung, zusätzlich Beeren und Früchte. Um auch in schlechten Insektenjahren gut über die Runden zu kommen, hat sie sich darüber hinaus auf Gehäuseschnecken spezialisiert. Sie ist die einzige Drossel, die das Knacken des Schneckengehäuses an einem Stein oder einer Glasflasche und anderen harten Gegenständen beherrscht. Sie nimmt das Schneckengehäuse an der Mündung in den Schnabel und schlägt es mit einer schwungvollen Bewegung des Kopfes auf einen Stein, meist mit der Schalenspitze. Das kann sie weit über 100 Male wiederholen, bis die Schale an der Spitze zertrümmert ist. Dann hat die Schnecke im Gehäuse keinen Halt mehr, denn dort sitzt ihr Rückholmuskel. Hat die Singdrossel einen guten Amboss für diese Tätigkeit gefunden, kehrt sie oft dahin zurück und es sammeln sich nach und nach Schneckengehäuse an dieser Stelle, der sogenannten Drosselschmiede.

Im Winter ist die Singdrossel weniger gesellig als ihre Verwandten. Sie weicht den Trupps von Wacholder- oder Misteldrosseln aus und bildet selbst keine Trupps. Überwintert sie bei uns und hat eine gute Nahrungsquelle gefunden, etwa einen Strauch mit Beeren, verteidigt sie diesen erbittert, fast vehementer als ihr Revier zur Brutzeit. Sie verteidigt ein Nahrungsrevier nicht nur gegen andere Singdrosseln, sondern auch gegen Amseln und Wacholderdrosseln, was ungewöhnlich ist, weil die Singdrossel aufgrund ihrer geringen Größe eher am unteren Ende der Drosselhierarchie steht. Doch wenn es darum geht, den Winter zu überleben, kann ein Vogel nicht zimperlich sein und muss manchmal erhöhte Risiken bei der Nahrungsbeschaffung eingehen. Das schafft die Singdrossel ganz gut und so ist ihr Bestand bei uns nicht gefährdet und wir werden auch im nächsten Jahr beim Waldspaziergang den kunstvollen Rap der kleinen Drossel hören.

Iris Lichtenberg

La Grive musicienne.

Sperber – hartnäckiger Jäger

(Accipiter nisus)

Ich hatte zwei sehr beeindruckende Begegnungen mit Sperbern, beide im Winter. Bei der ersten war ich auf einem schmalen Pfad auf Ummanz unterwegs, Richtung Küste, und hatte gerade einen kleinen Kiefernwald hinter mir gelassen, als ich aus den Augenwinkeln rechts etwas auf mich zukommen sah. Es war ein männlicher Sperber, der fast auf Augenhöhe noch etwa 20 Meter entfernt auf mich zuschoss, vor ihm sah ich jetzt auch den flüchtenden Haussperling. Der Haussperling ließ sich in ein dichtes Gebüsch direkt vor mir fallen, der Sperber schien mich noch nicht bemerkt zu haben. Ich war gerade im Begriff, mich zu bücken, um ihm auszuweichen, als er eine scharfe Kehrtwende flog und im Kiefernwäldchen verschwand. Sperber sind aufgrund ihrer runden, kurzen Flügel extrem wendig und schnell, sie konzentrieren sich bei der Jagd so intensiv auf ihre ebenfalls wendige Beute, in erster Linie Singvögel, dass sie schon einmal vor Fensterscheiben fliegen oder in Gebäude hinein.

Meine zweite intensive Begegnung, diesmal mit einer prachtvollen, großen Sperberfrau, war in meinem Garten. Im Winter verlassen Sperber oft den Wald und kommen in die Dörfer und Vororte, weil wir ihnen dort den Tisch bereiten. Meine Vogelfutterstelle wird jedes Jahr zum Jagdrevier von Sperbern. Es war ein sehr kalter Tag mit Schneeregen, ich hatte mich gerade mit etwas anderem beschäftigt, als ich einen dumpfen Schlag hörte. Mir war klar, dass ein Vogel gegen die Scheibe geflogen sein musste und ich ging nachschauen. Ein Star (S. 154) lag vor der Terrassentür, als ich ihn ansah, begann er zu meiner Erleichterung gerade, sich zu bewegen. Während ich ihn noch anschaute, um zu sehen, ob er sich wirklich wieder aufrappeln würde oder ob ich ihn in den Schutz eines Busches legen sollte, kam plötzlich wie aus dem Nichts ein Sperber, schlug seine Krallen in den Star, verharrte kurz und sah mich an: nur durch die Scheibe getrennt, direkt vor mir ein frei lebender, prächtiger Greif! Dann flog die Sperberfrau mit einem gekonnten Rückwärtsschwung auf, den Star fest in den Fängen, und verschwand.

Dass wir den Sperber heute wieder regelmäßig sehen können, ist nicht selbstverständlich. Er wurde viele Jahre intensiv bejagt, weil er aufgrund seiner bevorzugten Beute bei den Menschen nicht beliebt war. Dass er vor allem Kleinvögel erbeutet, wurde ihm zusätzlich zum Verhängnis, weil er mit seiner Beute sehr viel DDT aufnahm und damit sein Bruterfolg durch zerbrechende Eier immer geringer wurde. Seit den 1970er-Jahren steht er wie die meisten Greife unter Schutz und das DDT ist zu einem großen Teil aus dem Naturkreislauf verschwunden. Die Bestände haben sich so gut erholt, dass schon Stimmen laut werden, die befürchten, dass es zu viele werden und die Singvogelbestände dadurch gefährdet sind. Wir sollten aber nie vergessen, dass der Bestand von Jägern vor allem durch ihre Beute reguliert wird, nicht umgekehrt. Es wird immer sehr viel weniger Jäger geben als Gejagte. Man schätzt, dass nur fünf bis zehn Prozent der Angriffe eines Sperbers erfolgreich sind, meist geht er leer aus, eine Erfolgsquote, die ich auch in meinem Garten beobachte.

Viele Ornithologen beschäftigen sich noch heute mit dem Größenunterschied der Geschlechter beim Sperber, dem Geschlechtsdimorphismus. Er ist bei keinem Greif so stark ausgeprägt wie beim Sperber. Der weibliche Sperber ist etwa ein Drittel größer als der männliche Sperber, den man darum auch Terzel nennt. Beim Sperber führt dies zu einer klaren Dominanz der Sperberfrau, die Vögel bis zu Taubengröße schlagen kann, womit ihr Partner eigentlich in ihr Beuteschema passt. Ob er deshalb immer etwas Abstand hält? Die Aufgaben der Geschlechter während der Paarungszeit sind klar getrennt: sie brütet, bewacht und hudert auch die Jungen, er schafft die Nahrung herbei, und das bereits bis zu zwei Wochen vor der Eiablage. Die Sperberfrau übernimmt die Beute im Flug und zerteilt sie für die Nestlinge. Fällt der weibliche Sperber aus, verhungern die Jungen, wenn sie noch nicht in der Lage sind, die Beute selbst zu zerkleinern, da der männliche Sperber zwar Nahrung bringt, die Jungen aber nicht aktiv füttert.

Ist die Sperberfrau vielleicht größer, weil sie so die Nestlinge und Eier besser wärmen kann? Oder weil sie das Nest besser verteidigen kann, auch wenn sie aufgrund der Mauser ihrer Schwingen während der Brutphase nur eingeschränkt flugfähig ist? Wird so Nahrungskonkurrenz vermieden? Denn der männliche Sperber schlägt Vögel bis zu Finkengröße, der weibliche ab Drosselgröße bis Taubengröße. Oder ist der kleine Sperbermann einfach besser für die agile Jagd im Wald geeignet, sodass es ihm leichter fällt, die Nestlinge und die brütende Partnerin mit Nahrung zu versorgen? Es gibt viele Theorien, aber keine sicheren Erkenntnisse.

Fest steht, der Sperber ist ein hochspezialisierter, faszinierender Jäger und wenn Ihre Vogelfutterstelle im Winter einen Sperber anlockt, nutzen Sie die Chance der nahen Beobachtung. Er gibt nicht auf, auch wenn sein erster Versuch fehlschlägt und alle Vögel durch die lauten Alarmrufe, vor allem der Meisen, gewarnt sind. Er wird regungslos verharren und auf den ersten unvorsichtigen Vogel warten. Gönnen Sie ihm seinen Anteil an dem, was die Natur ihm als Nahrung zugedacht hat!

Iris Lichtenberg

1938.
P. A. Robert.

Star – geschäftig, geschwätzig

(Sturnus vulgaris)

Auf dem Dachboden kann ich nur gebückt stehen. Ich setze den Nistkasten vor dem Giebelfenster ab, steige die knarrende Dachbodenleiter wieder runter und dann – mit Bohrmaschine, Dübel und Schraubhaken ausgerüstet – wieder hoch. Der schwierigste Teil der Übung kommt aber jetzt erst: Durch das kleine Dachfenster strecke ich den Arm mit der Hand, die die Bohrmaschine hält, so weit nach draußen, wie es geht, und beuge den Arm, um dann von außen ein Loch in die Hauswand zu bohren. Das geht erstaunlich gut. Nach einigen Flüchen und kurzen Pausen ist das Loch gebohrt. Jetzt den Dübel in das Bohrloch stecken und den Schraubhaken hereinschrauben. Es wird nochmal schwierig, als ich mit einer Hand den selbst gezimmerten Starenkasten durch das Fenster schiebe, und ich brauche zwei Anläufe, bis der Haltebügel über dem Haken an der Wand schabt und ich den Kasten sinken lassen kann. Er hängt!

Ich weiß noch gut, wie stolz ich war, als drei Wochen später, Mitte April, auf dem Giebel über dem Kasten ein Star sang. Und wie er sang! Die Kehlfedern gespreizt, rasselte und quietschte, fauchte und quäkte er, dass es mich glücklich machte. Dann hat er auch noch singend mit den Flügeln geschlagen! Er gab alles, um den Kasten, den er entdeckt hatte, einer Starenfrau anzudienen und möglichst vielfacher Vater zu werden.

Der Gesang der Stare hat es in sich! Der große Vogelkenner Richard Gerlach hat ihn beschrieben, wie ich es besser nicht könnte: «Gleich schnurrt und klappert es … es schnattert und zischt, es pfeift und spottet; es bläst weich und schwellend wie die Klarinette, es leiert und quäkt, ein strömend ungebändigtes Stimmengewirr.» Wer wie ich einem singenden Star länger zuhört und auch die Laute anderer Vögel kennt, kommt erst recht auf seine Kosten. Ich höre gackernde Hühner, einen Pirol, einen Autoalarm, Kohlmeisen-pinke-pinke, eine Hupe, Maschinengeräusche, die ich nicht deuten kann, eine Möwe, ein Blässhuhn … Stare singen fast das ganze Jahr über. Wenn man einen ruhenden Starenschwarm sieht, hört man ihn auch meist. Es klingt, als unterhielten sie sich – und wahrscheinlich tun sie das auch.

Mitte Mai erlebte ich einmal zufällig früh am Morgen das Ausfliegen der Jungstare. Und entgegen meiner Vorstellung von solch einem für das Vogelleben bedeutenden Akt, zwängten sie sich völlig unaufgeregt durch das Flugloch des Nistkastens, ein Elternstar stand derweil etwas nervös auf dem Giebel und lockte. Dann ließen sie sich aus dem Kasten fallen, fingen sich schon nach weniger als einem Meter, als hätten sie es Dutzende Male geübt, und flogen einfach davon. Richtung Nordost, bis ich sie nicht mehr sehen konnte. Einfach so. Und der Elternstar flog mit, während ein anderer auf dem Giebel des Nachbarhauses offensichtlich auf die Nachzügler wartete.

Starenkästen gibt es schon lange. Es hat eine lange Tradition, dass Menschen Stare an ihrem Wohnort ansiedeln. Und es hatte auch eine lange Tradition, dass die ersten beiden Bruten kurz vor dem Ausfliegen ausgenommen wurden und auf dem Teller landeten. Die dritte Brut ließ man fliegen. Daran denkt man kaum, wenn man die manchmal liebevoll angemalten oder mit Holzbastelei verzierten Starenkästen in den Gärten mancher Dörfer sieht. Aber es gehört zur Geschichte der Beziehung von Menschen und Staren dazu. Genauso wie das millionenfache Töten der Stare mit Dynamit, mit dem ihre von Abertausenden Vögeln besetzten Schlafplätze in die Luft gejagt wurden. Oder die Gifte, mit denen Landwirte versuchten, die Bestände erträglicher zu halten. Diese Stare wurden dann nicht gegessen, sondern sie starben als Konkurrenten um die Weinbeerenlese und die Obsternte. Allerdings waren das nur Nadelstiche für das große Volk der Stare. Erst der Strukturwandel der Landwirtschaft vor nicht ganz 100 Jahren leitete den dramatischen Schwund nicht nur der Starenbestände, sondern auch vieler anderer Vogelarten, die in diesem Buch beschrieben werden, ein. In der Stadt, in der ich «stolz wie Oskar» einen Star an unserem Hausgiebel ansiedeln konnte, sehe ich zur Brutzeit keine Stare mehr. Sie sind weg. Der Star steht auf der Roten Liste als «gefährdet».

Sicher, zur Zugzeit sehe ich in meiner Heimatstadt noch kleine Starenschwärme. Aber das ist kein Vergleich zu den großen Schlafplatzflügen der Vergangenheit. Zehn- oder Hunderttausende Vögel rauschten in großen Schwärmen durch das Ruhrtal. Ein bekannter Schlafplatz lag in einem Autobahnkreuz, wo die Stare niemand stören konnte, wenn sie im Ohr einer Abfahrt in die noch jungen Bäume einfielen. Einfielen und wieder hochstiegen, fantastische Flugfiguren formten und wieder schwatzend und rauschend niedergingen.

Im Internet findet man Videos aus Rom, die Starenschwärme zeigen, die sich beim Angriff eines Greifvogels zusammenballen, hochsteigen oder sich fallenlassen. Ballett am Himmel – für die Stare allerdings aufregend und gefährlich. In Rom übernachten Starenschwärme, die über Hunderttausende Exemplare zählen. Insgesamt sollen es vier Millionen sein, die dort der Stadtreinigung große Probleme bereiten und Autowaschanlagen zu einem winterlichen Umsatzhoch verhelfen. Auch das gehört zur Geschichte dazu. Und auch, dass sie ganz Nordamerika erobert haben und überall vorkommen, wo weiße Kolonisatoren sie als Andenken an die Heimat mitgebracht haben. Stare gelten als eine der zahlreichsten Vogelarten der Welt. Aber in meiner Heimat vermisse ich sie.

Thomas Griesohn-Pflieger

L'Étourneau.

Steinkauz – die nächtliche Athene

(Athene noctua)

Eulen zu finden, ist für Vogelbeobachter immer eine Herausforderung. Die große Mehrzahl ist nacht- oder dämmerungsaktiv, hält sich tagsüber in Baumhöhlen auf oder schmiegt sich mit ihrem Tarnkleid nahezu unsichtbar an Stämme oder dichte Bodenvegetation. Nicht so der Steinkauz. Entgegen seinem wissenschaftlichen Namen liebt er es, sich tagsüber auf exponierter Warte zu sonnen. Dann sitzt er mit in den Nacken zurückgelegtem Kopf, die unteren Augenlider leicht nach oben geschoben, der Sonne zugewandt und lässt sich so leicht nicht stören.

Ich habe meinen ersten Steinkauz am Rande einer Viehweide gesehen. Ich war mit einer Gruppe Vogelbeobachter unterwegs und während die anderen zum nahe gelegenen Café eilten, hatte ich Brutröhren für Steinkäuze und einige alte, ausgehöhlte Bäume bemerkt. Ich suchte sie systematisch ab, in der Hoffnung, nun endlich einen Steinkauz zu Gesicht zu bekommen. Und tatsächlich saß er dort, in einer tiefen Höhle im Stamm eines Baumes, etwa 75 Meter entfernt, wahrscheinlich sein Tageseinstand. Von Zeit zu Zeit zog er sich etwas in die Höhle zurück, blinzelte dann aber gleich wieder heraus. Selbst als schließlich zwölf Vogelbeobachter begeistert ihre großen Objektive auf ihn richteten, tauchte er nur gelegentlich in seinem eigenen Rhythmus in die Höhle ab, nahm aber ansonsten keine Notiz von uns. Als ich ein Jahr später den gleichen Weg ging und nach dem Steinkauz suchte, war die alte Kopfweide umgefallen.

Wie bei allen Eulen ranken sich um den Steinkauz viele Legenden. So lockt er in nahezu ganz Europa angeblich die Kranken mit seinem Ruf «Komm mit» in den Tod. Ganz anders sahen ihn die Griechen der Antike, die den Vogel als Begleiter der Göttin Athene verehrten und ihn gemeinsam mit der Göttin der Weisheit auf ihren Münzen abbildeten. Und so musste man nicht nur deshalb keine Eulen nach Athen tragen, weil die Stadt bereits reich war, sondern auch, weil die Verehrung des Steinkauzes ihm dort ein sicheres Zuhause bot und er sich gut vermehrte.

Ein Symbol der Weisheit also! Wie lässt sich das damit vereinen, dass selbst seriöse Literatur, wie das «Handbuch der Vögel Mitteleuropas», beschreibt, dass der Steinkauz sich beim Herausziehen eines Regenwurmes oft weit nach hinten neigt, dabei auch zur Unterstützung mit den Flügeln schlägt und schließlich auf den Rücken fällt, wenn der Wurm plötzlich nachgibt? Nun ja, Athene war auch die Göttin des Kampfes und diesem Ruf wird der Steinkauz sicher gerecht, wenn er, wie auch beobachtet, sich fest in eine große Beute, wie Ratte oder Feldhamster, verkrallt und mit ihr über den Boden kugelt ohne loszulassen, bis die Beute geschwächt aufgibt.

Regenwürmer sind eine wichtige Nahrungsgrundlage für den Steinkauz. Er erbeutet auch andere Vögel, kleine Säuger stehen dagegen eher selten auf seinem Speiseplan. Er bevorzugt Großinsekten, die er auf Viehweiden mit lichtem Baumbestand findet. Weidevieh hält zum einen die Vegetation niedrig, zum anderen jagt es beim langsamen Grasen Insekten auf und der Kot der Rinder, Pferde und Schafe lockt Mistkäfer an. Davon profitiert der Steinkauz ebenso wie einige andere Vögel, zum Beispiel Stare. Er läuft auch häufiger als andere Eulen seiner Beute am Boden hinterher und ist dabei überraschend flink.

Aber, zugegeben, immer, wenn ich ein Steinkauz-Revier aufsuche, hoffe ich zu sehen, wie ein Regenwurm die kleine Eule aus dem Gleichgewicht bringt. Oder vielleicht, was auch schon beobachtet wurde, wie er einer Amsel (S. 10), die ja Spezialist im Regenwurmjagen ist, den erbeuteten Wurm abnimmt. Steinkäuze sind das ganze Jahr über ortstreu und so kann man sie immer wieder aufsuchen, wenn man ein Revier entdeckt hat. Da ein Steinkauz-Paar viele Jahre zusammenbleibt, hat man auch außerhalb der Brutzeit sogar gute Chancen, gleich zwei zu sehen. Mit Glück kann man sie bei der gegenseitigen Gefiederpflege beobachten. Bei der Balz singen die Partner gemeinsam ein Duett aus Reviergesang, Beschwichtigungs- und Bettelrufen. Während der Brutzeit kümmert die Steinkauzfrau sich in der Bruthöhle um Eier und Nachwuchs und zeigt sich nur selten, während der Steinkauzmann dabei beobachtet werden kann, wie er die Nahrung herbeischafft. Er legt Depots an, wenn er mehr erbeutet, als benötigt wird. Die Bruthöhle wird in dieser Zeit von der Steinkauzfrau energisch verteidigt, auch ihr Partner darf nur zur Futterübergabe einfliegen, er übernachtet in der Nähe.

Ein wenig rühmliches Kapitel ist der Einsatz des Steinkauzes zur Jagd auf Kleinvögel. Man nutzte dabei aus, dass Vögel den Steinkauz, wie alle Eulen, nicht nur durch Alarmrufe anzeigen, sondern ihn manchmal auch gemeinschaftlich angreifen oder sich ihm zumindest immer wieder nähern, um ihn herumfliegen, sich in seiner Nähe unter Alarmrufen niederlassen. Dazu hat man den Kauz auf einen Ast in einen Baum gesetzt und die umliegenden Äste mit Leim bestrichen. Nähern sich die Kleinvögel nun, bleiben sie an dem Leim hängen. Ich bin nicht sicher, ob speziell die Jagd mit dem Steinkauz noch immer üblich ist, Lockvögel werden aber immer noch eingesetzt, wenn die Vögel auf dem Zug in die Wintergebiete in den Mittelmeerländern und Nordafrika Rast machen.

Iris Lichtenberg

l: Raufußkauz, r: Steinkauz

1938.
P. A. Robert

Steinschmätzer – knicksender Rekordvogel

(Oenanthe oenanthe)

Wir haben das noch immer schneereiche Fjäll durchquert, wo Ohrenlerchen und Spornammern auf die Schneeschmelze warten, und sind an der nordöstlichen Küste Norwegens angekommen. Hier liegt kein Schnee mehr, auf der eiskalten Barentsee schwimmen Gryllteisten und Tordalke und auf einem etwas in die See ragenden, steinigen, scheinbar unwirtlichen Küstenstreifen hören wir sie: Steinschmätzer. Schließlich sehen wir sie auch, erstaunt, wie gut die eigentlich auffällig gefärbten Vögel hier getarnt sind. Tatsächlich war ich auf dem Hinweg zur Spitze der kleinen Halbinsel sogar achtlos an ihnen vorbeigegangen. Doch nun sie sind unverkennbar, sie knicksen und wippen, fliegen kurze Strecken knapp über dem Boden, landen auf einer kleinen Warte, einem Stein vielleicht, knicksen und wippen, halten Ausschau nach Beute. Die sie dann im Flug nach Schnäpperart oder auch auf dem Boden erbeuten. Bei der Streifsuche im niedrigen Flug oder zu Fuß picken sie vom Boden auf, was ihnen ins Auge fällt. Scheu sind sie nicht, sie setzen sich auf Steine, nur zehn Meter von uns entfernt, und halten nach Käfern oder anderen Wirbellosen Ausschau.

Die Steinschmätzer beginnen hier im hohen Norden schon ihr Brutgeschäft, während das Binnenland noch unter einer Schneedecke liegt, die Männer kommen zuerst an und legen sofort ihr Revier fest. Treffen die Steinschmätzerfrauen ein und gelingt es dem Revierinhaber, eine für sich zu gewinnen, zeigt er ihr mögliche Neststandorte in Steinhaufen, brüchigen Mauerritzen oder verlassenen Nagerbauten. Was den Neststandort angeht, sind Steinschmätzer flexibel, sie brüten sogar unter Bahnschwellen. Haben sie einmal ein Revier besetzt, verteidigen sie es aggressiv, sie versuchen Rivalen mit Singflügen in bis zu 100 Metern Höhe zu beeindrucken. Steinschmätzer sind so territorial, dass sie selbst auf dem Zug bei einer Rast ein Nahrungsrevier gegen Artgenossen oder Nahrungskonkurrenten verteidigen. Wenn man Glück hat, kann man sie beobachten, wie sie ihren Imponiertanz aufführen: drohend vorgebeugt um den Gegner herumlaufen, ihn knapp überfliegen, sich zu ihrer vollen Größe aufrichten, wieder geduckt drohen, bis einer von ihnen nachgibt. Feinde wie Hermelin und Wiesel werden in Nestnähe ebenfalls energisch mit Schnabelhieben angegriffen oder durch Verleiten mit lahmem Flügel vom Nest fortgeführt.

Unter Ornithologen ist der Steinschmätzer vor allem wegen seines Zugweges bekannt: alle Steinschmätzer der Erde überwintern südlich der Sahara, auch die Populationen Alaskas und Kanadas. Am weitesten ziehen jene Steinschmätzer, die die Beringstraße überqueren, den gesamten asiatischen Kontinent und Osteuropa, bis sie über Mitteleuropa schließlich in Afrika ankommen. Bis zu 15 000 Kilometer ist eine Strecke lang, die kleinen Vögel reisen also bis zu 30 000 Kilometer im Jahr, das ist Singvogelrekord, der sich wahrscheinlich daraus erklärt, dass die Art sich von Afrika aus über Jahrhunderte nach Ost und West ausgebreitet hat und der Rückweg nach Afrika diesem Ausbreitungsweg folgt. Er ist tief im genetischen Gedächtnis eingebrannt.

Ebenso rekordverdächtig wie ihr Zugweg ist die Vielzahl der Klimazonen, die der Steinschmätzer als Brutrevier wählt. Von Südeuropa bis in den hohen Norden, Grönland und die Baffininsel bis in den Mittelmeerraum. Aber wenn der Steinschmätzer so flexibel ist, warum steht er dann in Deutschland kurz vor dem Aussterben, während sein Bestand zum Beispiel in der Schweiz nicht gefährdet ist? Steinschmätzer benötigen als Bodenvögel übersichtliche Habitate, die in Deutschland sehr selten geworden sind: kurzrasige, beweidete Flächen, karge Böden oder Geröllflächen. Er ist auch flexibel genug, um kurzfristig entstandene Habitate zu besiedeln: Kahlschläge, Brandflächen, abgetorfte Moore, Steinbrüche, Braunkohletagebau, Abrissbrachen. In einer Überbewertung von Strauch und Baum verstehen wir unter einer Rekultivierung meist eine Neubepflanzung dieser Flächen mit Bäumen. Oder sie wuchern aufgrund der Eutrophierung des Bodens schnell wieder zu, ohne dass wir eingreifen. Aber viele Tiere und seltene Pflanzen, auch der Steinschmätzer, benötigen die kargen Habitate, die wir vielleicht nicht als schön empfinden. In der Schweiz brütet der Steinschmätzer auf den sonnenbeschienenen Geröllflächen der Alpen in bis zu 2700 Metern Höhe, ein Habitat, das seinen Ansprüchen trotz oder gerade wegen der Kargheit entspricht.

Und so ist die gute Nachricht, dass der Steinschmätzer weltweit nicht gefährdet ist und wir ihn auf seinem Zug von und in sein Winterquartier regelmäßig beobachten können. Ich sehe ihn meist auf Holzzäunen oder Steinen hoch aufgerichtet nach Beute ausschauen und vielleicht auch nach Konkurrenten. Den Menschen ignorieren sie, wenn er nicht allzu aufdringlich wird. Plötzlich startet er zu einem Beuteflug, landet auf dem Boden, pickt etwas auf, schlägt seinen Schwanz langsam nach oben und mit Kraft nach unten, wippt und knickst vielleicht, frisst und fliegt die nächste Warte an. Er hat noch viele Kilometer vor sich und wird hier nur verweilen, bis seine Reserven aufgefüllt sind.

Iris Lichtenberg

Le Traquet motteux.

Stieglitz – Tänzer in den Disteln

(Carduelis carduelis)

Der Stieglitz gehört zu den Vögeln, die mir ein spontanes Lächeln entlocken, wenn ich ihnen begegne. Ihre hellen Rufe bemerkt man zuerst. Sie sind nie allein und immer im Gespräch miteinander. Und dann sehe ich sie: sie hängen kopfüber an einer Staude, turnen zwischen stacheligen Disteln, sitzen auf einer Karde, fliegen auf und zur nächsten Pflanze, immer miteinander, immer in Bewegung, immer in Kontakt. Den «Tänzer zwischen den stechenden Disteln» nennt Richard Gerlach sie und ihr Tanz ist immer ein gemeinsamer Reigen. Fliegt einer auf, so ruft er es den anderen zu, die ihm folgen und schauen, was es zu entdecken gibt. Ihre vielfältigen Rufe sind für uns nicht leicht auseinanderzuhalten, denn sie sprechen scheinbar ständig durcheinander. Hier ein Abflugruf, da ein Imponierruf und immer wieder die namensgebenden Kontaktrufe: «stiglitt – stiglitt».

Ihre Lebendigkeit ist ansteckend, man möchte ihnen folgen und verstehen, was sie zu sagen haben, aber sie ziehen unbeeindruckt weiter, bleiben nie lange in einer Fläche, wechseln in hüpfendem Flug von Staude zu Staude oder verschwinden plötzlich in einem Baum. Die Gemeinschaft bringt ihnen den Vorteil, dass der Einzelne mehr Zeit hat, Nahrung aufzunehmen, denn so unbeschwert es auf uns wirken mag, so müssen sie doch immer vor Feinden auf der Hut sein. Wenn viele Vögel beisammen sind, schaut immer der eine oder andere nach Feinden und warnt die anderen. Der Einzelne muss in der Gemeinschaft nicht so häufig sichern. Als Vogelbeobachter lernt man früh, dass man bei Vögeln von ihrer Schnabelform meist auf ihre bevorzugte Ernährungsweise schließen kann. Das hilft bei einer ersten Einordnung der Art. Der Stieglitz hat den typischen kräftigen und am Ansatz kegelförmigen Schnabel eines Samenfressers, allerdings ist sein Schnabel ungewöhnlich lang und spitz ausgezogen. So erschließt er sich Nahrungsquellen, die für andere unzugänglich sind, zum Beispiel die Samenstände von Disteln und Karden. Aber auch die Samen von Koniferen arbeitet er aus dem Zapfen heraus. In enge Samenstände und Zapfen taucht er seinen spitzen Schnabel tief ein, öffnet ihn und drückt die Kapseln oder Zapfen mit schnellen, zirkelnden Bewegungen soweit auf, dass er den Samen greifen kann.

Die Koordination von Schnabel und Füßen ist bei Stieglitzen so gut, dass sie sich Pflanzenstängel mit dem Fuß heranziehen und ihre Samen mit dem Schnabel herauszupfen können, an dünnen Stängeln wie ein Rohrsänger hochklettern und in nahezu jeder Körperhaltung essen können. Er ist berühmt-berüchtigt dafür, dass er die Klapptüren von Käfigen öffnen kann. Ja, leider musste er diese Fertigkeit erwerben, denn seine Munterkeit und Geselligkeit, sein heller Gesang und nicht zuletzt sein für Mitteleuropa ungewöhnlich buntes Gefieder wecken auch heute noch bei Menschen den Wunsch, ihn zu besitzen. Die Illusion, einen Vogel zu besitzen, kann man nur aufrechtzuhalten, indem man ihn in einen Käfig sperrt. Und dort sitzt er dann, der neugierige, muntere Vogel, als Jungvogel aus dem Nest geholt, damit er besonders schöne Gesänge erlernt, die ihm vorgespielt werden. Und lernt so vielleicht das Wichtigste nicht, denn nicht einmal das «stiglitt» ist ihm angeboren, er müsste es von Artgenossen hören. Was der Mensch von ihm möchte, ist ein möglichst abwechslungsreicher Gesang, er soll Lieder anderer Vögel mit einflechten und das tut er auch, weil er es nicht anders kennt, der Käfigvogel. «Stieglitze leiden oft unter Schwindel und Fallsucht, sowie Schwindsucht und Trübsinn», schreibt G. Olina 1622 in seinem Ratgeber für Vogelhalter. Wen wundert es, wenn man sich einen Trupp Stieglitze flatternd, baumelnd, fliegend, kletternd auf einer staudenbestandenen Brachfläche vor Augen führt und ihn dann im Käfig sitzen sieht, noch heute übrigens.

Stieglitze bauen ihr Nest meist ganz am Ende eines Astes, im Außenbereich der Baumkrone, dort, wo die Zweige so dünn werden, dass sie einen Nesträuber nicht mehr tragen, aber doch so, dass das Nest von oben durch die Blätter eines darüber hängenden Zweiges nicht sichtbar ist. Da sich die Zweige in diesem Bereich bei Wind und Wetter heftig bewegen, baut der weibliche Stieglitz das Nest besonders stabil, mit einem hohen Rand, sorgsam am Zweig befestigt und auf der windabgewandten Seite des Baumes.

Ein trüber Wintertag, die feuchte Kälte zieht in die Knochen, trotzdem schauen wir, was in der Vogelwelt so los ist. Schellenten versuchen sich zu verloben, bevor sie wieder in den hohen Norden ziehen, einige Pfeifenten grasen am Seeufer. Silberreiher stehen regungslos herum und im Weißdorn schimpft ein Trupp Wacholderdrosseln. Ein heller Mäusebussard sitzt aufgeplustert in einem Baum am gegenüberliegenden Ufer. Der Vogelguck ist nach allen Seiten offen und zugig, uns ist kalt, es reicht jetzt, Zeit für eine Tasse Tee. Und dann hören wir sie im verwelkten Blühstreifen auf dem Acker hinter uns: «stiglitt – stiglitt», ein gelb-rotes Hüpfen und Klettern, ein Zupfen und Zerren an den Köpfen der Stauden. Die Imponierrufe, so individuell wie Namen: «ich bin da – ich auch – ich auch». Für kurze Zeit wird uns wieder warm, bis sie plötzlich alle gemeinsam aufbrechen, im hüpfenden Flug über den Acker. Es ist stiller als vorher und nun ist es wirklich Zeit für einen Tee.

Iris Lichtenberg

Le Chardonneret.

Sumpfmeise – glänzender Zwilling

(Poecile palustris)

Die Sumpfmeise lädt uns ein, über Zwillingsarten zu reden. Mit diesem Begriff bezeichnet man biologische Arten, die nah verwandt sind und sich äußerlich sehr ähnlich sehen. Was hat die Sumpfmeise damit zu tun? Sie sieht einer anderen kleinen Meise sehr ähnlich: Sumpf- und Weidenmeise sind sehr leicht zu verwechseln. Selbst Vogelberingern, die den Vogel in die Hand nehmen und in Ruhe betrachten können, fällt es nicht immer leicht, die beiden Zwillinge auseinanderzuhalten. Weitere Beispiele aus unserer mitteleuropäischen Singvogelwelt sind Garten- und Waldbaumläufer, Sumpf- und Teichrohrsänger (S. 168), Nachtigall und Sprosser, Fitis und Zilpzalp oder Sommer- und Wintergoldhähnchen (S. 200).

Carl von Linné, der im 18. Jahrhundert als Begründer der binären Nomenklatur allen ihm bekannten Lebewesen einen zweiteiligen Namen gab und sie in eine hierarchische Ordnung mit Familien, Gattungen und Arten brachte, kannte weder Sumpf- noch Weidenmeise, aber eine Graumeise. Erst in der Mitte des 19. Jahrhunderts erkannten die Ornithologen, dass es sich um zwei, wenn auch sehr ähnliche Arten handelt. Bei einigen dieser Zwillingspaare vermutet man, dass die Eiszeiten die Ursache für ihre Entwicklung sind. Bei den beiden Meisen kann man sich das so vorstellen, dass es eine ursprüngliche Art – die Graumeise – gab. Als sich die Gletscher vom Norden immer weiter vorschoben, wurde das von der Graumeise besiedelte Territorium aufgetrennt. Ein Prozess, der Tausende Jahre andauerte und sich mehrmals wiederholte. Durch dieses Eisschild wurde die ursprüngliche Graumeisen-Population in zwei Bereiche getrennt, die sich westlich und östlich der Eismassen auf dem eurasischen Festland weiterentwickelten. Und so, wie sich auf Inseln eigene Arten aus zugeflogenen oder «verwehten» Vögeln entwickeln, berühmtestes Beispiel sind sicher die Galapagos-Finken, so erzeugte die räumliche Isolation der Graumeisen unterschiedliche Meisenarten. Als vor – geologisch gesehen – Kurzem die beiden Populationen wieder aufeinanderstießen, erkannten sie sich nicht mehr als Graumeisen. Sie hatten sich unterschiedlichen ökologischen Nischen angepasst. Morphologische Unterschiede, die wir als winzige Kleinigkeiten kaum wahrnehmen können und akustische Trennungen durch unterschiedliche Gesänge und Lockrufe sorgen nun dafür, dass sich die Arten nicht mehr vermengen und die Biologen von «guten Arten» sprechen. So hat die Eiszeit in unseren Breiten für eine höhere Artenvielfalt gesorgt.

Für uns Vogelbegeisterte ergibt sich daraus die Herausforderung, diese Zwillingsarten unterscheiden zu lernen. Für viele Birder ist das ein besonderer Reiz, für manch andere Vogelfreundinnen und Vogelfreunde dagegen eher eine Zumutung. Und ich gestehe, bei den «Graumeisen» muss ich manches Mal warten, bis sie sich akustisch äußern, um die «richtige» Art nennen zu können. Bei den beiden Meisenarten kommt noch hinzu, dass sie bereits auch mehrere Unterarten ausgebildet haben. So sehen Weidenmeisen in Skandinavien etwas anders aus als in Mitteleuropa und Sumpfmeisen auf den Britischen Inseln unterscheiden sich von denen im kontinentalen Europa. Letztlich gibt es in Europa vier Sumpfmeisen-Unterarten, in Mitteleuropa aber nur eine.

Um es kurz zu machen: Die nur mit Glück und unter günstigen Umständen zu erkennenden Unterschiede in der äußeren Erscheinung der beiden Zwillingsarten lassen sich auf die schwarze Kopfplatte und den Schnabel beschränken. Die Kopfplatte der Sumpfmeise – bezeichnenderweise im Niederländischen «Glanskop» genannt – lässt sich häufig als glänzend beschreiben, die der Weidenmeise als matt («Matkop»). Das können wir nicht immer sehen. Der Schnabel der Sumpfmeise wirkt etwas kräftiger. Das ist für weniger erfahrene Vogelbeobachtende als relatives Merkmal wenig brauchbar. Aber: An der Basis des Schnabels zeigt die Sumpfmeise einen deutlichen, aber kleinen, weißen Fleck, der der Weidenmeise meist fehlt oder nur sehr schwach ausgeprägt ist. Es gibt auch Unterschiede im Verhalten und im Lebensraum, die aber sind wenig belastbar. Ein gutes Merkmal dagegen sind die Gesänge und Rufe der beiden Arten, die sich gut unterscheiden lassen. Sumpfmeisen fallen häufig mit ihren fast «niesenden» «pistjä»-Rufen auf, während die Weidenmeise einigen hohen Tönen zwei, drei nasale Laute anhängt, die sich wie «zi- zi- dääh – dääh – dääh» anhören können. Merkhilfe: Wei**dääh**nmeise.

Um die Verwirrung oder den Reiz der Herausforderung – je nach Temperament – komplett zu machen, gibt es noch zwei weitere europäische Angehörige der Poecile-Gattung mit schwarzen Oberköpfen. Es sind die Trauer- oder Balkanmeise und die Lapplandmeise. Aber am Namen sehen wir schon, dass wir sie in Mitteleuropa nicht weiter beachten müssen. Wir können uns ganz auf die Zwillingsarten der ursprünglichen Graumeise konzentrieren.

Sumpfmeisen kommen regelmäßig an wald- oder parknah gelegene Fütterungen und fallen dadurch auf, dass sie bei kurzen, fast überfallartigen Besuchen am Futterplatz meist hurtig mehrere Körner in den Schnabel nehmen und dann schnell wieder abfliegen. Manchmal kann man beobachten, wie die Sumpfmeise ihre Beute im Garten versteckt und beispielsweise die Sonnenblumenkerne in Moospolster unter Bäumen hämmert. Im folgenden Spätfrühling freut sich der Gärtner dann über unverhofft sprießende Sonnenblumen im Garten.

Thomas Griesohn-Pflieger

La Mésange nonnette.
Femelle. – Mâle.

Sumpfohreule – die Tageule

(Asio flammeus)

Nach einer schlingernden Bootsfahrt über aufgewühltes Atlantikwasser landen wir auf der kleinen Vogelinsel vor der walisischen Küste. Nur 50 Besucher dürfen sie jeden Tag betreten und die meisten sind gekommen, um Papageitaucher zu sehen, die hier in Erdhöhlen noch zahlreich brüten. Und so stürmen fast alle nach der strengen Einweisung durch den Ranger, auf keinen Fall die Wege zu verlassen, da der Boden von Erdhöhlen durchlöchert ist, auf dem Hauptweg in Richtung der Papageitaucher. Die möchte ich auch sehen, aber eine ganz andere Information hat meine Spannung in den letzten Tagen gesteigert: auf der Insel sollen Sumpfohreulen brüten!

Sumpfohreulen sind in vielerlei Hinsicht ungewöhnliche Eulen. Sie sind während der Brutzeit tagaktiv, mit Glück kann man sie also auch ohne Nachtsichtgerät oder Mondschein bei der Jagd beobachten. Sie haben sehr lange Flügel und wirken dadurch im Flug recht groß, obwohl sie nicht viel größer sind als Waldohreulen, die man in unseren Breiten regelmäßig sieht. Wie Weihen jagen sie im gaukelnden Flug etwa ein bis drei Meter über dem Boden ihre Beute, dabei verlassen sie sich eher auf ihr Gehör als auf die Augen. Ihre bevorzugte Beute sind Wühlmäuse, in schlechten Mäusejahren nehmen sie aber auch Kaninchen, Amphibien, Vögel und Insekten.

Die Sumpfohreule hat sich mit Feuchtwiesen, Niedermooren, Heiden und Verlandungszonen von Salzwiesen leider einen Lebensraum ausgesucht, der in Mitteleuropa durch Trockenlegung und Verwaldung nahezu verschwunden ist. Dort, wo es ihn noch gibt, weicht die Sumpfohreule wie die meisten Bodenbrüter dem Freizeitdruck, oder ihre Jungen werden auf Wiesen durch zu frühe Mahd getötet. In der Schweiz gibt es keine Brutpaare, in Deutschland hat sich ein kleiner Bestand in den Dünen und Salzwiesen der Nordseeinseln gehalten, mit etwa 130 bis 175 Brutpaaren ist sie hier aber vom Aussterben bedroht. In den Tundren Nordeuropas und auf dem amerikanischen Kontinent haben sie sich aber gehalten, sie gilt aufgrund ihres großen Verbreitungsgebietes weltweit nicht als gefährdet, obwohl die Bestände in Nordamerika regional auch eingebrochen sind.

Die Sumpfohreulen des Nordens sind Zugvögel, im Winter kann man sie mit Glück bei uns beobachten. Da sie eine nomadische Lebensweise pflegen, bleiben sie auch im Überwinterungsgebiet nur so lange in einer Region, wie diese ausreichend Nahrung bietet. Sie kennen keine Brutplatztreue, sie brüten dort, wo es ausreichend Mäuse gibt, in sehr guten Jahren auch im Überwinterungsgebiet. Bei vielen Vögeln finden sich die Paare über die Brutplatztreue, man kehrt einfach dorthin zurück, wo man im letzten Jahr gebrütet hat, und der Partner ist vielleicht schon da. Da dies bei der Sumpfohreule nicht immer klappt, muss die männliche Eule sich etwas einfallen lassen, um eine potentielle Partnerin auf sich aufmerksam zu machen. Andere Eulen locken durch nächtliche Rufe, die Sumpfohreule führt einen beeindruckenden Imponierflug auf. Sie steigt mit langsamen, übertrieben weit ausholenden Flügelschlägen auf, kreist in großer Höhe, ruft und rüttelt und lässt sich schließlich steil abfallen, wobei sie die Flügel unter dem Bauch mit Bug oder Spitze zusammenschlägt, was ein knatterndes Geräusch ergibt, fängt sich wieder, lässt sich wieder knatternd fallen. Diese Flüge dienen nicht nur der Partnersuche, sondern auch der Revierabgrenzung.

Sumpfohreulen unterscheiden sich von anderen Eulen nicht nur durch die Jagd am Tage, sondern auch dadurch, dass sie Bodenbrüter sind und auch bevorzugt am Boden schlafen. Hat sich ein Paar gefunden, gräbt die weibliche Eule eine Mulde am Boden, die mit Nistmaterial ausgekleidet wird, auch das ungewöhnlich für Eulen. Sie brütet, er bewacht die Umgebung und so mancher Ornithologe kann ein Lied davon singen, dass der Eulenmann seine Aufgabe ernst nimmt. Nähert sich ein Mensch dem Nest, kann er von oben heftig angegriffen werden, bevorzugt am Kopf. Ebenso wie bei Flugfeinden stößt die Eule immer wieder auf ihn hinab. Die brütende Eule duckt sich dagegen so lange wie möglich auf dem Nest und vertraut auf ihre Tarnung. Nach dem Schlüpfen der Jungvögel versucht sie Feinde durch Verleiten vom Nest wegzulocken, wie die meisten Bodenbrüter es tun.

Doch wie erging es mir nun auf der kleinen walisischen Vogelinsel? Mit einigen wenigen Besuchern ging ich auf einem kleinen Nebenweg entlang der Küste inmitten von welligen Wiesen. Vor mir flog plötzlich ein kompakter Vogel über den Weg, den ich zunächst für eine Weihe hielt, doch der Kopf endete flach und stumpf, die Augen waren von einem dunklen Feld umgeben, dass dem Vogel ein übermüdetes Aussehen gab, ein flaches Eulengesicht im gaukelnden Jagdflug: Sumpfohreule, meine erste überhaupt! Sie flog nur etwa 20 Meter vom Weg entfernt, kreuzte ihn immer wieder, stieß plötzlich herab, saß kurz auf dem Boden und flog davon. Wahrscheinlich eine männliche Eule, die eine Maus erbeutet hatte und zum Nest brachte. Dafür spricht auch, dass sie bald wieder auftauchte und wieder um uns herumflog, dabei unsere Anwesenheit vollkommen ignorierte. Konzentriert suchte sie die Wiesen ab, entfernte sich, kam wieder näher. Vielleicht wusste sie aus Erfahrung, dass wir den Weg nicht verlassen würden, um die Erdhöhlen der Atlantiksturmtaucher und Papageitaucher nicht zu zerstören, und so konnte sie ihren Geschäften nachgehen, ohne uns zu beachten.

Iris Lichtenberg

1938.
P. A. Robert.

Sumpfrohrsänger – Meistersinger

(Acrocephalus palustris)

«Der Sumpfrohrsänger ist ein sehr netter, lustiger, unsteter Vogel, hurtig in allen seinen Bewegungen, im Hüpfen und Durchschlüpfen der Gebüsche und des dichtesten Gestrüpps wie im Fluge gleich gewandt, kühn und unternehmend im Streit mit seinesgleichen, was er auch öfters andere ihm nahe wohnende kleine Vögel fühlen lässt, daher es in der Tat eine Lust ist, seinem Treiben und Wirken zuzusehen.» Recht hat er, der Johann Friedrich Naumann, der diese Einschätzung des quirligen Sumpfrohrsängers in seinem zwölfbändigen Werk *«Naturgeschichte der Vögel Deutschlands. Nach eigenen Erfahrungen entworfen»,* 1866 vollendet, niederschrieb. Der große Naumann war ein ebenso genauer und leidenschaftlicher Beobachter, wie er es verstand, lebendig und treffend zu schreiben. Seinen Ausführungen ist wenig hinzuzufügen. Aber wissen sollte man, dass der Sumpfrohrsänger damals ein kaum bekannter Vogel war, obwohl er nicht selten vorkam und seine stimmgewaltigen und beeindruckend vielfältigen Gesänge den Menschen auf dem Land geläufig waren. Ein Widerspruch?

Bis 1798, als Johann Matthäus Bechstein († 1822) den Sumpfrohrsänger als Art erkannte und als Erster wissenschaftlich beschrieb, gab es den Vogel offiziell gar nicht, und er wurde als Rohrsänger mit dem sehr ähnlichen Teichrohrsänger in eine Artkategorie gepackt. Wie Naumann ist Bechstein ein – wenn auch weniger bekannter – Vater der Deutschen Vogelkunde, der zahlreiche Vogelarten als Erster beschrieb und sich schon damals für den Naturschutz engagierte.

Vor allem zwei Phänomene machen den Sumpfrohrsänger für uns so interessant. Zum einen ist er für mich einer der vier besten Sänger in der mitteleuropäischen Vogelwelt, neben Nachtigall (S. 112), Gelbspötter und Amsel. Zum anderen kann man auch ihn zu den Zwillingsarten – Zwillingsart Teichrohrsänger – zählen (siehe Sumpfmeise S. 162) und die Artbestimmung eines stummen Sumpfrohrsängers ist deshalb eine besondere Herausforderung. Schon ihn nur zu beobachten, ist nicht so einfach. Wie viele Rohrsänger und Verwandte liebt er das heimliche Umherschlüpfen in dichter Vegetation. Nur im Mai und Juni, wenn es gilt Reviere abzustecken und seinen berühmten Gesang erschallen zu lassen, kann man erwarten, ihn einmal auf einem Holunderzweig, einem alten Blütenstand des Bärenklaus oder einem Weidenzweig frei stehend zu sehen. Ansonsten schlüpft er unauffällig durch das Gewirr von Brombeerzweigen, Brennnesseln und Beinwell, kaum, dass ein Zweiglein wackelt.

Die Sumpfrohrsänger kommen als letzte Zugvögel wieder zurück aus dem afrikanischen Winterquartier. Wir sehen ihn bei uns kaum vor der letzten Maidekade, meist sogar erst im Juni. Sein sehr schneller, quirlender, manchmal rasender, manchmal flötender Gesang steckt voller Imitationen. Das Verblüffende und vielleicht auch Verwirrende für die Zuhörenden ist, dass der kleine Sänger die übernommenen Tonfolgen sowohl in Höhe als auch Tempo transponiert! Bislang, so der Stand der Forschung, sind 212 Vogelarten in seinen Gesängen entdeckt worden, darunter alleine 113 aus dem afrikanischen Winterquartier und Durchzugsgebiet, dort singen übrigens auch die weiblichen Sumpfrohrsänger. Möglicherweise besteht der Gesang ausschließlich aus Nachahmungen, wenn man seine schmatzenden Zwischenlaute nicht berücksichtigt. Man nimmt an, dass die jungen Sumpfrohrsänger ihre prägbare Phase auf dem Zug zum und im Winterquartier haben. Denn adulte Rohrsänger scheinen ein festgelegtes Repertoire zu haben, was es den geübten Vogelbeobachtenden erlaubt, sie individuell am Gesang zu erkennen. Wunder über Wunder! Bei Streitereien an den Reviergrenzen, so liest man im Kompendium der Vögel Mitteleuropas, kommt es zu «antiphonalem Kanonsingen» der Meistersinger, ein regelrechter «Song Contest»! Die Intensität der Gesänge lässt nach, wenn die Paarbildung erfolgt ist, aber auch dann noch ist das lebhafte Schwatzen, Flöten, Schmettern auch nachts zu hören: da lohnt sich ein Ausflug in der Dämmerung, mit dem Vorteil, dass dann das allgemeine Vogelstimmengewirr nachlässt.

Sein Gesang ist das beste Unterscheidungsmerkmal zum Teichrohrsänger, der ihm zum Verwechseln ähnelt. Wenn man beide Arten nebeneinander beobachtet (was ich noch nie erlebt habe) oder kurz nacheinander sieht, kann man erkennen, dass die Grundfärbung des Teichrohrsängers durch den höheren Rotanteil etwas wärmer wirkt als die etwas kältere, grauere Grundfärbung des Sumpfrohrsängers. Während der Brutzeit ist aber der Gesang das sicherste Merkmal, denn die Gesänge sind glücklicherweise sehr unterschiedlich. Während der Sumpfrohrsänger seine melodischen Strophen in einem nahezu lückenlosen Vortrag präsentiert, bestimmen raue, manchmal quietschende, in einem rhythmischen Vortrag wiedergegebene Strophen das Lied des Teichrohrsängers. Er ist gesanglich näher am Drosselrohrsänger (S. 44) – dem «Großen Karekiet». Und dann sind da noch die unterschiedlichen Lebensräume der beiden Arten: Der Teichrohrsänger brütet in dichten Schilfbeständen, der Sumpfrohrsänger ist ein Bewohner von Rainen, Brennnesselfluren, Weidengebüschen, oft in der Nähe von Wasser, aber er baut sein an Halmen aufgehängtes Napfnest nie über dem Wasser – im Gegensatz zum Teichrohrsänger.

Thomas Griesohn-Pflieger

La Verderolle.

Teichhuhn – Soap Opera auf dem Teich

(Gallinula chloropus)

«Das Hühnchen mit den grünen Füßen» – so die Übersetzung des wissenschaftlichen Namens des Teichhuhns. Auffallend grüne Beine hat es tatsächlich, etwas, das einem meist nicht mehr auffällt, weil man das Teichhuhn so häufig sieht. Aber achten Sie einmal darauf, wie hübsch dieser Vogel ist: sein rot-gelber Schnabel, der in ein tiefrotes Stirnschild mündet, die weiße Flankenzeichnung und das auffällige, weiße Dreieck am oft gestelzten Schwanz. Die dunklen Gefiederanteile glänzen bei richtigem Lichteinfall metallisch. Es lohnt sich oft, gerade die Vögel genauer anzuschauen und in ihrem Verhalten zu studieren, die uns sehr geläufig sind, so schulen wir unsere Beobachtungsgabe und erleben manches Mal Überraschungen, denn langweilig ist unser grünbeiniges Hühnchen sicher nicht, vielmehr ist es die vielseitigste und anpassungsfähigste Rallenart.

Vielseitig zum einen bei der Wahl des Habitats: das Teichhuhn bewohnt stehende und langsam fließende Gewässer aller Art, solange sie eine Ufervegetation zum Verstecken bieten. Auch an sehr kleine Gewässer, die vom Blässhuhn gemieden werden, wie künstliche Teiche in Parks und Grünanlagen, baut das Teichhuhn seine «unordentlichen» Nester. Vielseitig ist es zum anderen bei der Fortbewegung: das Teichhuhn kann schwimmen, auch wenn es keine Schwimmhäute an den Zehen hat und sein kopfnickendes Rudern etwas mühsam aussieht, es läuft viel am Ufer und es kann geschickt klettern, indem es mit den langen Zehen Zweige oder Büschel umfasst. Es ernährt sich von Pflanzen, Würmern und Insekten, Amphibien, gelegentlich auch von Eiern und manche besuchen auch Futterstellen. Dieser Vielseitigkeit verdankt das Teichhuhn sicher auch seine nahezu weltweite Verbreitung.

Bei den Teichhühnern hat der männliche Partner das Sagen, er legt das Revier und den Nistplatz fest. Die Paare finden sich oft schon im Winter. Teichhühner führen in der Regel eine monogame Saisonehe, bei Standvögeln bleiben die Partner aber manchmal auch mehrere Jahre zusammen. Es kommt auch vor, dass ein männliches Teichhuhn zwei Partnerinnen hat, in diesem Fall bebrüten die beiden Teichhuhnfrauen ein gemeinsames Gelege und übernehmen auch die Aufzucht der Jungvögel gemeinsam. Doch vorher kommt die Balz: Wenn Sie im Park zwei Teichhühner aufeinander zuschwimmen sehen, die seltsam synchron mit den Schnäbeln auf die Wasseroberfläche picken, obwohl es dort anscheinend nichts zu essen gibt, haben Sie balzende Teichhühner vor sich. Ob die beiden zueinander gefunden haben, erkennt man daran, dass sie die übliche Distanz aufgeben und sich gegenseitig das Gefieder pflegen. Dann setzt sich das männliche Teichhuhn auf den Platz, den er für das Nest vorgesehen hat, dreht sich ein paarmal oder vollführt drehende Bewegungen mit dem Hinterteil. Scheinbrüten nennt man das. Schließlich baut er das Nest, seine Partnerin versorgt ihn mit Nistmaterial, baut aber nicht mit. Das Nest wird während der gesamten Brutzeit weiter ausgebaut.

Umstritten war lange Zeit, ob Teichhühner Brutparasitismus betreiben, neuere Studien belegen nun, das weibliche Teichhühner tatsächlich Eier in fremde Nester legen. Meist tun sie das nachts, indem sie ein fremdes, brütendes Teichhuhn vom Nest verdrängen, ein Ei hineinlegen und sich schnell davonmachen. Auch in artfremde Nester sollen Eier gelegt werden. Ob dieses Verhalten zum Erfolg führt, der Jungvogel also schlüpft und überlebt, ist wohl noch nicht ausreichend erforscht. Fest steht aber der Nutzen eines anderen, sozial interessanten Verhaltens: Jungvögel aus der ersten Brut helfen oft, aber nicht immer bei der Aufzucht der Geschwister aus der zweiten Brut. Was sagen Sie nun, gar nicht langweilig, oder?

Es lohnt sich, auf der Bank am Parkteich Platz zu nehmen und den Teichhühnern eine Weile zuzuschauen. Sie sind während der Brutzeit streng territorial und bekämpfen Artgenossen erbittert. Wenn ein männliches Teichhuhn sein Revier verteidigt, versucht er es zunächst mit Drohen. Es gibt das «flache Drohen», bei dem das Teichhuhn sich möglichst flach auf das Wasser legt, sodass sein Stirnschild voll zur Geltung kommt, der Schwanz wippt schnell und der Revierinhaber schwimmt mit Tempo auf den Gegner zu. Der antwortet oft mit dem «hohem Drohen», bei dem der Hinterleib aus dem Wasser gehoben wird, das Gefieder gespreizt und der Schwanz weit aufgefächert wird. Diese imponierende Rückansicht soll den Gegner beeindrucken und in die Flucht schlagen. So schwimmen sie umeinander herum und lassen sich nicht aus den Augen. Wenn das nicht hilft, wird angegriffen und gekämpft. Beide erheben sich mit den Flügeln so aus dem Wasser, dass nur noch der Schwanz als Stütze dient und bekämpfen sich mit den Füßen. Das kann bis zu 20 Sekunden dauern, dann wenden sich die Gegner ab, schwimmen ein wenig auseinander und greifen sich dann wieder an. Einer der beiden wird schließlich aufgeben und davonschwimmen.

Wo Teichhühner vertraut sind, können wir versuchen, die Jungvögel unterschiedlichen Alters voneinander zu unterscheiden, können ihr Verhalten studieren und sie bei der Bewältigung ihres Alltages beobachten. Nicht alle Vögel machen es uns so leicht wie diese bunten Rallen, die so leicht übersehen werden.

Iris Lichtenberg

P. A. Robert
1941.

Trauerschnäpper – Wer zu spät kommt …

(Ficedula hypoleuca)

Meist kamen sie wenige Tage vor dem 1. Mai, der, weil ein Feiertag, sich für Frühlingsexkursionen mit dem Rad besonders eignet. Als Brutvögel kannten wir sie kaum, nur selten war einmal ein Nistkasten von ihnen besetzt, aber auf dem Durchzug sahen wir sie regelmäßig, und manchmal sang auch einer der braungrauen Fliegenschnäpper mit dem hellen Flügelfeld ein paar Tage, um dann zu verschwinden, also vermutlich weiterzuziehen. Das ist auch heute noch so. Hier im deutschen Nordwesten, der arm an Wäldern ist, brütet er nur ausnahmsweise, der Trauerfliegenschnäpper, wie er auch genannt wird.

Als Durchzügler tauchen auch bei uns die schönen schwarz-weißen Vögel aus dem Norden Europas auf. Die meisten Trauerschnäpper, die hier im Nordwesten Mitteleuropas brüten, sind nicht so kontrastreich schwarz-weiß gefärbt. Ihre Farben sind gedeckter, kein Weiß, dafür ein helles Beige, kein Schwarz, dafür ein dunkles Braungrau. Eine Erklärung, warum die Vögel hier nicht so prächtig gefärbt sind wie die im Norden, habe ich noch nicht gefunden.

Trauerschnäpper sind Höhlenbrüter. Sie nutzen Baumhöhlen, Spechthöhlen, sehr oft Nistkästen und vermeiden damit die Gefahren, die Erbauer von freien Nestern haben, in Form von Hagelschlag, langen Kälteperioden und Nesträuberei durch Katzen, Eichhörnchen, Eichelhäher und andere hungrige Schnäbel. Als Jäger von hauptsächlich Fluginsekten sind Trauerschnäpper nicht in der Lage, den Winter bei uns zu verbringen. Sie müssen weit fliegen, bis in die afrikanische Waldzone von Gambia bis Kamerun. Diese langen Reisen bringen natürlich Gefahren mit sich. Hunger, Unwetter, Dürreperioden, die Ausweitung der Sahelzone, die zunehmende Agrarindustrie in den afrikanischen Ländern, der schlimme Vogelfang in Nordafrika und Südeuropa – diese Risiken werden uns schnell einfallen. Aber für die Trauerschnäpper hört es damit noch nicht auf. Sind sie im Brutgebiet angekommen, sitzen andere Vögel schon längst auf den Eiern und brüten. Für Höhlenbrüter ein Problem, die besten Höhlen sind schon von Meisen, Kleibern, Staren, Spechten, vielleicht sogar Spatzen besetzt. Und das Problem wird jedes Jahr ein bisschen dringlicher, denn die Klimaerwärmung sorgt dafür, dass die Standvögel schon früher anfangen zu brüten als die Trauerschnäpper es gewohnt sind. Was tun?

Zum einen reagieren die Trauerschnäpper mit einer früheren Ankunft im Brutgebiet, aber sie hinken dem «richtigen» Zeitpunkt trotzdem immer etwas hinterher. Zum anderen versuchen sie, den Informationsvorsprung, den die Standvögel wie etwa Kohlmeisen über den Zustand des Reviers, die Verteilung der aktuellen Bruthöhlen und den Verlauf des Winters mit Prognosen über die Entwicklung von Samenvorräten und Insektenpopulationen haben, auszugleichen. Finnische Forscher fanden heraus, dass Trauerschnäpper – in Finnland ein häufiger Brutvogel – sofort bei ihrer Ankunft in fremde Nester schauen, um herauszufinden, wie die Meisen die Lage einschätzen. Systematisch werden von Kohlmeisen beflogene Nistgelegenheiten aufgesucht und durch das Einflugloch der Inhalt inspiziert. Liegen viele Eier im Nest oder nur wenige? Eine Art Betriebsspionage findet statt. Auch die Frage, welche Art von Bruthöhle die konkurrierenden Meisen gewählt hatten, war für die Trauerschnäpper interessant. Schließlich fanden die finnischen Ornithologen heraus, dass die Trauerschnäpper umso mehr Eier legen und diese umso mehr Masse enthalten, je größer die Gelege der Meisen sind. Investitionen in Eier sind teuer, sie kosten Reserven und Zeit, und da ist es klug, sich den «Wirtschaftsprognosen der Meisen» (in diesem Fall nicht der Wirtschaftsweisen) anzuschließen.

Trauerschnäppermänner sind polygam. Ihre wesentliche Aufgabe ist es, Nistplätze zu finden oder zu erobern und diese den weiblichen Trauerschnäppern anzubieten. Es kommt vor, dass ein Schnäppermann drei Reviere zugleich betreut. Oft verlassen sie die zweite Schnäpperfrau, um ihre Kraft für die Aufzucht der ersten Brut einzusetzen. Denn wer weiß, wie sich die Lage entwickelt! So schaffen es manche Schnäppermänner auf Kosten der weiblichen Vögel, ihre Nachkommenschaft zu vergrößern. Aber nur eine Minderheit schafft es, wirklich mehr als eine Frau für sich zu begeistern. Und in der Zeit, die die polygamen Schnäpper für das Hin und Her zwischen den Revieren aufwenden, kann es durchaus passieren, dass sich die Schnäpperin von Nest 1 einen anderen Schnäppermann anlacht und letztlich die Kinder in den Nestern von zwei oder noch mehr Vätern stammen.

Und noch ein Problem haben die Trauerschnäpper. Untersuchungen von der Schwäbischen Alb zeigen, dass nach harten Wintern der Bruterfolg von Trauerschnäppern höher ausfällt. Das liegt daran, dass in harten Wintern durch die oft damit einhergehende Hungersnot der Bestand von Meisen und Mäusen im Frühjahr geringer ist. Wenn die Trauerschnäpper ankommen, sind dann mehr gute Nisthöhlen noch frei von Meisen, aber auch von Mäusen. Mäuse und Eichhörnchen können, wenn sie durch milde Winter und Eichen- oder Buchenmastjahre gefördert werden, als Nesträuber beträchtliche Verluste bei Gelegen und Küken verursachen. Nach harten Wintern dagegen ist dieser Druck auf den Höhlenbrüterbestand niedriger. Ganz schön kompliziert, das Leben der Trauerschnäpper!

Übrigens, in weiten Bereichen sind die Trauerschnäpper auf Nistkästen angewiesen. Wenn Sie also einen Garten haben …

Thomas Griesohn-Pflieger

Le Gobe-mouches bec-figue.
Mâle adulte. – 2 Femelle.

Turmfalke – der Rüttler

(Falco tinnunculus)

Dieser mittelgroße Falke ist unser «Standardfalke». In den deutschsprachigen Ländern Mitteleuropas ist er der Falke, der am meisten beobachtet wird. Das liegt natürlich auch daran, dass er Menschensiedlungen nicht aus dem Weg geht, sondern ganz im Gegenteil hier gute Nistmöglichkeiten findet, nicht verfolgt wird und in den Randbereichen auf Industrieflächen, großen Grünflächen und an Straßenrändern ausreichend Nahrung findet.

In Deutschland, das flächendeckend, aber in unterschiedlicher Dichte von Turmfalken besiedelt ist, lassen Zählungen der Ornithologen einen Bestand von 44 000 bis 76 000 Brutpaaren vermuten, das wären immerhin 13 bis 15 Prozent des europäischen Bestandes – ein beachtlicher Anteil! In der Schweiz wird der Turmfalke als regelmäßiger, häufiger Brutvogel und Durchzügler bezeichnet, zieht aber im Winter weg und kommt dann nur spärlich vor, ausgegangen wird von einem Brutbestand von 5000 bis 7500 Paaren. In Österreich liegt die Zahl der Brutpaare geschätzt zwischen 5000 und 10 000.

Der Turmfalke baut keine Nester, wie alle anderen Falken auch. Das ist ein wesentlicher und offensichtlicher Unterschied zu den eigentlichen Greifvögeln (Accipitriformes), mit denen die Falken nicht näher verwandt sind – wir kommen darauf zurück. Wie andere Falken auch brütet der Turmfalke in Bäumen, wo er bestehende Nester von Krähen, Elstern und anderen nutzt, in Felswänden und auch an Gebäuden. Sein Vorkommen an hohen Gebäuden – das waren jahrhundertelang nur die Kirchen und Burgen – trug ihm wohl auch den Namen Turmfalke ein.

Ein anderer Name, allerdings kaum noch gebraucht, ist Rüttelfalke, was sich auf seine auffällige Jagdweise bezieht. Grundsätzlich verfolgt der Turmfalke zwei Strategien: Zum einen das Ansitzen, wenn er lange Zeit auf einem Zaunpfahl, einem Ast oder einem Strommast die Umgebung beobachtet und nach Beute ausschaut, und zum anderen das Rütteln. Dabei steht der Falke flügelschlagend in der Luft und stößt, wenn sich Beute zeigt, herunter. Dieses Rütteln zeigt er so häufig wie kein anderer Beutegreifer in unseren Breiten. Bussarde, vor allem Raufußbussarde, rütteln zwar auch gelegentlich, aber längst nicht so ausdauernd wie der kleine Falke. Den Falken ist es möglich, lange Zeit in der Luft zu stehen, ohne übermäßig Energie zu verbrauchen. Das wird sich bei den breitflügeligen und schwereren Bussarden vermutlich so «nicht rechnen».

Turmfalken haben eine spezielle Technik entwickelt, mit sehr geringem Energieaufwand den Luftraum als «Anwarteraum» zu nutzen, allerdings brauchen sie dazu etwas Gegenwind. Das komplexe Verhalten, das beim Rütteln abläuft, lässt sich wohl am besten als «gegen den Wind fliegen» bezeichnen. Im Vergleich zum Fliegen auf der Stelle, dem Rütteln, wie es andere Vögel unternehmen, sollen die Turmfalken dabei 44 Prozent weniger Energie verbrauchen. Der Energieaufwand ist immer noch hoch und deshalb rütteln Turmfalken nicht über einer beliebigen Stelle der Wiese, sondern sie schätzen sehr wohl die Chancen ab, die sich ihnen bieten. Dabei kommt ihnen zugute, dass sie Mäuse-Urin sehen können. Wühlmäuse sind die bevorzugte Beute der Turmfalken, wo sie vorkommen, wird entlang ihrer Laufwege zwischen den Mäuselöchern Urin verspritzt. Dieser Urin reflektiert UV-Licht und das kann der Turmfalke sehen. Wo ein Turmfalke rüttelt, gibt es also Mäuse.

Neben Mäusen erbeuten die Turmfalken alles, was sie überwältigen können. In schlechten Mäusejahren weichen sie auf Käfer, Heuschrecken, Eidechsen, Jungvögel, ja sogar auf Regenwürmer aus. Natürlich ist in solchen Jahren der Bruterfolg geringer oder die Brut fällt sogar völlig aus. Aus diesem Grunde schwanken die Brutbestände im Laufe der Jahre sehr und Angaben über Brutpaarzahlen müssen geschätzt oder gemittelt werden. Die Siedlungsdichte hängt aber nicht nur vom Mäuseangebot ab, sondern auch von der Verfügbarkeit geeigneter Nistplätze. Turmfalken verteidigen Brut- und Nahrungsreviere, manchmal in erstaunlich erbitterten Kämpfen.

Das Jagdrevier eines Brutpaares umfasst rund 200 Hektar. Fördern lassen sich die Bestände sehr gut mit dem Angebot von Brutkästen, die an Gebäuden oder hohen Masten angebracht werden können. An die Ausgestaltung der Brutkisten stellen die kleinen Falken keine hohen Ansprüche, wichtig ist die Sicherheit vor Mardern, und der Uhu sollte auch nicht gerade gegenüber wohnen. Mit einer entsprechenden Einschlupfluke lässt sich der Zugang für Nesträuber zumindest erschweren.

Die Ordnung der Falkenartigen (Falconiformes) wird oft zu den Greifvögeln gestellt, aber sie sind eher mit Papageien verwandt als mit Adler, Habicht und Bussard, und stehen den Sperlingsvögeln, zu denen hauptsächlich die Singvögel zählen, näher als den traditionellen Greifvögeln. Das ist das Ergebnis neuerer molekulargenetischer Untersuchungen. Zu den Falkenartigen zählen übrigens neben einigen kleineren Gruppen auch die amerikanischen Karakaras und die afrikanischen Zwergfalken. Die Anpassungen an die Jagd, die sie größtenteils mit den Greifvögeln teilen, sind Ergebnis der konvergenten Entwicklung der beiden Vogelordnungen im Laufe ihrer Evolution.

Die Geschlechter des Turmfalken lassen sich zuverlässig erst im zweiten Lebensjahr unterscheiden. Das kann zu Verwirrungen führen, da sich junge männliche Turmfalken manchmal schon im zweiten Lebensjahr verpaaren. Manche Beobachter vermuten dann, es gäbe eine unerklärliche Brut von zwei Falkenfrauen.

Thomas Griesohn-Pflieger

P. A. Robert.
1929.

Uferschnepfe – Greta gehts nicht gut

(Limosa limosa)

An die Uferschnepfe habe ich alte und etwas wehmütige Erinnerungen. Als Heranwachsender, als Teenie, unternahm ich in den Pfingstferien Ende der 1960er-Jahre mit meinem jüngeren Bruder eine dreitägige Radtour in das südwestliche Münsterland. Wichtigstes Ausrüstungsteil neben der Luftpumpe und Flickzeug war mein Fernglas, ein Porst 8 × 40. Nach der ersten Nacht ging es früh weiter und neben den allgegenwärtigen Kiebitzen und Braunkehlchen kamen nun endlich neue Vogelarten dazu: Brachvögel und Uferschnepfen standen auf Koppelpfählen und sahen uns an. Die Bauern begannen jetzt in der ersten Juniwoche mit dem Mähen der Feuchtwiesen und so gab es viele Gelegenheiten, die Stelzvögel auf den bereits gemähten Streifen zu bewundern. Zum ersten Mal hörte ich die melancholischen, klagenden Rufe der Brachvögel und die aufgeregten «Greta-greta-greta»-Rufreihen der Uferschnepfen, vom jammernden «Kiewitt» der Kiebitze begleitet.

Viele Reisen und «drei Kontinente später» sind das immer noch Eindrücke, die sich unvergesslich eingeprägt haben. Der blaue, hohe Himmel, das flache Land, Bauern mit Treckern und mit Pferden, die vielen Vögel, die Rufe, der seichte Fahrtwind, der Geruch vom frisch geschnittenen Gras … Heute müsste ich weit fahren, um Vergleichbares zu erleben und der Zauber wäre sicher ein anderer.

Die nächsten Uferschnepfen beobachtete ich am Dümmer. Mit meinem Mentor Heinz Herkenrath (siehe Nachtigall S. 116) erlebte ich dort wunderbare Stunden im heutigen Ochsenmoor mit jodelnden Rotschenkeln, meckernden Bekassinen, flötenden Brachvögeln (S. 34), jammernden Kiebitzen, und zu allem Überfluss kamen noch balzende Sumpfohreulen dazu. Herrliche Tage, die durch einen Besuch bei dem dort ansässigen Naturforscher und Schriftsteller Walter von Sanden-Guja gekrönt wurden. Dann wuchs der Hunger der Menschen nach Fleisch aus Masthaltung und der wurde größer als die Sehnsucht nach den Schönheiten der Natur. So wurden die Schnepfen immer seltener und die Maisfelder für das Futter von Puten und Schweinen immer größer.

In den letzten Jahren war ich wieder im Frühling am Dümmer. Viele Fehler der Vergangenheit sind durch privaten und staatlichen Naturschutz behoben werden. Die fünf Wiesenlimikolen, die ich vor vielen Jahren dort erleben durfte, sind wieder oder immer noch dort und lassen sich gut beobachten. Über den feuchten Wiesen erklingen ihre Balzstrophen, angereichert mit dem Gesang von Lerchen, Schafstelzen, Braunkehlchen und Wiesenpiepern. Ein Konzert, wie es vor vielen Jahren in vielen der damaligen Wiesenlandschaften gegeben wurde, die heute meist Maiswüsten weichen mussten. Trotzdem zeigen die Schutzbemühungen in den Niederlanden und einigen Landschaften Norddeutschlands, dass es noch nicht zu spät ist für die Uferschnepfen und die anderen Langschnäbel. Deutschland, insbesondere das Land Niedersachsen, hat eine besondere Verantwortung für die westliche Population der Uferschnepfe, da im westlichen Niedersachsen und in den Niederlanden über 90 Prozent der Brutpaare dieser Population leben. Auf der deutschen Roten Liste hat die Uferschnepfe den Status «vom Aussterben bedroht» (Kategorie 1). In den Niederlanden, wo geschätzte 90 Prozent der westeuropäischen Uferschnepfen brüten, ist die Population in den letzten zehn Jahren um mehr als die Hälfte zurückgegangen. Wie dramatisch der Niedergang ist, belegen die Zahlen von BirdLife International, nach denen es 1969 in den Niederlanden noch 120 000 Brutpaare und 2015 nur noch 33 000 gab!

Am Dümmer werden die Uferschnepfen nicht nur erfolgreich geschützt, sondern auch erforscht. So fand man heraus, dass eine junge Uferschnepfe die mehr als 4100 Kilometer vom Dümmer ins afrikanische Überwinterungsgebiet, das Innere Nigerdelta in Mali, in Rekordzeit und nahezu ohne Rast flog. Das ergab die Auswertung des Satellitensenders, den die Schnepfe als Jungvogel erhalten hatte. An einem Tag Mitte Juli wurde der Jungvogel zur Mittagszeit im Brutgebiet geortet, am darauffolgenden Tag überflog er bereits Algerien! Knapp 55 Stunden nach dem Start am Dümmer erreichte er schließlich das Innere Nigerdelta in Mali. Eine beeindruckende Leistung!

Nur vier Monate verbringen Uferschnepfen in ihrem Brutgebiet am Dümmer. Mithilfe der Senderdaten versuchen die Ornithologen herauszufinden, wo sich die bedrohten Wiesenvögel in den anderen acht Monaten aufhalten. Ein Mysterium der Uferschnepfe wird sich durch die Besenderung vielleicht auch bald enträtseln lassen: Man weiß nicht, wo sich die einjährigen Vögel der westeuropäischen Population aufhalten. Fast alle Uferschnepfen kehren erst im Alter von zwei Jahren in ihre Heimat zurück, nur sehr wenige versuchen schon im ersten Lebensjahr eine Brut zu beginnen. Da keine Uferschnepfen im Winterquartier von April bis Juni anzutreffen sind, müssen sie sich woanders aufhalten.

Realistische Einschätzungen der weiteren Entwicklung sagen voraus, dass sich durch die dramatische Klimaerwärmung das Verbreitungsgebiet weiter nach Norden verschieben wird. In Mitteleuropa werden weite Bereiche in östlichen Brutgebieten von den Uferschnepfen geräumt werden und die schon geschrumpften Vorkommen im Westen werden sich weiter verkleinern.

Thomas Griesohn-Pflieger

1941.
P.A. Robert.

Uferschwalbe – Flexibilität ist alles

(Riparia riparia)

Man übersieht sie leicht, die kleinsten Schwalben Europas. Sie kommen etwa zur gleichen Zeit bei uns an wie die Rauchschwalben, doch obwohl sie ebenso gesellig sind, jagen auf dem Durchzug oft nur einzelne Exemplare verteilt zwischen den vielen Rauchschwalben (S. 120) über den Gewässern, wo es auch bei kühler Witterung Nahrung gibt. Dabei sind sie gut zu erkennen, schon an ihrer Flugweise, die weniger schnittig als die der Rauchschwalben ist. Sie flattern mehr und gleiten weniger, ihr Schwanz ist kurz und nur leicht gegabelt, der braune Halsring auf der beigen Unterseite gut zu erkennen, die Oberseite braun. Wie fast alle Schwalben sind sie oben dunkel und unten hell gefärbt, das macht sie für Feinde gegen den Himmel und die Erde schlechter sichtbar.

Wie der Flussregenpfeifer (S. 58) hat sich die Uferschwalbe im Laufe ihrer Entwicklung an die Dynamik von Fließgewässern angepasst. Ihr Brutplatz waren die Prallwände ungezähmter Gewässer, wie es sie immer seltener in Mitteleuropa gibt. Da die Uferschwalbe nie sicher sein konnte, ob im nächsten Jahr die Brutwand noch steht oder fortgespült wurde, suchte sie sich schnell Ersatz. Frisch abgestochene Wände von Kies- und Sandgruben dienen ihr inzwischen als Brutwände, aber auch die Steilabbrüche sandiger Meeresküsten, wie zum Beispiel auf Rügen. Hier habe ich meine erste große Uferschwalbenkolonie gesehen. Die Vögel waren mitten im Brutgeschäft und obwohl sie störungsempfindlich sind, flogen sie, ohne mich zu beachten, geschickt in die Brutröhren, wo der Nachwuchs auf Nahrung wartete. Es müssen mehrere Hundert Vögel gewesen sein, die mich hier wie ein Schwarm Fledermäuse umflatterten, hoch hinauf zu den Wiesenflächen oberhalb der Steilküste und mit gefülltem Kropf in die Brutröhre zurück. Dort eilen sie geschickt den 60 bis 100 Zentimeter langen, leicht ansteigenden Gang hinauf, an deren Ende sie eine etwa faustgroße Nesthöhle gegraben haben. Wenn die Nestlinge etwas größer sind, warten sie am Eingang der Röhre und werden dort gefüttert. Die Röhren hier an Rügens Küste waren wie nach Lehrbuch vor allem im oberen Drittel der Steilwand gebaut, so haben Fressfeinde es schwerer, hineinzugelangen. Warten die Jungvögel später am Röhreneingang, laufen sie Gefahr, von einem Sperber oder Falken dort abgepflückt zu werden. Wenn die Kolonie den Flugfeind rechtzeitig bemerkt, greift sie ihn gemeinschaftlich an, und ihre Warnrufe lassen die Jungen nach innen fliehen.

Junge Uferschwalben kehren nach der Überwinterung in Afrika meist nicht zu ihrer Geburtskolonie zurück, sie suchen sich eher im Umkreis von 20 Kilometern eine neue Kolonie. Altvögel wechseln die Kolonie manchmal sogar für die Zweitbrut, schauen aber nach einer erfolgreichen Brut durchaus im nächsten Sommer einmal nach, ob der alte Brutplatz noch vorhanden ist. Die männlichen Uferschwalben erreichen als Erste Europa und beginnen an einem vielversprechenden Platz schon mal mit dem Röhrenbau. Wenn die Wand keinen Halt bietet, flattern sie vor der Stelle, die ihr Höhleneingang werden soll und scharren im Flug mit den Füßen Material ab. Wenn sie dann am Eingang Halt finden, stützen sie sich mit einem Flügel ab und graben mit einem Fuß weiter. Dabei wechseln sie oft die Seite und setzen mal den einen, mal den anderen Fuß ein. Um den Sand nach hinten hinausschieben zu können, ist Uferschwalben ein kleiner Besen gewachsen, ein Büschel kurzer, fester Federn am Hinterlauf. Der Schwalbenmann gräbt nur einige Zentimeter tief, manchmal versucht er es auch an verschiedenen Stellen. Kommen die weiblichen Uferschwalben an, setzen die Baumeister sich in den Eingang ihrer Röhren und singen. Bevor die zukünftige Partnerin sich auf ihn einlässt, inspiziert sie natürlich die Röhre. Ist alles nach ihrem Geschmack, baut das Paar gemeinsam weiter, wobei er hauptsächlich gräbt und sie später die kleine Nesthöhle mit Halmen, Federn und Fasern auskleidet.

Aber auch bei der Paarung ist für die Uferschwalbe Flexibilität alles. So paaren sich beide Partner auch mit anderen Schwalben, auch wenn die männliche Uferschwalbe versucht, ein Fremdgehen seiner Partnerin zu verhindern. Aber er kann ja nicht immer aufpassen! Die Flexibilität erstreckt sich aber auch auf die Eiablage. So legen die weiblichen Schwalben regelmäßig auch Eier in fremden Nestern ab. In einer schottischen Kolonie stellte sich bei genetischen Untersuchungen heraus, dass nur 60 Prozent der Eier von beiden Brutpartnern stammten, von den verbleibenden 40 Prozent waren die meisten Eier Ergebnisse aus Seitensprüngen der weiblichen Schwalbe, ein weiterer Teil war nur mit der männlichen Schwalbe verwandt und etwa acht Prozent waren genetisch überhaupt nicht mit den Brutpartnern verwandt. Für die Zweitbrut suchen sich die Schwalbenfrauen oft schon neue Partner, noch bevor die Nestlinge zum Röhreneingang vorrücken, sie werden dann vom Vater versorgt, bis sie selbst das Luftplankton aus Fluginsekten und Spinnchen im Fluge erbeuten können.

Die genetische Vielfalt, die bei dieser Lebensweise entsteht, trägt sicher zur Fähigkeit der Anpassung an die Dynamik ihres Lebensraumes bei. Die Flexibilität der Uferschwalbe hat es ihr ermöglicht, bis heute zu überleben, auch wenn ihre Bestände immer wieder stark schwanken. Wir können zu ihrem Erhalt beitragen, indem wir Steilwände in Kies- und Sandgruben erhalten, sie regelmäßig neu abstechen und sie auch nach Stilllegung frei von Gebüsch halten.

Iris Lichtenberg

L'Hirondelle de rivage.
4

Wacholderdrossel – wehrhafter Koloniebrüter

(Turdus pilaris)

Wacholderdrosseln unterscheiden sich von ihrer Verwandtschaft in mancherlei Hinsicht. In unseren Breiten kommen sechs Drosselarten regelmäßig vor, figürlich sind sie sich ähnlich. Allesamt sind sie wohlproportionierte Bodenvögel mit langen Beinen zum schnellen Hüpfen und einem «birnenförmigen» Körper, einem kräftigen Schnabel und großen, dunklen Augen. Die Geschlechter lassen sich bei der Amsel leicht unterscheiden, bei den anderen Arten ist das viel schwieriger. Die bunteste ist die Wacholderdrossel. Neben den beiden bereits genannten Drosseln kommt die Rotdrossel als Wintergast und Durchzügler, die Ringdrossel als Brutvogel der höheren Gebirge und Durchzügler sowie die sich ähnelnden Singdrosseln und Misteldrosseln vor.

In vielen Teilen Mitteleuropas lassen sich Wacholderdrosseln bei Beobachtungen des herbstlichen Vogelzugs im Oktober beobachten. Stare fliegen im dichten Trupp mit schnellen Schwingen geradlinig nach Westen. Dohlen und Saatkrähen sind ebenso unverkennbar, Ringeltauben bilden meist große Haufen, Rotdrosseln, Kiebitze und Feldlerchen ziehen in lockeren Trupps und immer wieder können wir dann Wacholderdrosseln sehen. Ihre Trupps sind schon von Weitem zu erkennen, denn sie stürmen nicht schwirrend geradeaus wie die Stare, sind deutlich größer als die ebenfalls ziehenden Rotdrosseln und wirken im Flug durch die weißen Unterflügel, den grauen Kopf und Schwanz mit braunem Rücken richtig bunt. Wacholderdrosseln fliegen in leichtem Wellenflug, sind fast nie allein zu beobachten und wir können sie meist gut hören. Bezeichnende und laute Flugrufe machen meist schon vor der optischen Erfassung auf sie aufmerksam. Sie rufen im Flug schackernd, fast wie die Elster. In Mitteleuropa zieht die Wacholderdrossel sehr zahlreich durch, eher selten ist sie als Wintergast zu beobachten. Die Wacholderdrossel ist noch gar nicht so lange – gemessen in biologisch interessanten Zeiträumen – Brutvogel in Mitteleuropa. Im Laufe des 19. und 20. Jahrhunderts kam sie aus der Taiga des Nordostens zu uns. Den Rhein erreichte sie erst Ende der 1960er-Jahre. Ihr riesiges Verbreitungsgebiet reicht bis nach Ostsibirien und findet hier in der Mitte Europas bislang seine westliche Grenze. Frankreich ist nur am Rande besiedelt und im Norden der britischen Inseln brütet sie selten und unregelmäßig.

Wacholderdrosseln sind auch als Krammetsvögel bekannt. Bis etwa zum Ersten Weltkrieg wurden Krammetsvögel in großen Stückzahlen gefangen und geschossen, um sie zu verzehren. Im Jahr 1906 wurde allein für das heutige Gebiet des Regierungsbezirks Trier eine durchschnittliche Jahresstrecke von etwa 20 000 Drosseln angegeben. Auch die andere zahlreich durchziehende Drosselart, die Rotdrossel, wurde gerne gefangen und auf dem Markt als willkommene Abwechslung auf der Speisekarte gekauft. Dort hieß die singdrosselähnliche Rotdrossel dann häufig Weindrossel. Die durchziehenden Vögel wurden in Dohnen genannten Fallen gefangen. Die Vögel mussten, um an die als Lockmittel ausgehängten Vogelbeeren zu gelangen, ihren Kopf durch eine Schlinge aus Pferdehaar stecken und erdrosselten sich so selbst. Was wir heute den mediterranen Vogeljägern vorwerfen, war vor nicht allzu langer Zeit also auch bei uns noch gang und gäbe und wurde nur gegen große Widerstände abgeschafft. Noch 1931 schrieb bedauernd der preußische Forstmeister Ferdinand von Raesfeld in dem Klassiker *Das deutsche Waidwerk:* «Es wäre also durchaus wünschenswert, wenn die wohlschmekenden Krammetsvögel wieder in größeren Mengen auf dem Wildmarkt erscheinen, anstatt daß wir diesen Leckerbissen den Italienern überlassen.»

Wacholderdrosseln sind sehr gesellige Vögel und brüten in kleinen Kolonien. Für einen Singvogel ist das eher ungewöhnlich. Das Brüten in Kolonien hat den Vorteil, Feinde gemeinsam abwehren zu können. Die Wacholderdrosseln haben dazu eine wirkungsvolle Verteidigung entwickelt. Elstern, Krähen, Katzen, sogar Mäusebussarde werden von den wehrhaften und aggressiven Vögeln mit Kot bespritzt. Nachweislich hat das schon zu Todesfällen bei den potenziellen Plünderern der Wacholderdrosselbruten geführt. So wurden schon Krähen, Turmfalken, Bussarde und sogar Habichte als «Kotopfer» der Wacholderdrosseln registriert, wenn sie durch das Verkleben des Gefieders flugunfähig aufgefunden wurden.

Das Vordringen der Wacholderdrosseln nach Westen ist erlahmt und leider nehmen ihre Bestände hier im westlichen Zipfel ihrer Verbreitung wieder ab. Seit den 1980er-Jahren ist von einer Halbierung der Bestände auszugehen. Als Vögel, die eine vielfältige Landschaft mit Wiesen, Feldgehölzen und Obstwiesen benötigen, hat sie es mit der Art, wie wir unsere Umwelt behandeln, nicht leicht. Insgesamt ist sie aber nicht im Bestand bedroht und es lohnt sich, nach ihr im Herbst, vielleicht im Rahmen des von NABU und LBV organisierten EuroBirdwatch am ersten Oktoberwochenende, Ausschau zu halten. An vielen Orten werden Führungen angeboten.

Thomas Griesohn-Pflieger

La Grive Litorne.
Femelle-Mâle-Femelle.

La Grive Litorne.
Mâle - Femelle.

Wachtelkönig – heimlicher Knarrer

(Crex crex)

Fast alle Menschen haben schon mal ein Blässhuhn gesehen, auch wenn sie den Namen vielleicht nicht kennen. Auch das Teichhuhn kommt uns oft vor die Augen, ist es doch an vielen Parkteichen Gast an den Futterstellen. Die meisten anderen Rallenarten sind nicht nur kleiner als Bläss- und Teichhuhn, sondern auch Heimlichtuer. Am ehesten hat man als Vogelfreundin oder Vogelfreund eine Chance, die Wasserralle zu sehen. Sie drückt sich zwar mit Vorliebe im Röhricht von Sümpfen herum, aber mit Glück sehen wir sie geduckt am Rande des Schilfs entlangeilen, immer etwas nervös und gehetzt wirkend. Das Tüpfelsumpfhuhn ist nicht nur viel seltener bei uns, sondern auch noch heimlicher als die bereits genannten Rallenarten. Mit viel Glück kann man im Sommer meist junge Tüpfelsumpfhühner an Vegetationsrändern von Verlandungszonen sehen. Die beiden noch fehlenden Sumpfhühner, das Kleine Sumpfhuhn und das Zwergsumpfhuhn, sind so selten und so speziell, dass sie meist nur zufällig oder bei speziellen Expeditionen beobachtet werden können. Eine Ralle fehlt noch, die in den Artenlisten auch gar nicht als «Sumpfhuhn» oder «Ralle» geführt wird – es ist der Wachtelkönig.

Unter den ohnehin in vielerlei Beziehung etwas «merkwürdigen» Sumpfhühnern und Rallen nimmt er eine Sonderstellung ein, denn er meidet Sümpfe und Wasserflächen, und wenn er in Feuchtwiesen vorkommt, dann liegt das wohl an den Wiesen und weniger an der Feuchte. Er ist ein Meister im Heimlichtun! Wir können – wie ich schon häufig – stundenlang am Rande eines gemähten Streifens bewegungslos ansitzen und hören ihn, aber sehen ihn nicht. Was besonders «perfide» ist, wenn uns der Versteckspieler dabei auch noch laut knarrend umrundet, als wolle er uns vorführen. Das Auffällige am Wachtelkönig ist sein lauter, weithin tragender Gesang; ein lautes Knarren, dessen lautmalerische Umschreibung schon aus seinem wissenschaftlichen Namen *Crex crex* ableitbar ist. Ein lautes «rreerrp-rreerrp» in manchmal minutenlanger Folge ist häufig der einzige Hinweis auf sein Vorkommen. Der Gesang wird oft beschrieben mit dem Laut, den ein Messer, das über einen Kamm gestrichen wird, erzeugen könnte. 100 Dezibel soll er schaffen, was sehr laut ist und auf die Dauer, wenn man ihm nicht ausweichen könnte, womöglich zu Hörschäden führen würde. Aber der Gesang soll ja auch abends und nachts die möglicherweise suchend durch die Landschaft fliegenden Wachtelköniginnen auf den noch einsamen König aufmerksam machen! Wegen der rein akustischen Nachweismöglichkeit werden seine Bestände auch nicht in Brutpaaren, sondern in rufenden, männlichen Vögeln angegeben.

Einen Wachtelkönig zu sehen, kann reiner Zufall sein, wie der, den ich im Murnauer Moos erleben durfte. Frühmorgens, ein Pirschgang brachte eine beglückende Beobachtung eines adulten Kamingimpels, singend in der noch jungen Sonne am Rande eines kleinen Sumpfes. Weiter spazierend hörte ich zwei Wachtelkönige rufen, und zwar links und rechts meines Weges. Nach wenigen Schritten bemerkte ich, dass sich die beiden näherten, also setzte ich mich hin, blieb regungslos und wartete. Es dauerte keine fünf Minuten, da flog links von mir ein größenmäßig passender Vogel auf, um kurz vor dem Weg zu landen. Fernglas hoch – Wegrand absuchen! Und tatsächlich, beim dritten Schwenk sah ich den Schnabel aus der randlichen Vegetation herausragen, dann den ganzen Kopf, schließlich marschierte ein Wachtelkönig laut rufend direkt an der Graskante entlang und der Kollege, besser der Rivale, auf der anderen Seite des Weges antwortete munter, ließ sich aber nicht sehen. Eine Wandergruppe machte der Beobachtung ein Ende, der Wachtelkönig drückte sich in die Vegetation, und der Sängerwettstreit fand sein Ende.

Wie der Wachtelkönig zu seinem merkwürdigen Namen gekommen ist? Der Wiesenschnärrer oder die Wiesenralle, wie der Vogel mit einem volkstümlichen und einem anderen, betont sachlich formulierten Namen bezeichnet wird, kommt etwa zur gleichen Zeit in sein Brutgebiet wie die Wachtel. Diese aber, übrigens fast ebenso heimlich und schwer zu sehen wie die Ralle, ist fast um ein Drittel kleiner. Beide wurden gerne gegessen und deshalb ihr Vorkommen mit Freude beobachtet. Und da der Wachtelkönig eben noch mehr Fleisch abgab und vermutlich auch fetter war, war er der «Wachtelkönig».

Wachtelkönige leben in Polygamie. Die Eier im Nest können mehrere Väter haben und diese verteidigen weniger ihre Wachtelköniginnen als vielmehr ihre Reviere, in denen mehrere weibliche Rallen leben können. Man kann sich denken, dass ein Vogel, der artenreiche Wiesen – früher sogar Getreideschläge – bewohnt und sich dort ernähren muss, mit den heutigen, mehrschürigen Futterwiesen nichts anfangen kann und sogar Gefahr läuft, dass seine Küken von den Schlegelmähern erschlagen und zerfetzt werden. Selten ist er geworden, sehr selten! In Deutschland rechnen die Ornithologen mit nur rund 3000 Revieren, in der Schweiz mögen es noch 30 Rufer sein und in Österreich schwanken die (geschätzten) Zahlen von 150 bis 400. Dabei gibt es immer wieder gute Jahre mit einem Einflug von Wachtelkönigen und besonders schlechte Jahre, in denen kaum Wachtelkönige in Mitteleuropa auftauchen. Mit den Wachteln ist es ähnlich. Sicher spielen auch die Bedingungen in den Winterquartieren, die bis ins östliche Südafrika reichen, eine Rolle.

Thomas Griesohn-Pflieger

1941.
P. A. Robert.

Waldkauz – Jäger der Nacht

(Strix aluco)

Meine erste Begegnung mit einem frei lebenden Waldkauz geschah auf Augenhöhe – sozusagen. Durch die immer heftiger werdenden Warnrufe einiger Mönchsgrasmücken (S. 110) wurde meine Aufmerksamkeit auf einen kleinen Bestand junger Bäume, teilweise geschützt durch dichtes Brombeergebüsch, am Ufer eines Anglersees gelenkt. Kleinvögel verraten den Standort von Waldkäuzen durch ihr intensives Warnen, vielleicht wollen sie ihm damit sagen: Ich hab dich gesehen, versuch's erst gar nicht. Ich gehe diesen Warnrufen also oft neugierig nach, muss dabei aber leider sehr oft feststellen, dass ich es wohl bin, der die Warnrufe gelten, wenn die Rufer sich bei meiner Annäherung stumm entfernen.

Aber als Vogelbeobachter muss man beharrlich sein, wenn man etwas sehen will, also ging ich den Rufen der Mönchsgrasmücken nach und schaute durch den Maschendrahtzaun, den Angler gerne um «ihren» See ziehen, in das Gebüsch. Und hielt den Atem an. Etwa drei Meter von mir entfernt, auf dem Querast eines jungen Baumes, genau auf Augenhöhe mit mir, saß ein Waldkauz. Er schaute mich ebenso überrascht an wie ich ihn. Die Sekunden schienen sich zu dehnen, ich wagte es nicht, mich zu bewegen, der Waldkauz schaute ebenso unbeweglich zurück. Das Spiel «Wer zwinkert zuerst» verlor ich. Und mit meinem ersten Zwinkern erhob der Waldkauz sich ruhig und ohne erkennbare Eile von seinem Ast, flog lautlos mit tiefem Flügelschlag in Richtung See. Jetzt verstummten auch die Mönchsgrasmücken, deren Warnen ich kaum noch wahrgenommen hatte.

Seither hatte ich nur die üblichen Begegnungen mit Waldkäuzen: ihre Balz- und Revierrufe im Herbst und Winter und in der Dämmerung flüchtige Blicke aus den Augenwinkeln auf einen «Kuwitt» rufenden Waldkauz, der seinen Tageseinstand verlässt. Wie beim Steinkauz (S. 156) wird der Kuwitt-Ruf der Waldkäuze in Deutschland als ein unheimliches «Komm-mit» gedeutet, dass angeblich die Kranken in den Tod locken soll. Die sonst so morbiden Briten deuten es aber als «too wet – too wet», was vielleicht den britischen Wetterverhältnissen geschuldet ist.

Der Waldkauz gehört zu den wenigen Vögeln, deren Bestand nicht gefährdet ist, was zum einen an seiner großen Flexibilität bei der Wahl der Nahrung und den vielseitigen Jagdmethoden liegt, aber auch an der Zunahme von alten Bäumen in städtischen Parks und Friedhöfen. Wie eine Langzeitstudie in den Wäldern Baden-Württembergs zeigte, hängen Bestandsentwicklungen aber von vielen ineinandergreifenden Faktoren ab. So entwickelte sich der Bestand der Waldkäuze während der Tollwut, die die Füchse dezimierte, positiv. Als der Uhu sich vermehrte, gingen die Bestände aber wieder zurück, da der Waldkauz zu seiner Beute gehört. Die Autoren betonen aber auch, dass eine korrekte Bestandserfassung schwieriger wurde, weil der Waldkauz sein Verhalten an das Auftreten des Uhus anpasste und weniger durch Rufe, die der Kartierung dienten, auf sich aufmerksam machte.

Das ganze Leben standorttreu, kennt der Waldkauz sein Revier in- und auswendig, weiß, wo und wann er im Jahresverlauf am ehesten Beute findet. Er macht Jagd auf Kleinsäuger, Vögel, Insekten, aber auch auf Fische und Amphibien. Dabei erbeutet er Kleinsäuger gerne vom Ansitz, Vögel ergreift er im Flug oder zieht sie aus ihrer Bruthöhle. Er jagt auch am Boden, schreitet oder hüpft dabei, erbeutet Käfer und Regenwürmer. Durch diese Flexibilität übersteht er auch harte Winter, in der reine Mäusejäger oft verhungern. Waldkäuze bleiben ihr Leben lang zusammen, das Paar bewohnt das Revier gemeinsam, geht nach der Brutzeit bis zum Beginn der nächsten Balz etwas auf Abstand, indem es unterschiedliche Tageseinstände wählt, findet im Spätherbst aber wieder zusammen. Das Revier wird gegen andere Eulen vehement verteidigt, vor allem während der Brut zeigt sich der Waldkauz sehr angriffslustig und greift nicht nur andere Eulen und Greifvögel, sondern auch Menschen, die sich der Bruthöhle oder später den jungen Ästlingen nähern, energisch an. Der englische Fotograf Eric Hosking verdankt seine Bekanntheit zunächst nicht seinen Naturfotografien, sondern dem Angriff eines Waldkauzes, in dessen Folge er ein Auge verlor. Die Zeitungsberichte darüber führten dazu, dass er schließlich auch als Fotograf wahrgenommen wurde.

Bei der Wahl ihres Brutplatzes sind Waldkäuze sehr flexibel, sie nehmen Nistkästen an und brüten auch auf dem Boden, bevorzugen aber Baumhöhlen und benötigen sie für einen guten Bruterfolg. Haben sie einmal eine Baumhöhle gefunden, nutzen sie sie auch mehrere Jahre hintereinander. Der Waldkauz scheint also ein Beispiel für eine überlebensfähige, weil flexible Vogelart zu sein. Aber dabei darf man nicht vergessen, dass dies nur gilt, solange es ausreichend passende Reviere mit altem Baumbestand für ihn gibt. Hat er ein gutes Revier gefunden, erleichtert seine Flexibilität ihm das Überleben. Jedoch sterben etwa 50 Prozent der Jungvögel noch im ersten Lebensjahr, unter anderem auch deshalb, weil es kein passendes Revier im Umkreis gibt.

Gibt es einen alten Friedhof in Ihrer Nähe, mit großen zerklüfteten Bäumen oder eine Parkanlage? Dann versuchen Sie doch einmal Ihr Glück, vielleicht finden Sie den Waldkauz in seinem Tageseinstand, an den Stamm gelehnt oder auf einem breiten Ast liegend. Und wenn er aus seinem nur sekundenlangen Tiefschlaf aufwacht und die Augen öffnet, genießen Sie diesen einzigartigen Augenblick.

Iris Lichtenberg

1938.
P. A. Roberts

Wanderfalke – rasendes Flaggschiff

(Falco peregrinus)

Viele Greifvögel ziehen unser Interesse per se auf sich. Adler und Falken gelten als kühn, Habicht und Sperber erfüllen das Klischee vom erbarmungslosen Räuber, beeindruckende Segler sind Milane und Bussard und so weiter. Mich hat schon als Kind der Wanderfalke beeindruckt. Damals waren noch Begriffe wie «edler Jäger», «stolzer Greif» in der Literatur gang und gäbe. Leider dauerte es ziemlich lange, bis ich einen Wanderfalken richtig gut sehen konnte, denn zu den Zeiten, als ich mein erstes Fernglas durch die Welt der Vögel trug, begann der Niedergang der Wanderfalkenbestände auf der ganzen Welt. Der Wanderfalke wurde weltweit zum Symbol für die Bedrohung der Vogelwelt und zum Flaggschiff der Naturschutz-Verbände.

Wer einmal einen Wanderfalken bei der Jagd gesehen hat, kann noch lange davon erzählen. Grundsätzlich haben wir gute Chancen auf solche Erlebnisse an Stellen, an denen sich viele Vögel, viele potenzielle Beutetiere, aufhalten. Das ist hier am Lauwersmeer in Westfriesland der Fall. Es ist einer der Hotspots zur Beobachtung von Sumpfvögeln in Mitteleuropa und diese sind oftmals in Schwärmen unterwegs. So lassen sich hier Hunderte Kampfläufer, Dunkle Wasserläufer, Uferschnepfen oder Kiebitze auf einmal sehen. Meine Beobachtungen zeigen aber auch, dass es selbst dem flinkesten und wagemutigsten Jäger längst nicht immer gelingt, einen Vogel zu erbeuten.

Meist bemerkt man den Angriff erst, wenn die Vögel schon längst im dichten Schwarm aufgestiegen sind und der misslungene Überraschungsangriff in eine wilde Verfolgungsjagd übergeht. So auch hier: Die Kiebitze steigen mit jammernden Rufen auf, die kleinen Krickenten jagen im Höchsttempo und auch dicht an dicht in den Luftraum, auch die Möwen erheben sich und suchen das Weite. Erst jetzt sehe ich den Falken, den ich, durch die Flucht der Vögel alarmiert, erwartet habe. Wie von einer unsichtbaren Schnur gezogen oder wie ein ferngelenkter Marschflugkörper rast er auf den Kiebitzhaufen zu. Die schwarzweißen Vögel fliegen wie von unsichtbarer Hand gelenkt synchron scharfe Kurven und versuchen dabei Höhe zu gewinnen. Bei einer der Kurven schwenkt einer der Kiebitze zu weit aus und verlässt die Kontur des Schwarmes. Ist das Hochmut, Provokation oder schlichte Dummheit? Ich sehe, wie der Falke unmittelbar die Richtung wechselt und ebenfalls nach rechts schwenkt, die Flügel anlegt und noch schneller wird. Der Kiebitz sieht die Gefahr und versucht den Anschluss an den Schwarm wiederzugewinnen, der Falke kann das erfolgreich verhindern, verfehlt aber den einsamen Tänzer knapp und muss hochsteilen, um nicht weiter vom Schwarm davonzuschießen. Er beschreibt, immer noch mit einem Mordstempo, einen kurzen Bogen und kehrt zurück, doch der Kiebitz, nicht dumm, hat an Höhe gewonnen. Von unten findet er Anschluss an seine Artgenossen, der Falke lässt sich ausschwingen, verliert etwas an Höhe und jagt weiter zu einem unbekannten Ziel.

Noch knapper zwei andere Versuche: Alle gut 400 Säbelschnäbler machen plötzlich einen langen Hals, die ersten flattern hoch, und schließlich erheben sich fast alle, als zeitgleich wie ein Blitz ein Wanderfalke einschlägt, er erwischt den letzten noch nicht aufgeflogenen Vogel und steht auf ihm! Ich traue meinen Augen nicht, der juvenile Wanderfalke steht auf dem Säbelschnäbler und macht dabei einen etwas hilflosen Eindruck, die Flügel ausgebreitet, um das Gleichgewicht zu halten, der Säbelschnäbler wild flatternd. Die Situation dauert sicher 15 Sekunden. Dann löst der Falke seine Klauen und schwingt sich in die Luft. Der Säbelschnäbler braucht eine Weile, dann ordnet er sich schüttelnd das Gefieder und humpelt – er fliegt nicht – zu seinen Artgenossen, die im Seichtwasser vielleicht 100 Meter weiter Platz genommen haben.

Dritter Überfall: Ich weiß, dass ein Falke da sein muss, die Stimmung ist angespannt, immer wieder legen die Kampfläufer den Kopf schief und schauen in den Himmel. Ich auch. Dann sehe ich ihn heranrasen, in einer sich neigenden Fluglinie, die auf den Kampfläufertrupp zielt, zischt er mit fast angelegten Flügeln sehr schnell schlagend und weiter beschleunigend so schnell an uns vorbei, dass mir beim Verfolgen mit dem Fernglas fast schwindelig wird. Zweimal Augenzwinkern noch und er wird aufschlagen, doch in derselben Zehntelsekunde flüchten die Kampfläufer alle auf einmal und es bleibt nur ein Vogel auf dem Boden, eine Bekassine. Die Millisekunden dehnen sich, ich sehe sie schon in den Fängen des Falken baumeln, da schießt sie wie von einer Feder geschnellt steil in die Luft, der Falke schießt über das Zielgebiet hinaus und rast nach einer halsbrecherischen Kurve, die dem Roten Baron die Tragflächen abgerissen hätte, hinter der Schnepfe her. Beide fliegen im Zickzackkurs davon, bis ich sie aus den Augen verliere.

Wir neigen dazu, Partei zu ergreifen. Müssen wir nicht zur schwächeren Partei halten? Aber wer ist das? Die Bekassine, die den Falken zunächst ausgetrickst hat? Der hungrige Falke, der dringend Kalorien braucht, und vielleicht heute schon den fünften Fehlstoß erlebt hat?

Heute geht es den Wanderfalken relativ gut. Nach dem DDT-Verbot und dank intensiver Schutzbemühungen, der Sicherung von Brutplätzen in Felsen, dem Angebot von Nistkästen an Gebäuden und der Wiederansiedlung von baumbrütenden Wanderfalken ist er in manchen Gegenden wieder eine alltägliche Erscheinung. Von wenigen Dutzend Paaren in den 1970er- Jahren zu über 1000 Paaren im ersten Jahrzehnt dieses Jahrhunderts allein in Deutschland – das ist eine Erfolgsgeschichte des Naturschutzes.

Thomas Griesohn-Pflieger

1617
1938.
P.A.Robert.

Wasseramsel – der tauchende Sänger

(Cinclus cinclus)

Jedes Jahr im Januar statte ich der benachbarten Kleinstadt einen Besuch ab. Ich suche die Wasseramseln, die dort in der Stadtmitte unter einer Brücke, die über einen schnell fließenden Bach gespannt ist, ihr Nest gebaut haben. Jetzt sieht man sie besonders gut, sie sind damit beschäftigt, Moos zu sammeln, um ihr Nest weiter auszubauen. Das erste, was man sieht, ist ihr auffallend weißer Brustlatz, ohne ihn wären sie mit ihren gedeckten Schwarz- und Brauntönen nur sehr schwer zu entdecken. Das Wasser kommt aus dem nahegelegenen Spessart herunter und muss jetzt im Januar eiskalt sein, das stört die Wasseramseln aber nicht, sie sind perfekt an ihren Lebensraum und ihre Lebensart angepasst.

Wasseramseln sind mit besonders vielen Federn ausgestattet, vor allem am Oberkopf, an Kinn und Kehle, und auf dem Rücken haben sie erheblich mehr Konturfedern und Pelzdunen als alle anderen Singvögel. Mit ihren großen Bürzeldrüsen produzieren sie das Sekret, mit dem sie es wasserdicht imprägnieren. Die kugeligen Vögel mit dem kurzen Schwanz sind nicht gerade wendige Flieger, aber dafür können sie etwas, was kein anderer Singvogel kann: tauchen und schwimmen. Die Jungvögel können schwimmen, bevor sie fliegen können und ein erwachsener Vogel kann bis zu 15 Sekunden unter Wasser bleiben. Ich bin davon jedes Mal von Neuem fasziniert: die Wasseramsel steht knicksend und blinzelnd auf einem Stein, ihr Körper ist immer in Bewegung, dann plötzlich wirft sie sich gegen die Strömung kopfüber ins Wasser. Taucht kurz wieder auf, taucht wieder ab, ploppt schließlich aus dem Wasser und landet auf einem Stein. Knickst, blinzelt mit ihren auffallend weiß befiederten Augenlidern, knickst. Wasseramseln tauchen und schwimmen immer gegen die Strömung, sie benötigen sie, um unter Wasser zu bleiben. Beim Schwimmen weist der Körper etwas schräg nach unten, der Kopf ist tiefer als der Schwanz, sodass die Strömung die Wasseramsel nach unten drückt. Die Ellbogen bleiben dicht am Körper, aber die Handflügel werden ausgebreitet und wie Flossen zum Schwimmen genutzt, mit den Füßen können sie sich am Boden stabilisieren oder abstoßen.

Ihre Nahrung findet sie unter Steinen oder in Nischen im Wasser: Larven und Nymphen von Köcherfliegen, Steinfliegen, Eintagsfliegen, manchmal werden auch kleine Fischlein aus ihrem Versteck gezogen. Im Sommer fängt die Wasseramsel auch Insekten im Flug. Wenn Schnee liegt, erntet sie die erstarrten Insekten von der Schneedecke. Weil die Wasseramsel ein so spezielles Habitat benötigt – einen schnell fließenden, sauerstoffreichen, nicht zu schmalen Bach mit seichten Stellen und zumindest so sauberem Wasser, dass die Fliegenlarven sich darin entwickeln können – hält sie ihr Leben lang an einem Brutplatz fest, wenn sie einen Erfolg versprechenden gefunden hat. Wie bei den meisten monogamen Vögeln ergibt sich die Monogamie eher aus der Brutplatztreue als aus der Partnertreue. Neben guten Nahrungsgründen benötigt sie einen sicheren Platz für das große Nest, und weil das ein halbdunkler, überdachter Ort sein soll, bauen sie ihre Nester unter Brücken, wenn hier Streben, Absätze oder Nischen vorhanden sind. Das Nest wird über viele Jahre genutzt und immer weiter ausgebaut, sodass es schließlich bis zu einem halben Meter im Durchmesser messen kann. Das Nest ist eine Kugel aus Moos mit einer Einschlupfröhre, innen wird eine Mulde ausgeformt, in die ein Napf aus Grasrispen und weichen Materialien gebaut wird. Dieser Napf wird bei jeder Brut, auch unterjährig, erneuert, er wird nur vom weiblichen Vogel gebaut, der schließlich auch alleine brütet, während der Partner ihn mit Nahrung versorgt.

Wasseramseln sind keine geselligen Vögel – haben sie ein gutes Revier gefunden, verteidigen sie es während der Brutzeit gegen Artgenossen. Da kein anderer Singvogel ihnen ihre Nahrungsnische streitig machen kann, sind sie anderen Arten gegenüber tolerant. Viele Paare bleiben auch im Winter in ihrem Brutrevier, wenn es ausreichend Nahrung bietet. Wenn der Fluss oder Bach zufriert, folgen sie ihm oft einfach flussaufwärts, bis sie ein besseres Gebiet erreichen. Und so können sich in harten Wintern dort, wo ein günstiges Mikroklima herrscht, auch kleine Schlafgemeinschaften zusammenfinden. Allerdings wird nicht etwa gekuschelt, wie bei vielen anderen Singvögeln, nein, jeder bezieht seine eigene Nische, die so liegen muss, dass man sich gegenseitig nicht sieht. Auch der Anflug muss möglichst unauffällig erfolgen, damit kein Streit mit Gesang und Drohgebärden ausbricht. Hier findet man sich nur zusammen, weil es genug Nahrung gibt, nicht, weil man sich mag.

Der gleiche Bach, der durch die kleine Stadt mit dem Wasseramselrevier sprudelt, fließt auch hinter meinem Garten. Er strömt hier aber nicht mehr so schnell, ist etwas tiefer und die einzige Brücke in der Nähe ist so gebaut, dass man darunter kein Nest verankern kann, so wie viele moderne Brücken. Bei einem Spaziergang im Spätsommer sah ich dennoch einen Vogel niedrig über das Wasser fliegen. Kein Eisvogel (S. 48), es fehlte das blitzende Türkis. Erst als sie sich hinsetzte, knicksend und blinzelnd, erkannte ich die Wasseramsel. Sie flog gleich wieder auf, flussaufwärts, sicher ein Jungvogel auf der Suche nach einem Nistplatz für das nächste Jahr. Ich hatte wenig Hoffnung, ihn noch einmal wiederzusehen.

Iris Lichtenberg

Le Cincle.[1]
Mâle – Femelle.

Wasserläufer – immer am Rand lang

(*Tringa* sp.)

Limikolen gelten für viele Einsteigende in die Vogelbeobachtung als «schwierig». Die Fülle der Kleider, die einzelne Arten im Jahresverlauf anlegen und die manchmal dafür sorgt, dass Angehörige derselben Art sehr verschieden aussehen, sowie die Fülle der Arten, die potenziell infrage kommen, muss auf den ersten Blick erschlagend wirken. Da ist der Rat von erfahrenen Beobachtern bei vogelkundlichen Reisen mehr als hilfreich. Denn dann lernen wir recht schnell, den Bruchwasserläufer mit der punktierten Oberseite vom Rotschenkel mit den orangenen Beinen und dem halben weißen Flügel zu unterscheiden, und wir lernen, dass nicht alle Wasserläufer mit roten Beinen Rotschenkel sind, der Dunkle Wasserläufer nur im Brutkleid so schön schwarz auftritt und im Ruhekleid dann dem Rotschenkel ähneln kann, aber immer einen dünneren und längeren Schnabel hat. Aber man sieht manche Artkennzeichen eben nur, wenn man von ihnen weiß.

Paul-André Robert hat auf der Tafel vier Limikolenarten, die sich theoretisch auch so in der Natur begegnen könnten, festgehalten. Allerdings ist das Bild idealisiert, denn der Dunkle Wasserläufer mit den dunkelroten Beinen, dem unterseits roten Schnabel und dem fast schwarzen Gesamtauftritt trägt das Brutkleid. Der Rotschenkel neben ihm ist zwar adult, aber noch nicht im Prachtkleid. Links steht ein kleinerer Wasserläufer, der früher auch den Namen Punktierter Wasserläufer trug. Völlig zu Recht, denn auf der Oberseite, dem Rücken und den Flügeldecken zieren ihn viele kleine Punkte. Es ist ein Bruchwasserläufer. Ihn kennzeichnet auch der markante Überaugenstreif, der durch einen dunklen Augenstreif betont wird. Der vierte im Bunde ist kein Wasserläufer, aber ein Watvogel, der auch im Binnenland zu beobachten ist. Es ist der Alpenstrandläufer. Im Brutkleid ist er leicht an dem schwarzen Bauchfleck zu erkennen. Alpenstrandläufer sind, wie die anderen Strandläufer auch, bei uns eher an der Küste zu entdecken, wo die Knutts und Sanderlinge, Alpenstrandläufer und Zwergstrandläufer regelmäßig und manchmal in riesigen Schwärmen zu bestaunen sind.

Die Wasserläufer (Tringa), zu denen die drei links auf der Tafel abgebildeten Arten zählen, bilden innerhalb der Familie der Schnepfenvögel eine eigene Gattung, die grazile, wohlproportionierte, schnepfenähnliche Vögel zusammenfasst, die meist als elegant wahrgenommen werden. Bei uns brüten oder sind regelmäßig zu beobachten: Rot- und Grünschenkel, Dunkler Wasserläufer, Teich-, Bruch-, Waldwasserläufer und der Flussuferläufer. Alle übrigens mit gut unterscheidbaren Rufen. Rotschenkel, Waldwasserläufer und Flussuferläufer brüten regelmäßig bei uns, während die anderen Arten sich im Nordosten Europas fortpflanzen und regelmäßige und nicht seltene Durchzügler und Gäste vor allem im Binnenland sind. Sie suchen ihre vielfältige Nahrung, die allerlei Kleintiere im Wasser, Schnecken, Insektenlarven bis zu Molchen und sogar Kleinfische umfasst, meist im Seichtwasser. Einige, wie der Dunkle Wasserläufer, können gut schwimmen und machen im Wasser rennend Jagd auf Kleinfische.

Der Dunkle Wasserläufer ist eine der elegantesten Limikolen überhaupt. Im frisch angelegten schwarzen Brutkleid mit tiefrotem Schnabel und ebensolchen Beinen macht er ordentlich was her und ist ein echter Hingucker. Aber leider hat er es dann eilig nach Hause zu kommen, und meist sieht man ihn bei einer kurzen Rast am Flussufer, auf überschwemmten Wiesen oder an anderen Flachwasserufern. Er ist das Musterbeispiel für eine «schwierige» Limikole. Das schwarze Brutkleid ist nicht zu verwechseln, aber vorher und nachher kann man ihn für einen Rotschenkel halten. Auch im Jugendkleid macht er Bestimmungsprobleme, wichtig ist es dann, auf den langen, dünnen Schnabel zu achten. Beim Dunklen Wasserläufer scheinen fast nur die männlichen Vögel zu brüten und ein Großteil der Frauen zieht bereits vor dem Flüggewerden der Kinder wieder nach Süden ab.

Der Bruchwasserläufer hat eine Besonderheit, die unter Limikolen ungewöhnlich ist, denn im Norden seiner Verbreitung brütet er auch in Drosselnestern hoch oben, und die Bodennester, die er mehr im Süden favorisiert, sind richtige Nester mit ausgepolsterter Nestmulde und oft mit einer Haube. Er zieht regelmäßig und in breiter Front durch das Binnenland bis ins tropische Afrika. Zu verwechseln ist er mit dem Waldwasserläufer, der etwas pummeliger wirkt und vor allem keinen hellen Überaugenstreif zeigt, sondern von einem Zügelstreif – vom Schnabelgrund bis zum Auge – geziert wird.

Der Rotschenkel zählt bei uns zu den bedrohten Wiesenlimikolen, er ist der Wasserläufer, der auch im Wattenmeer in großen Scharen auftreten kann. Die nordischen Vögel täuschen dann darüber hinweg, dass er bei uns in der Roten Liste als «gefährdete Brutvogelart» geführt wird und vor allem im Binnenland durch die Vernichtung von Feuchtwiesen und Überschwemmungsflächen einen dramatischen Lebensraumverlust hinter sich (und vor sich?) hat. Der Alpenstrandläufer ist als Brutvogel in Deutschland fast verschwunden. Es mag noch eine oder zwei Handvoll Paare im extremen Norden des Landes geben. Als Durchzügler kann er zu Tausenden im Wattenmeer beobachtet werden, diese Vögel gehören anderen Unterarten an und sind bislang noch nicht gefährdet. Auch im Binnenland ziehen kleinere Trupps durch.

Thomas Griesohn-Pflieger

1941.
P. A. Robert

Wasserralle – Schweinchen im Rohr

(Rallus aquaticus)

«Wenn du die Ralle sehen willst, kannst du dich da gerne reinsetzen, ich komme morgen erst wieder!» Jupp Brinkmann, Rentner und erfahrener Vogelbeobachter, zeigt auf sein provisorisches Tarnzelt. Im Wesentlichen besteht es aus einem Höckerchen, einer grünen Plane mit Schlitz und etwas zusammengezogenen Weidenzweigen, Rohrkolben und anderen hohen Pflanzen. Mitte September, am Rande von Dortmund in einem neuen Bergsenkungsgebiet. Die zusammenkrachenden Kohlenflöze unter Tage führen über Tage zu Bodensenkungen. Wir Vogelgucker freuen uns darüber, denn so entstehen immer neue kleine Sümpfe mit entsprechend seltenen Vögeln. Jupp hat auf Bartmeisen angesessen und frühmorgens gute Fotos gemacht. Jetzt setzt er sich aufs Fahrrad und weg ist er. Ich klemme mich auf den Hocker, mache einen runden Rücken, damit ich durch den Schlitz sehen kann und schaue raus. Draußen hat Jupp zwei Apfelhälften hingelegt. «Das macht die neugierig, dann kommen sie!». «Sie» sind Wasserrallen, die Jupp als «Beifang» auch noch beobachtet und fotografiert. Ich kenne die Art noch nicht und hätte sie auch hier zwischen Unrat, Rohrkolben, einem rostigen Fass und abgelegten Gartenabfällen nicht erwartet. Ich schaue auf die Uhr. Eine Stunde, habe ich mir vorgenommen, will ich warten.

Die Zeit vergeht langsam. Es tut sich eigentlich nichts. Eine Rohrammer untersucht den Rand der Vegetation, sie wird abgelöst von einem Teichrohrsänger. Auf der Apfelhälfte fünf Meter vor mir sonnt sich eine große Fliege. Ich kann durch den Sehschlitz auf der linken Seite einen schmalen Trampelpfad überblicken, der direkt auf mich zuführt. «Das war Jupp», denke ich. Am Rand dieser wie ein Wildwechsel wirkenden Spur wackeln Halme von Wolfstrapp und Wasserhanf. Ich werde sehr aufmerksam. Mal wackeln sie stark, mal ist Ruhe, dann wackelt es wieder, Halme zittern direkt am Rand und dann sehe ich den Kopf eines Vogels. Sollte eine Wasserralle nicht einen gebogenen, relativ langen Schnabel haben? Dieser Vogelkopf hat einen kurzen, schlammfarbenen, beigen Schnabel, Jetzt schiebt sich vorsichtig der graue Kopf ins Freie und das junge Teichhuhn schlüpft über den Wechsel. «Ob der Jupp sich verguckt hat, und ich sitze hier für ein Teichhuhn an?», denke ich grimmig. Zwanzig Minuten noch. Ich schaue nach rechts, die Fliege ist weg, aber eine junge Wasserralle schleicht vorsichtig am Vegetationsrand entlang auf mich zu. Der gebogene Schnabel eher gelb als rot, die Unterseite nicht grau, sondern beige – also ein Jungvogel. Immerhin. Wie schmal der ist! So passt er gut durch den Halmwald. Lange Zehen sehe ich, wenn der Vogel sichert und dabei einen Fuß hebt. Zwei Meter vor mir schlägt sich die Ralle in die Büsche und verschwindet, ohne dass ein Hälmchen wackelt. Puuh – ich kann mich entspannen, den Rücken strecken. Das war gut! Danke, Jupp! Zu Hause mache ich einen neuen Eintrag in meine persönliche Artenliste. Es sind jetzt deutlich über 200 Einträge.

Von den sieben Rallenarten, die wir theoretisch (!) in Mitteleuropa erwarten können, sind nur zwei wirklich bekannt, das Blässhuhn und das Teichhuhn (S. 168). Dass sie «Huhn» genannt wurden, zeigt schon, dass sie populärer sein müssen, denn Ralle oder Sumpfhuhn hört sich schon spezieller an. Die beiden bekannten Arten sind mehr oder weniger häufig auf Dorfteichen, in Stadtparks und auf und an Freizeitseen zu beobachten und besuchen auch Fütterungen. Die anderen Rallen leben eher im Sumpf oder in den seltenen hochwüchsigen, extensiv genutzten Mähwiesen. Dort entziehen sie sich dem Alltagsblick der Menschen. Wer sie sehen will, muss Glück haben oder sie intensiv suchen.

Die Wasserralle ist von den heimlichen Rallen noch die häufigste und am ehesten zu sehen. Fast jedes Jahr sehe ich sie, in einem Moor in Friesland, wenn sie sich am Rande des Schilfes sonnt, oder in den Rieselfeldern, wo das ferkelähnliche Quieken uns ausschauen lässt und wir sie, verlegen und linkisch wirkend, über eine kleine Wasserfläche eilen sehen. Das sind Zufälle, erzwingen kann man das, wie die meisten Vogelerlebnisse, nicht.

Wasserrallen sind bei uns nicht selten und in einer Vielzahl ähnlicher Biotope anzutreffen. Dazu gehört der verlandende Teich ebenso wie das von Weidengebüsch gesäumte Altwasser des Flusses und auch der schmale Entwässerungsgraben. Wichtig ist Deckung für die Heimlichtuer. Ihre Anwesenheit wird häufig akustisch verraten durch quiekende und grunzende Rufe. Wenn wir sie sehen, können wir sie kaum verwechseln, der lange, im Adultkleid rote Schnabel macht sie unverkennbar. Wenn sie fliegen, lassen sie, wie die anderen Rallen auch, oft die Beine hängen und laufen nach der Landung sofort weiter.

Der europäische Bestand wird auf 140 000 bis 360 000 Brutpaare geschätzt, davon lebt in Deutschland ein nicht unbeträchtlicher Anteil mit geschätzten 12 500 bis 18 500 Revieren mit dem Schwerpunkt in Norddeutschland. In der Schweiz besiedelt die Wasserralle die Flusstäler und Niederungen; man rechnet mit 500 bis 800 Brutpaaren. In Österreich schätzt man bis zu 5000 Paare alleine am Neusiedler See, der nationale Gesamtbestand könnte bei etwa 7000 Brutpaaren liegen.

Wasserrallen sollen aus dem Stand, sogar aus dem Wasser, einen Meter hoch springen können, um zum Beispiel Insekten von Halmen abzugreifen. Das würde ich gerne mal sehen!

Thomas Griesohn-Pflieger

P.A. Robert.
1940.

Weißstorch – lebende Legende

(Ciconia ciconia)

Über kaum einen anderen Vogel gibt es so viele Mythen und Legenden wie über den Weißstorch. Kaum ein anderer Vogel wird so eng mit unserem eigenen Leben in Verbindung gebracht. Warum das so ist, wurde mir erst in der spanischen Stadt Trujillo klar, wo auf jedem Dachvorsprung, selbst auf dem Kirchturm, Storchennester gebaut waren, in denen reges Leben herrschte. Hier konnten wir noch bei einer Tasse Kaffee auf dem Marktplatz beobachten, was zu den Fruchtbarkeitsmythen rund um den Storch geführt haben mag: die frenetisch klappernde Begrüßung, wenn der Partner auf dem Nest landet, die synchronisierten Bewegungsabläufe beim Klappern, die gegenseitige Gefiederpflege und nicht zuletzt die Häufigkeit der Begattungen. Dass der Storch uns die Kinder bringt, ist dabei ein relativ neuer Mythos, er entwickelte sich erst zu Beginn des 18. Jahrhunderts. Bis dahin herrschte seit der Antike ein anderer Glaube vor, der ebenso wenig seinen Ursprung in der Biologie des Storches hatte: man glaubte, dass junge Störche die alten Störche beim Fliegen stützen und sie mit Nahrung versorgen, wenn sie selbst zu gebrechlich für Flug und Jagd wurden. Im antiken Griechenland erließ man in diesem Glauben das sogenannte «Storchengesetz», das Kinder dazu verpflichtet, sich lebenslang um ihre Eltern zu kümmern, ein antikes Rentengesetz sozusagen.

Tatsächlich aber bricht der Familienverband des Storches im Spätsommer bei seinem Abzug in die Überwinterungsgebiete in Afrika auseinander. Weder die beiden Altstörche des Paares noch die Jungvögel ziehen gemeinsam, auch wenn sie sich auf dem Zug zufällig wieder begegnen, gehen doch alle ihrer eigenen Wege und überwintern oft in unterschiedlichen Gebieten. Wenn sich im folgenden Jahr das gleiche Paar wieder zusammentut, ist dies der Treue zum Nest zu verdanken, nicht der Partnertreue. Es verspricht einfach einen höheren Bruterfolg, wenn man an einen Platz zurückkehrt, der vertraut ist, wenn man weiß, wo Nahrung zu finden ist und wenn man die Nachbarschaft kennt. Kehrt die Vorjahrespartnerin nicht rechtzeitig zurück, geht der Storchenmann, der häufig als Erster ankommt, schnell eine andere Beziehung ein. Nicht immer geht das gut, denn wenn die ehemalige Partnerin doch noch eintrifft, wird sie mit Vehemenz versuchen, die neue Hausherrin zu vertreiben, und dies gelingt ihr oft, zumindest, wenn sie den Hausherren überzeugt. Dieser wechselt die Loyalität, wenn das Vorjahr erfolgreich war. Da weiß er zumindest, was er hat. Gegen Artgenossen verteidigt der Storch sein Nest in heftigen Luftkämpfen, die nicht selten zu blutenden Verletzungen und manchmal sogar zum Tod führen.

Seine Popularität hat der Weißstorch aber sicher nicht nur seiner Nähe zum Menschen zu verdanken. Er ist ein großer und auffälliger Vogel, den man kaum verwechseln kann. Mit seiner imposanten Flügelspannweite von bis zu zwei Metern bietet er ein majestätisches Bild, wenn er in der Thermik eines Spätsommertages in die Höhe steigt. Meist bildet sich eine Gruppe, die gemeinsam wie in einem Kamin umeinanderkreist und segelt, offenbar zum reinen Vergnügen, denn der Storch jagt seine Nahrung nicht in der Luft. Vielleicht ist es auch eine Vorbereitung auf den langen Zugweg, eine Übung nach der langen Aufzuchtzeit, in der die Nahrungssuche und der Schutz der Jungvögel die Hauptsache waren. Störche jagen ihre Nahrung am Boden und sind dabei nicht wählerisch. Hauptnahrung sind nicht etwa Frösche, sondern Insekten und Regenwürmer, sie erbeuten aber auch Mäuse und andere kleine Wirbeltiere inklusive Vögel, Reptilien und Amphibien. Dort, wo es viele Störche gibt, kann man auch ungewöhnliche Jagdszenen beobachten, so sah ich in der Wetterau (Hessen), wie ein Storch immer wieder auf eine erwachsene Blässralle einhackte, die versuchte, sich ins Wasser zu retten. Kiebitze (S. 90) wissen, dass nichts vor den großen Schnäbeln der Störche sicher ist, und ich konnte einmal beobachten, wie ein Kiebitz, der seine Jungvögel bewachte, einen Storch immer wieder angriff, ihm mit einem Flügel einen Klaps verpasste und ihn mit den Füßen streifte. Stellte der Storch sich ihm anfangs noch mit geplusterter Kehle und drohend hingewendetem Schnabel entgegen, sich immer wieder um die eigene Achse drehend, duckte er sich am Ende nur noch weg und flog schließlich entnervt davon.

In der Auenlandschaft der Wetterau, in der die Naturschutzverbände viele Nisthilfen aufgestellt haben und die geschützten Feuchtwiesen ein reiches Nahrungsangebot versprechen, ist die Storchenpopulation inzwischen wieder so hoch, dass sie ihre gewaltigen Nester auch in Bäume bauen, da die Nisthilfen nicht ausreichen. Einige Nester stehen dicht am Weg, man sieht die Untermieter ein- und ausfliegen, Haussperlinge oder Stare, eine bewährte Hausgemeinschaft. Das Klappern der Störche hallt über die Wiesen, manchmal hört man auch ein Zischen aus dem Nest, wenn sie sich paaren. Auf den Wiesen rennen sie Heuschrecken nach und lassen sich von den vielen Sonntagsausflüglern nicht stören. Ein Vogel, der uns nahekommt und der uns nahegeht, vielleicht zu nahe? Denn schon werden Stimmen laut, dass es zu viele gibt. Die ersten haben sich Bäume mitten im Dorf ausgesucht. Die Nähe eines so großen Wildtieres, seine offene, wenig scheue Art irritiert uns. Der Storch mag uns lehren, was wir vergessen haben: wir sind ein Teil der Natur und nicht ihr Gegenteil.

Iris Lichtenberg

1940.
P. A. Robert.

Wespenbussard – Greif mit Hühnerfüßen

(Pernis apivorus)

Der Wespenbussard ist für mich ein Lehrstück der Evolution. Wie immer er in seine für einen Greifvogel ungewöhnliche Nahrungsnische geraten ist, die Evolution hat ihn im Laufe der Jahrtausende ideal daran angepasst. Der Wespenbussard ernährt sich in den Monaten und in den Regionen, in denen sie verfügbar sind, bevorzugt von Faltenwespen, zu denen unter anderem die Echten Wespen, Hornissen, aber auch solitäre Wespenarten gehören. Er hat es besonders auf die Larven und Puppen abgesehen, verschmäht aber auch die erwachsenen Tiere nicht, denen er vor dem Verzehr vorsichtshalber den Stachel abkneift.

Wie kommt er nur unbeschadet davon, wenn er ein Wespennest ausgräbt? Ich habe ihn leider noch nie dabei beobachten können, aber andere berichten, dass er die ihn umschwirrenden und angreifenden Wespen vollkommen zu ignorieren scheint. Er fühlt sich sicher, weil er auf seine Sonderausstattung vertraut. Sein Schutz besteht vor allem aus dichten, kleinen, schuppenartigen Federn im Gesicht zwischen Schnabelgrund und Auge und Hornplättchen auf den Fängen, die ihn vor den Stichen schützen. Zusätzlich ist er zum Graben mit kräftigen, im Gegensatz zu allen anderen Greifvögeln geraderen Krallen, die weit auseinanderstehen, ausgerüstet. Seine Nasenlöcher sind schlitzförmig und schmal, sodass keine Fremdkörper beim Graben eindringen können. Sein Schnabel ist dagegen eher klein und wenig kräftig.

Der Wespenbussard findet die Wespennester, indem er von einem Ansitz aus die Umgebung beobachtet oder dicht über den Boden fliegt. Sieht er Wespen, folgt er ihnen mit den Augen oder auch fliegend, um herauszufinden, wo sie ihr Nest haben. Sobald er es gefunden hat, gräbt er es entweder sofort aus oder merkt sich den Standort für spätere Beutezüge. Er entfernt die Waben aus dem Wespennest, dabei gräbt er bis zu 40 Zentimeter tief, und bringt sie in der Brutzeit entweder zum Nest oder verzehrt Puppen und Larven vor Ort. Es gibt Berichte, dass er beim Graben so in seine Arbeit vertieft ist, dass man sich ihm nähern und ihn hochheben kann. Ich frage mich allerdings, wer das in Anbetracht der aggressiven Wespen, die ihr Nest verteidigen, wirklich tun würde. Da Wespen weder im Überwinterungsgebiet noch bei uns immer verfügbar sind, erbeutet der Wespenbussard auch Großinsekten und zur Not Amphibien, denen er laufend folgen kann. Er bewegt sich am Boden sehr geschickt und fängt Insekten und Käfer auch mit Luftsprüngen. Eine erfolgreiche Brut ist aber von Faltenwespen abhängig, in nassen Sommern ohne Wespen brütet er daher gar nicht oder erfolglos.

Sie haben noch nie einen Wespenbussard gesehen? Nun, vielleicht doch und sie haben es nur nicht bemerkt, weil Sie ihn für einen Mäusebussard (S. 100) gehalten haben. Mir ist das sicher oft passiert, bevor ich einen Blick für die Unterschiede entwickelt hatte. Wie der Mäusebussard kommt er in vielen verschiedenen Farbvarianten (Morphen) vor und ist auf den ersten Blick nicht gleich zu erkennen. Vor allem seine waagerechte, leicht hängende Flügelhaltung beim Segeln lässt auch aus der Ferne eine Unterscheidung vom Mäusebussard zu. Aufgrund seiner heimlichen Lebensweise in Wäldern mit Lichtungen oder an Waldrändern ist es dennoch schwierig, etwas über seine Bestandsentwicklungen auszusagen. Er gilt aber in Deutschland und der Schweiz als gefährdet auf niedriger Warnstufe. Sein Nest ist im Gegensatz zu ihm selbst unverkennbar, denn er baut es in 10 bis 20 Metern Höhe auf Bäumen, manchmal setzt er es auf alte Bussard- oder Krähennester auf. Das Besondere ist, dass er viele grün belaubte Zweige einbaut und auch während der gesamten Brutperiode immer wieder neue belaubte Äste einbringt. Die leeren Wespenwaben drückt er in der Nestmulde zusammen mit grünen Blättern, die er von Ästen abzupft, auf den Boden. Ob die Ausstattung des Randes mit frischen Blättern der Hygiene dient, weil seine Nestlinge im Gegensatz zu allen anderen Greifen auf den Nestrand koten und nicht darüber hinweg, ist ungeklärt.

Schon bei den Jungvögeln des Wespenbussards zeigt sich ein Verhalten, dass bei Nestlingen anderer Greifvögel nie beobachtet wurde: Sie beginnen etwa ab der vierten Woche Löcher in die Nestmulde zu scharren. Früh übt sich, was ein Greif mit einer besonderen Nahrungsnische werden möchte. Man sagt, dass beim Wespenbussard vom Greif nur noch die gefährliche Anmutung geblieben ist, und auch wenn die Amphibien und Insekten, die er fängt, das sicher anders sehen, trägt eine weitere Angewohnheit zu diesem Eindruck bei. Der Wespenbussard isst nämlich auch Früchte, bevorzugt Kirschen und Pflaumen. Nachdem er sie mit dem Schnabel von einem Ast gepflückt hat, nimmt er sie in einen Fang und knabbert mit dem Schnabel das Fruchtfleisch um den Kern herum ab. Das lässt mich eher an einen Papagei denken, nicht an einen Greifvogel, aber erlaubt ist, was das Überleben sichert.

Der Wespenbussard gehört zu den Arten, die von Kahlschlägen in Wäldern profitiert haben. Er benötigt die offenen, waldnahen Flächen, die dadurch entstehen, zur Nahrungssuche. Auch andere Vögel, wie zum Beispiel Steinschmätzer, haben von dieser Form der Waldbewirtschaftung in der Vergangenheit profitiert. Die in den letzten Jahren vermehrt durch Stürme verursachten freien Flächen werden heute von einigen Arten als vorübergehendes Habitat genutzt – ein Nutzen, der uns nur selten bewusst ist.

Iris Lichtenberg

Die Tafel zeigt Jungvögel.

1938.
P. A. Robert.

Wiedehopf – bringt den Blumentopf

(Upupa epops)

Ihn wollen alle sehen, den Wiedehopf, den *Upupa epops* – wie der attraktive Vogel lautmalerisch doppelt gemoppelt wissenschaftlich benannt ist. Sowohl das lateinische *Upupa* als auch das griechische *epops* nimmt Bezug auf die Rufreihe des Vogels zur Brutzeit. Sie lässt sich mit «hub-hub-hub» beschreiben. Der Vogel ist so populär, so verankert im Kulturgut wie nur wenige andere. Etwa 150 verschiedene Namen listet allein Walter Wüst in «Die Brutvögel Mitteleuropas» (1979) auf. Darunter auch einige weniger schmeichelhafte, die sich nicht auf den Ruf des Wiedehopfes, sondern auf den Gestank, den er verbreiten kann, beziehen. Puphopp, Wudhupp, Luppe, Wuderich und andere ahmen die Lautäußerungen nach. Kuthhuenerl, Mistfink, Stinkhahn und viele weitere beschreiben den Gestank des Vogels. Ein Vogel, der stinkt?

«Stinken wie ein Wiedehopf» – eine bekannte Redewendung. Forschen wir nach, erfahren wir, dass es weniger die Vögel selbst sind, die so stinken, sondern vielmehr die Brutstätte. Eine Feind-Abwehrreaktion des Wiedehopfes besteht darin, mit Kot zu spritzen. Das machen auch die Jungvögel schon und deshalb stinkt es im Heim des Hopfes. Es kann aber noch schlimmer kommen: Nicht nur der Kot stinkt, sondern ein speziell in der Bürzeldrüse der Hopfe produziertes Sekret, das regelmäßig das Nest durchtränkt und bei Gefahr gezielt verspritzt wird. Und das stinkt so übel, dass es die Menschen nachhaltig beeindruckte, die selbst in früheren Zeiten ohne irgendein Abwassersystem in Gestank von Mist und Kot leben mussten, sodass Burgen regelmäßig für einige Zeiten verlassen wurden, bis sich der Gestank verflüchtigt hatte. Immerhin scheint es ein guter Schutz gegen Nesträuber zu sein. Ausgenommene Wiedehopfnester sind nicht bekannt, es sei denn, Menschen waren die Täter.

Also ein rechter Misthahn ist er, der Wiedehopf. Aber das ist noch nicht alles! Denn, wer sein eigenes Nest besudelt, kann kein gutes Vorbild sein, sondern ist ein Sünder. Und wer dann noch über ein prächtiges Kleid verfügt und keck die Haube sträubt, ist ein hochmütiger, ungläubiger Sünder. Möglicherweise ein Begleiter des Teufels, der seine Kinder mit Menschenkot füttert. Andererseits sollen getrocknete Wiedehopfköpfe als Abwehrmittel gegen Betrug geholfen haben, berichtet Claus-Peter Lieckfeld in «Mythos Vogel» (2002).

Eine schillernde Figur ist er, unser unschuldiger Wiedehopf, den alle sehen wollen. Nicht alle missachten ihn als eitlen Sünder. In dem seit 1603 gedruckt nachgewiesenen Kinderlied «Die Vogelhochzeit» heißt es schließlich: «Der Wiedehopf, der Wiedehopf, der bringt der Braut nen Blumentopf.» Und in Israel wurde 2008 der Wiedehopf, (hebräisch: Duchifat) zum Nationalvogel gewählt.

Am Beispiel des Wiedehopfes lässt sich die Funktion des Hopfes, also der Haube, gut besprechen. Solche Federn auf dem Kopf haben wir schon beim Kiebitz (S. 90) kennengelernt. Beim Wiedehopf ist sie noch erheblich ausgeprägter und zeigt auch die Stimmung des Vogels an. Immerhin fünf bis sechs Zentimeter ist sie lang, und sie wird farblich besonders betont durch die Enden der Haubenfedern, die das Sandbraun des Körpers tragen, aber – wie die Flügel in Gänze – am Ende weiß-schwarz gefärbt sind. Sträubt der Vogel die Haube, wird sie sehr auffällig. Gesträubt wird sie dann folgerichtig in Erregung, etwa bei der Balz, beim Singen oder wenn der Vogel durch einen Feind aufgeregt ist. Wie ein Fächer wird sie entfaltet. Läuft der Wiedehopf dagegen auf dem Boden herum und sucht Nahrung, ist die Haube zusammengelegt und erscheint von hinten als Schnabel. Ein Feind, der sich von hinten anschleicht, fühlt sich angeschaut. «Occipitalgesicht» nennt man dieses «Scheingesicht» am Hinterkopf, das auch kleine Eulen oder die Haubenmeise und einige andere Vögel tragen.

So populär der Wiedehopf war und vielleicht in manchen Gegenden zumindest als «Kulturgut» noch ist, so selten ist er in Mitteleuropa zu sehen. Deutschland ist überwiegend leer von ihm, nur im Nordosten und im Südwesten gibt es auf der Verbreitungskarte Gebiete mit nahezu geschlossener Verbreitung. In den Heidegebieten Brandenburgs oder in der Nieder- und Oberlausitz kann man ihn noch verlässlich sehen. Im Westen ist es der Oberrhein rund um den Kaiserstuhl, hier nimmt sein Bestand durch engagierte Naturschutzarbeit langsam wieder zu und ein weiteres Vorkommen finden wir zum Beispiel in Rheinhessen, der Rhein-Main-Ebene und in der Vorderpfalz. Der Bestand in Deutschland wird auf etwa 650 bis 800 Brutpaare geschätzt, mit steigender Tendenz. In Österreich mögen es noch 500 Paare sein und in der Schweiz 180 bis 260 Paare, die vielleicht in Zukunft durch die leicht wachsenden Bestände im oberen Rheintal Verstärkung bekommen.

Robert Gernhardt hat ihm ein kleines Gedicht (Was wäre wenn, 2002) gewidmet:

Fehlte der Wiedehopf,
fehlte noch mehr:
fehlte ein steter Ruf,
fehlte ein rascher Flug,
fehlte ein lichtes Braun,
fehlte schwarz-weißes Flirr'n,
fehlte dieses
ganz einzigartig
mitreißend Fremde,
fehlte dies Anderssein.

Thomas Griesohn-Pflieger

La Huppe.
Mâle.

Wiesenweihe – Schmetterling unter den Greifen

(Circus pygargus)

Als Erstes sehen wir eine weibliche Wiesenweihe, ihr leichter, gaukelnder Flug mit gesenktem Kopf über die angrenzende Wiese weist sie unverkennbar als Weihe aus. Sie ist nur etwa einen Meter über dem Boden unterwegs, ihr Körper ist so schlank, dass sie nur aus Flügeln zu bestehen scheint, ihr Flug erinnert manchmal an einen Schmetterling, manchmal an eine Seeschwalbe, die Schwerkraft scheint für sie nicht zu gelten. Wir sind in der Extremadura unterwegs und hoffen schon seit Tagen darauf, Wiesenweihen zu sehen, bisher vergeblich. Aber kurz nach der ersten Weihe sehen wir eine zweite und schließlich eine dritte weibliche Wiesenweihe. Langsam fragen wir uns, wo die männlichen Weihen sind. Sie sind da, hinter der nächsten Kurve, und sie sind nicht zu übersehen! Sechs männliche Wiesenweihen vollführen eine Flugschau direkt neben der Straße, über einer ausgedehnten, feuchten Wiesenlandschaft.

Männliche Wiesenweihen sind graublaue Schönheiten, auch ihr Körper ist schlank, sie sind die kleinsten Weihen, ihre langen Flügel verleihen ihren Balzflügen eine unnachahmliche Eleganz und Leichtigkeit. Sie steigen kreisend in die Höhe und lassen sich trudelnd fallen, sie drehen Loopings, liefern sich Scheinangriffe, bei denen sie sich mit erhobenen Krallen auf den Rücken drehen. Dabei sind sie so schnell, dass es mir kaum gelingt, auch nur ein scharfes Foto zu machen, obwohl sich dieses Spektakel direkt vor uns abspielt. Wir scheinen nicht zu stören, die ganze Aufmerksamkeit der balzenden Männchen gilt den beiden weiblichen Weihen, die etwas abseits auf einem Zaun sitzen und sich nicht anmerken lassen, ob sie beeindruckt sind. Wir sind es auf jeden Fall!

Dass hier gemeinschaftlich gebalzt wird, ist wohl nicht ungewöhnlich, Wiesenweihen verteidigen nur die unmittelbare Umgebung des Nestes gegen ihre Artgenossen, sie brüten in einem guten, also nahrungsreichen Habitat auch nah beieinander. Je mehr Nahrung ein Habitat bietet, desto enger rücken sie dabei zusammen, 60 Meter Abstand werden aber nicht unterschritten. Das ermöglicht es dem Wiesenweihenmann auch, mit mehreren Weihenfrauen Partnerschaften einzugehen. Wenn seine erste Partnerin das Bodennest gebaut und bezogen hat, balzt er weiter, und wenn es ihm gelingt, eine zweite Partnerin zum Nestbau und zur Eiablage zu bewegen, versorgt er beide und den Nachwuchs mit Nahrung. Die Nahrung übergeben Wiesenweihen sich im Flug, die männliche Weihe kündigt sich mit Rufen an, seine Partnerin verlässt das Nest, entfernt sich aber nicht zu weit, es fängt die Beute, die er über ihr fallen lässt, mit erhobenen Fängen aus der Luft. Das haben die beiden schon während der Balz geübt, sodass es nun meist gelingt.

Übergeben werden Feldmäuse, Wühlmäuse, kleine Vögel und manchmal auch Eidechsen. In ihren Überwinterungsgebieten südlich der Sahara leben Wiesenweihen hauptsächlich von Heuschrecken und anderen Großinsekten. Wiesenweihen sind ausgesprochene Zugvögel, sie unterbrechen sogar ihre Mauser für den Zug nach Afrika und mausern erst im Überwinterungsgebiet vollständig. Jungvögel neigen übrigens zu der sogenannten Schreckmauser, dabei werfen sie ihre Steuerfedern, also die Schwanzfedern, ab, wenn sie zum Beispiel von einem Fuchs überrascht werden. Die fallenden Federn sollen den Fuchs ablenken, um Zeit zur Flucht zu gewinnen. Die Federn wachsen wieder nach und die Flugfähigkeit ist nur vorübergehend beeinträchtigt.

In der Schweiz waren Bruten von Wiesenweihen immer die Ausnahme, aber in Deutschland war die Wiesenweihe in geeigneten Gebieten ein durchaus regelmäßiger Brutvogel. Flachmoore, Heiden, Steppen, feuchte Wiesen benötigt sie zum Brüten, Lebensräume, die bei uns durch Trockenlegung, Aufforstung und intensive Nutzung verloren gegangen sind, und so sind auch die Bestände der Wiesenweihe eingebrochen. Aber Vögel sind oft flexibler als wir glauben. Vor etwa 20 Jahren haben Wiesenweihen begonnen, auf Getreidefeldern zu brüten, bevorzugt in Wintergerste und Winterweizen. Und hier beginnt eine kleine Erfolgsgeschichte des Naturschutzes, die zeigt, dass man auch scheinbar gegenläufige Interessen unter einen Hut bringen kann. Denn eigentlich hat die Wiesenweihe auch auf den Getreidefeldern keine Chance, erfolgreich zu brüten, weil diese Felder abgeerntet werden, bevor die Weihen sie wieder verlassen haben. Die jungen Weihen legen sich bei Gefahr flach auf den Boden und werden so bei der Ernte getötet.

In einigen Gebieten Deutschlands haben aber die Naturschutzverbände und die Landwirte eine Möglichkeit zum Schutz gefunden: die Naturschützer suchen die Nester der Wiesenweihe, spannen einen 50 × 50 m-Zaun um das Nest herum und die Landwirte sparen diesen Bereich bei der Ernte aus. Dafür werden sie vom Land entschädigt. Von diesen Subventionen profitieren beide: die Natur und der Landwirt, und nur so kann es gehen! Auch in anderen europäischen Ländern wie Frankreich und Spanien schützt man die Nester inzwischen auf diese Weise. Wenn es nun noch gelingt, auch in den Überwinterungsgebieten der Wiesenweihe, wo durch intensiven Pestizideinsatz die Heuschrecken langsam verschwinden, den Landwirten ein Auskommen zu ermöglichen, ohne dass dabei der Natur die Nahrungsgrundlage entzogen wird, haben auch Sie vielleicht bald das Glück, den schwerelosen Schmetterlingsflug der Wiesenweihe wieder über unseren Feldern zu bewundern.

Iris Lichtenberg

1938.
P. A. Robert.

Wintergoldhähnchen – winzige Vogelhelden

(Regulus regulus)

Alle Vogelbegeisterte sollten das einmal erlebt haben: Den gewaltigen Antrieb, die Macht, die Raffinesse und den Zauber des Vogelzugs. Von der Mehrzahl unserer Mitmenschen unbemerkt vollzieht sich zweimal im Jahr, meist über unseren Köpfen, tags und nachts ein grandioses Schauspiel.

Ich stehe am Nordstrand der Düne, der Sandinsel, die der Hauptinsel Helgolands vorgelagert ist. Es ist Mitte Oktober. Weit geht an diesem sonnigen Tag mit auflandigem Wind der Blick über die schaumgekräuselten Wellen. Das Auge, im Finden von selbstständigen Bewegungen trainiert, bemerkt drei kleine Punkte, die sich der Insel nähern. Vielleicht einen halben Meter über dem Wasser, manchmal verdeckt eine höhere Welle die Sicht auf sie, streben sie im steten Flug auf mich zu. Ich bin nicht der Einzige, der sie bemerkt. Eine adulte Silbermöwe hat sie längst entdeckt und lässt sich aus vielleicht 20 Metern herunterfallen Richtung Wasser. Dann nimmt sie die Verfolgung eines der Punkte auf. Ihre Absicht ist schnell klar. Natürlich ist sie schneller und fliegt nun genau hinter dem kleinen Vogel, der allerdings nicht beschleunigen kann – schneller als er fliegt, kann er nicht fliegen. Die Möwe fliegt nun parallel, kommt sehr nahe und schlägt mit dem Flügel auf den kleinen Vogel, dabei kurz hochwerdend. Dann noch zwei Flügelschläge und sie wassert elegant. Ein Happs, ein Würgen und der Punkt ist nicht mehr zu sehen. Mittlerweile haben es die anderen beiden geschafft. Ausgepumpt stehen zwei Wintergoldhähnchen im Sand. Sicher dürfen sie sich hier auch nicht fühlen, aber so angreifbar wie auf dem Wasser sind sie jetzt nicht mehr.

Ich bin tief beeindruckt, habe so was noch nie gesehen. Wintergoldhähnchen kenne ich gut aus den Fichtenwäldern wie auch aus Parks und Friedhöfen. Am Nordseestrand hätte ich sie nie vermutet, das hätte ich so unvorstellbar gehalten wie einen Seelöwen im Obstgarten. Sie müssen aus Nordfriesland die Deutsche Bucht bis hierhin überquert haben, vielleicht sind sie in Dänemark, auf Sylt oder in Sankt Peter-Ording gestartet und haben dann mindestens 45 Kilometer über die Hochsee nonstop zurückgelegt. Wer den Silbermöwen entkommen konnte, muss jetzt fürchten, von Helgolands Hauskatzen verspeist zu werden, die zu den Zugzeiten rund und fett werden. Oder die kleinen Vögel sterben schlicht vor Erschöpfung, wenn sie die Insel nicht ohnehin verfehlen oder durch Sturm und hohen Wellengang umkommen. Die kleinen, vielleicht sechs oder sieben Gramm leichten Goldhähnchen nötigen mir eine Menge Respekt ab.

In meiner Heimat kenne ich sie als Standvögel, oder vertue ich mich? Weil ich sie im Winter sehe, muss das ja nicht heißen, dass unsere Wintergoldhähnchen nicht ziehen. Vielleicht sehe ich ja nordische Vögel und «unsere» sind nach Westen abgezogen? Wie auch immer, jetzt habe ich sie als Zugvögel kennengelernt und weiß nun, dass ein Teil der skandinavischen Wintergoldhähnchen im Winter wegzieht und ein anderer in den Nadelwäldern ausharrt. Wird der Winter besonders hart, stirbt die Population nicht vollständig, sondern die Reserve, die im Südwesten überwintert hat und nach dem Frost zurückgekehrt, kann die Lücken füllen. Die Doppelstrategie der Zwerge geht wohl auf, denn sie zählen in den nordischen Ländern zu den häufigen Waldvögeln.

Um die harten Winter dort zu überstehen, bedarf es besonderer Anpassungen. Damit die Winzlinge nicht erfrieren, müssen etwa alle drei Sekunden Kalorien nachgeschoben werden. Das kann man im Winter beobachten, denn unentwegt, ohne eine Pause, suchen sie die Nadeln und Zweige ab. Was sie dort finden und verzehren, entzieht sich unseren Blicken, die Beute ist zu klein für unsere Augen. Gelege von Blattläusen und winzigen Spinnen und vor allem Springschwänze, die die Rinde bewohnen, werden von den kurzsichtigen Vögeln gesucht. Jeden Tag müssen sie ihr Körpergewicht in Gliedertieren (Arthropoden) aufnehmen und dazu noch eine Reserve von eineinhalb Gramm für die lange Winternacht. Diese eineinhalb Gramm «Überschuss» entscheiden darüber, ob sie am nächsten Morgen noch leben. Und das nicht einmal, sondern monatelang, und zwar täglich.

Goldhähnchen kommen in zwei nahe verwandten Arten bei uns vor. Das Wintergoldhähnchen hat ein sehr großes Verbreitungsgebiet, das vom hohen Norden bis auf die Iberische Halbinsel reicht. Die Zwillingsart Sommergoldhähnchen zieht im Winter nach Südwesten ab und kommt nicht in den skandinavischen Ländern und östlich von Polen vor. Sie sind daher nicht streng an Nadelbäume angepasst, sondern besiedeln Misch- und reine Laubwälder. Unterscheiden kann man sie am Gesang – den allerdings nicht jeder Mensch hört, weil er sehr hoch ist – und am Gesicht. Sommergoldhähnchen zeigen eine deutliche Streifung, während die schwarzen Knopfaugen des Wintergoldhähnchens aus einem offenen, ungezeichneten Gesicht schauen.

Goldhähnchen assoziiere ich mit Nackenschmerzen bei langen Beobachtungen der Wipfel von Fichten. Manchmal begegnen wir uns aber auf Augenhöhe und oft denke ich dann, dass ich vermutlich der erste Mensch bin, dem der Winzling begegnet. Wenn wir uns austauschen könnten, würde ich ihn fragen, ob er unser Leben so bemerkenswert findet, wie ich seines.

Thomas Griesohn-Pflieger

Le Roitelet huppé.
Femelle. – Mâle. 1

Le Roitelet huppé. 4
Mâle – Femelle – Jeunes.

Zaunkönig – gigantischer Zwerg

(Troglodytes troglodytes)

Ich kann nicht erinnern, wann ich meinen ersten Zaunkönig gesehen habe. Diese häufigen Vogelarten gehörten zum Leben einfach dazu. Schon in der Schule lernten wir das mehr als 2000 Jahre alte Märchen von Äsop (ca. 600 v. Chr.) über den Zaunkönig, der sich im Wettstreit darum, wer am höchsten flöge, im Gefieder des Adlers versteckte und, als der große, starke Adler nicht mehr höher kam, aus dessen Gefieder heraus noch entscheidende Meter höher stieg und so Sieger wurde.

So klein, so keck, so laut – kein Wunder, dass sich Märchen um ihn ranken, zumal er nicht so versteckt lebt wie andere Winzlinge, etwa die Goldhähnchen. Der Zaunkönig ist ein Waldvogel, der sich oft in den unaufgeräumten Bereichen finden lässt. Wurzelteller, Holzhaufen, ein Mix aus Jungwuchs und Altholz in einem Sonnenloch im Hochwald, das sind seine Lebensräume. Zaunkönige mögen dichtes, bodennahes Gestrüpp und das Wirrwarr von bodennahen Kleinstbiotopen. Deshalb ist er in Gärten mit Reisig- und Laubhaufen oder Holzstapeln zu finden, in Schottergärten kann er nicht überleben. Wer darauf achtet, wird merken, dass er sich häufig an bandartigen Strukturen wie Böschungen, Ufern und Wegen aufhält. Von der Schnabel- bis zur Schwanzspitze misst er gerade mal höchstens zehn Zentimeter und wiegt zehn Gramm. Obwohl schon ziemlich winzig, ist er nicht der Kleinste unter den Zwergen. Winter- und Sommergoldhähnchen schaffen es auch nur auf knapp zehn Zentimetern und sind mit sieben bis acht Gramm noch leichter.

So klein er ist, so laut ist er. Auf Exkursionen lasse ich die Teilnehmenden, nachdem wir dem Gesang des kleinen Königs gelauscht haben, schätzen, wie weit man mich hören könnte, wenn ich auf das Gewicht bezogen genauso laut singen könnte. Bis jetzt verschätzen sich alle – erheblich! Nicht nur, weil sie schmeichelnd mein Gewicht unterschätzen, sondern weil sie die Dimension der Lautstärke nicht für möglich halten. Mich müsste man von der Mitte Deutschlands aus gemessen noch auf Zypern oder an der mittleren Wolga hören können! Und bei Windstille doppelt so weit, denn einen Zaunkönig hören wir unter günstigen Bedingungen bis zu 500 Meter weit, so weit wie keinen anderen seiner Größenklasse. Er erzeugt einen Schalldruck, vergleichbar dem eines Presslufthammers oder vorbeifahrenden Zuges, nämlich von 90 Dezibel. Wobei wir – Lesende und Autoren – den Gesang des Zaunkönigs natürlich als viel angenehmer, wenn nicht sogar als höchst erfreulich empfinden! Wenn er singt, dreht und wendet er sich mit gestelztem Schwanz. Der kleine Vogel zittert mit dem ganzen Körper, wenn er den Schnabel weit aufreißt, um der Welt seine Kraft und körperliche Fitness zu demonstrieren. Zaunkönige singen alle mehr oder weniger das gleiche Lied. Das laute, schmetternde Trillern und Rollen wird mehrmals wiederholt, dann erfolgt ein Standortwechsel und weiter gehts mit dem singenden Werben. Übrigens singen auch die «Zaunköniginnen» – wenn auch etwas weniger laut und intensiv. Und auch Duettsingen beherrschen Königin und König. Typisch ist auch sein aufgeregter Warnruf. Oft hören wir im Garten oder im Wald einige kurze «teck teck»-Laute oder ein fast ratterndes Stakkato, das der schwedische Vogelmaler Lars Jonsson mit dem Knarzen einer alten Holzschraube vergleicht und den englischen Namen «Wren» ins Spiel bringt, denn dieser leitet sich ab von «wrench», Englisch für Schraube.

Bekannt ist der Zaunkönig auch dafür, dass er mehrere Nester baut, die er den Zaunkönigfrauen der Umgebung andient. Bis zu zehn Rohbauten stellt er her. Das ist nicht nur eine große Zahl, sondern die Bauten sind recht aufwendige Nester – ziemlich groß und meist auch mit Dach. Interessierte Königinnen werden zum Nest geführt und der König demonstriert mit Hinein- und Herausschlüpfen die Qualität des Baus. Sobald Einvernehmen besteht, erfolgt die Paarung und schon singt er wieder weiter, um weitere Frauen von seinen Qualitäten zu überzeugen. Die Frauen übernehmen dann den Innenausbau mit weichem Material und das Herstellen des Nestnapfes. Etwa die Hälfte der männlichen Zaunkönige sind mit mehreren Frauen verpaart, manche sogar mit einer ganzen Handvoll. Die weiblichen Vögel sind mit der Versorgung der Kinder auf sich allein gestellt.

Zwei Hauptfeinde hat der Zaunkönig. Vor allem in unseren Gärten ist er durch den übermäßigen Katzenbesatz gefährdet. Sein mausähnliches Umherhuschen in Bodennähe macht aus ihm eine attraktive Beute. Zum anderen erleidet das Volk der Zaunkönige in harten Wintern erhebliche Verluste, denn auch in der kalten Jahreszeit bleibt er ein Insektenesser, weicht weder auf Beeren aus, noch besucht er Fütterungen. Allerdings zwingt dann die Kälte die einzelgängerisch lebenden Vögel dazu, Kontakt zu suchen und in Schlafgemeinschaften den Frost zu überstehen. Dazu suchen sie Nistkästen, manchmal auch Rollladenkästen, leere Blumentöpfe im Garten oder andere Nischen und Höhlungen auf. Ähnlich wie Baumläufer bilden sie einen Schlafkranz; Kopf nach innen, Schwanz nach außen.

«Unser» Zaunkönig gehört zu einer Familie, die ursprünglich in Amerika beheimatet ist. Von den 84 Arten der Familie der Zaunkönige kommt nur er in der Alten Welt vor, allerdings in einem riesigen Verbreitungsgebiet, das vom nordwestlichen Mittelmeer bis nach Japan reicht. In Mittelamerika habe ich mal einen fast drosselgroßen Zaunkönig gesehen. Mir kam das irgendwie übertrieben vor, so wie die großen Popcorn-Eimer im Kino …

Thomas Griesohn-Pflieger

Le Troglodyte.
Mâle.

Le Troglodyte.
Femelle.

Ziegenmelker – Peitschenknall und Mofafahrt

(Caprimulgus europaeus)

Der Ziegenmelker ist der «political correctness» zum Opfer gefallen. Nicht der Vogel selbst natürlich, aber sein Name: Nachtschwalbe soll er nun heißen, sein Zweitname ist sozusagen zum Rufnamen geworden, früher sagte man «Ziegenmelker, auch Nachtschwalbe genannt», nun soll es bei der Nachtschwalbe bleiben. Für all jene, denen sich der Sinn dieser Umbenennung entzieht, bleibt der stille Triumph, dass sein wissenschaftlicher «Vorname» weiterhin mit Ziegenmelker übersetzt werden muss.

Ich erinnere mich an einen lauen Sommerabend in einem kleinen Moor an der deutsch-niederländischen Grenze. Wir sind mit einer kleinen Gruppe auf dem Holzweg unterwegs und warten auf ein ganz bestimmtes Geräusch, das früher mit dem Surren eines Spinnrades verglichen wurde, heute mit dem fernen Motorgeräusch eines Zweitakt-Mofas. Noch sind die Frösche so laut, dass wir befürchten, es zu überhören. Aber mit zunehmender Dämmerung klingen die Liebesgesänge der Amphibien ab und dann hören wir es, eine Mischung aus leisem Röhren und lautem Schnurren. Der Ziegenmelker sitzt wahrscheinlich auf einer der Kiefern, die das Moor begrenzen, seiner Singwarte, auf der er längs kauert, kaum sichtbar, den Schnabel nur einen kleinen Spalt weit geöffnet. Und plötzlich ein Peitschenknall, dann noch einer und wie ein lautloser Falke wird vor dem Mond der Vogel sichtbar, umfliegt uns kurz, ganz nah, dann umrundet er die allein stehende Kiefer vor uns, kurz wird ein zweiter Vogel sichtbar und schon sind sie fort. Geisterhaft, eulenhaft, schnurrend und peitschend: ich kann verstehen, dass man diese Erscheinung unheimlich fand und ihr schauerliche Taten zuschrieb, wie das nächtliche Melken der Ziegen, die daraufhin erblindet sein sollen.

Ziegenmelker sind dämmerungsaktiv, sie haben mit Katzen nicht nur das Schnurren gemein, sondern auch das Tapetum, eine Schicht im Augenhintergrund, die das einfallende Restlicht so reflektiert, dass es besser verwertet werden kann. Auch katzenhaft wirken die Borsten rund um den Schnabel des Ziegenmelkers, sie dienen aber nicht als Tasthilfen, sondern wirken wie eine Reuse, ein Trichter beim Fangen der nächtlichen Schmetterlinge und anderen Insekten. Der klein wirkende Schnabel der Nachtschwalbe täuscht, er verbirgt einen großen Rachen, den der Ziegenmelker weit aufsperren kann, weil er sich nicht nur horizontal, sondern auch vertikal öffnen lässt, da sich das Kiefergelenk auch seitlich verschiebt. Weder der weit geöffnete Rachen noch die trichterförmigen Borsten sind auf der nebenstehenden Tafel dargestellt, aber sie zeigt die bevorzugte Jagdmethode der Ziegenmelker, nämlich, die Beute gezielt von unten anzufliegen, weil sie so gegen den Himmel besser sichtbar ist.

Zur Balz des Ziegenmelkers gehört neben dem schnurrenden Gesang auch ein langsamer Ausdrucksflug und das unheimliche Peitschenknallen, das der zunehmend erregte Vogel wohl nicht erzeugt, indem er die Flügel zusammenschlägt, sondern tatsächlich mit einer peitschenden Bewegung der Flügel, also einer sehr schnellen Auf- und Ab-Bewegung, die durch Luftverwirbelung den Knall erzeugt. Die auffälligen weißen Flecken an Schwanz und Flügel des männlichen Ziegenmelkers dienen bei der Balz als zusätzliche Signale, wie Positionslichter leuchten sie auf. Hat ein Paar sich gefunden, werden zwei Eier direkt auf den Boden gelegt, die weibliche Nachtschwalbe verlässt sich beim Brüten ganz auf ihre hervorragende Tarnung. Die Jungen sind Platzhocker, sie verlassen das Nest wenige Stunden nach dem Schlüpfen, suchen sich in der Nähe ein Versteck und werden dort von den Eltern und nicht selten auch von weiteren, unverpaarten Ziegenmelkern versorgt. Um die kurze Zeit, die sie im Sommer bei uns verbringen, optimal zu nutzen, beginnt die weibliche Nachtschwalbe oft schon eine zweite Brut, bevor die Jungen der ersten unabhängig sind. Sie werden weiterhin vom Vater und seinen Helfern versorgt.

Verteidigt wird das Nest durch Verleiten von Feinden oder auch durch aktives Drohen. Magdalena und Oskar Heinroth, beide Zoologen und Verhaltensforscher, gelang es als Ersten, Ziegenmelker in ihrer Wohnung aufzuziehen. Wir verdanken ihnen beeindruckende Bilder von der Drohhaltung ihrer männlichen Nachtschwalbe Kuno. Mit weit aufgerissenem Rachen und lautem Zischen fixiert er den Feind und pendelt dabei hin- und her. Selbst Kreuzottern sollen Ziegenmelker auf diese Weise in die Flucht schlagen können.

Der Ziegenmelker benötigt offene Landschaften zum Jagen und lichten Baumbestand zum Brüten und Ruhen. Heidelandschaften, Moore, Kahlschläge und lichte Wälder sind sein Lebensraum. Mit dem Schwinden dieser Landschaftsformen durch Verbuschung und einer Forstwirtschaft, die geschlossene Wälder bevorzugt, ist sein Bestand in Mitteleuropa bedroht.

Ein lauer Sommerabend im darauffolgenden Jahr, wieder in dem kleinen Moor. Kriebelmücken krochen uns in Auge und Ohr, aber das war egal, denn um uns herum erklang ein vielstimmiges Schnurren. Mindestens fünf Ziegenmelker trugen ihr Lied vor, und schließlich hatten wir das Glück, einen von ihnen auf seiner Singwarte zu entdecken, auf seinem Ast liegend, den Kopf angehoben, schnurrend und surrend. Sich einlassen auf dieses fremde Wesen, einfach nur schauen und spüren, dass es da draußen Leben gibt, das mit dem unseren nichts zu tun hat, das sich selbst genügt und das wir schützen müssen, auch das ist Vogelbeobachtung.

Iris Lichtenberg

L'Engoulevent.
Femelle.

Zilpzalp – knurrender Zwilling

(Phylloscopus collybita)

Meinen ersten Zilpzalp konnte ich nicht bestimmen. Eine kleine Straße, die aus dem Ort hinausführt, war mir zwar gut vertraut, sie war mein Weg zu Pirol und Wasseramsel, Wacholderdrossel und anderen Schönheiten. Aber es gab ein Rätsel, das sich schon im Vorjahr dem noch unkundigen jungen Mann gestellt hatte. Auf dem Telegrafendraht im vordigitalen Zeitalter saß nämlich eines Frühlings ein kleiner Vogel und rief: «Zip-zap-zelp-zip-zelp-zap», Was mich dabei irritierte, war ein knurrender Laut zwischendurch, den ich als «trrar, trrar» beschreiben kann. Einem Vogelkenner schilderte ich das Phänomen, werde aber nicht recht verstanden. «Wie? Ein knurrender Vogel auf dem Telegrafendraht? Hast du dich da nicht vertan? Wir schauen bei Gelegenheit mal vorbei.» Und dann wurde es Juli und der Knurrer sang nicht mehr. Im nächsten Jahr wieder. Der Kleine zipzapte wieder auf dem Draht und knurrte dabei. Ich schlug in meinem Frieling «Was fliegt denn da?» nach und fand nichts. Mittlerweile hatte ich auch Makatschs «Wir bestimmen die Vögel Europas», aber auch das half mir nicht weiter. Also machte ich die Angelegenheit dringend und Rudi, der Vogelkundige, fuhr mit mir zur Telegrafenleitung. «Tja, das ist wohl ein Zilpzalp. Das Knurren habe ich so auch noch nicht gehört. Komisch.»

Ich bin froh, den Vogel endlich mit Namen ansprechen zu können und merke dann, dass er in der DDR als Weidenlaubsänger geführt wurde. Deshalb war ich auch in dem Werk von Makatsch, das aus der DDR stammt, nicht fündig geworden. Ein Jahr später bekomme ich zum Geburtstag «den Peterson» (Die Vögel Europas, Parey) geschenkt. Eine Revolution auf dem Markt der Bestimmungsliteratur! Hier finde ich den Hinweis auf das (in den Gesang) eingeschobene, gedämpfte «trrt-trrt». Meine Wahrnehmung findet also den Segen des Bestimmungspapstes. Aber bald stellen sich andere Herausforderungen, wenn ich versuche, ohne den Gesang zu hören, den Zilpzalp vom Fitis zu unterscheiden. Aber das gelingt mit kundiger Anleitung von Mentor Heinz H. (siehe Nachtigall, S. 112) schon in der ersten Saison ganz gut. Fitislaubsänger – oder einfach Fitis – und Zilpzalp sind Zwillingsarten. Wie Sumpf- und Weidenmeise, Winter- und Sommergoldhähnchen sind sie nahe verwandt und sich äußerlich sehr ähnlich. Die beiden Laubsänger lassen sich an der Beinfarbe unterscheiden, am Gesang sowieso und auch am Verhalten. Denn interessant ist, dass der Zilpzalp bei seiner rastlosen Suche im Zweiggewirr mit dem Schwanz schlägt – dies vor allem nach der Landung – und ihn oft «dreht». Zumindest sieht das so aus, wenn er nur eine Hälfte der Schwanzfedern öffnet und nach unten schlägt. Der Fitis dagegen zeigt nur ein einmaliges Schwanzwippen nach der Landung und sonst nichts. Fortgeschrittene Beobachtende werden auch die Handschwingenprojektion kennen, die beim Fitis deutlich länger ist als beim Zilpzalp. Der Fitis fliegt nämlich bis nach Afrika, während der Zilpzalp oft in Südeuropa am Mittelmeer den Winter verbringt. Er muss nicht so lange Flügel haben, weil er nicht so weit fliegen muss. Die Fackelträger der Laubsängerbestimmung sind für mich aber die Kolleginnen und Kollegen, die die beiden Arten am Ruf, also nicht am vielsilbigen Gesang, unterscheiden können. Der Zilpzalp ruft fast einsilbig «huit», der Fitis dagegen fast zweisilbig und ansteigend «hü-iet». Eselsbrücke: «Der Fitis fragt, der Zilpzalp stellt fest». Ich muss gestehen, dass mir diese Unterscheidung genauso oft gelingt, wie ich danebenliege, obwohl ich die Töne an sich gut nachpfeifen kann. Wahrscheinlich liegt es an den Laubsängern, die die Literatur nicht kennen und nicht ordentlich pfeifen …

Zilpzalp und Fitis sind bei uns nicht selten, der Zilpzalp aber um ein Vielfaches häufiger. Beide besiedeln Europa bis nach Nord-Norwegen. Der Zilpzalp bevorzugt Wälder oder zumindest Habitate mit einzelnen hohen Bäumen, während der Fitis in der niedrigen Birken-Taiga des Nordens der häufigste Vogel ist. Beide Laubsänger sind also in normalen Gärten als Brutvögel nicht zu erwarten, aber sie ziehen in breiter Front durch und können dann überall, wo es Sträucher und Gebüsch gibt, auftauchen. Zilpzalpe suchen ihre Nahrung vorzugsweise in den Kronen von Bäumen, etwa ab zehn Metern Höhe. Aber sie brüten in der unteren Etage maximal kniehoch über dem Boden. Das kugelige Nest wird allein von der Zilpzalp-Frau gebaut, die dazu, so steht es geschrieben, mindestens 1200 Transportflüge benötigt. Die Zilpzalpe haben ihr Verbreitungsgebiet in den letzten etwa 200 Jahren nach Norden und Nordwesten ausgedehnt. Man glaubt es kaum, aber selbst Schleswig-Holstein wurde erst um die Mitte des 19. Jahrhunderts besiedelt. Und die Niederlande sind erst seit Ende des vorigen Jahrhunderts vollständig vom Zilpzalp erobert. Man nimmt an, dass die Aufforstungen der Neuzeit es dem Zilpzalp möglich gemacht haben, diese Gebiete, als die Bäume die richtige Größe hatten, zu besiedeln.

Der Name Weidenlaubsänger, den der Zilpzalp auch tragen kann, bezieht sich auf die Anziehungskraft, die die früh blühenden Salweiden auf ihn ausüben. Die gängige Erklärung ist, dass der kleine Laubsänger dort die Insekten fangen möchte, die vom Nektar angezogen werden. Ich behaupte, es ist der Nektar selbst, den die Vögel dort mit dem Schnabel aus den Tausenden kleinen Blüten abstreifen. Achten Sie mal darauf!

Und noch ein Rätsel: Warum heißt der Fitis Fitis? Es soll lautmalerisch für den «lispelnden Gesang» stehen. Aber was ist an dem Gesang lispelnd und wenn, warum heißt er dann nicht Lispellaubsänger oder Fispel, sondern Fitis? Das wüsste ich gerne!

Thomas Griesohn-Pflieger

Le Pouillot véloce.
Femelle.

Vögel beobachten

100 Vögel haben wir Ihnen in diesem Buch vorgestellt. In unsere Vogelporträts sind viele persönliche Erlebnisse eingeflossen, eigene Beobachtungen und Begegnungen mit konkreten Vögeln. Wir wollten kein Bestimmungsbuch und kein Nachschlagewerk schreiben, sondern ein Verführungsbuch. Wir möchten Sie dazu verleiten, selbst Vögel zu beobachten. Um Ihnen den Einstieg zu erleichtern, folgt an dieser Stelle eine kleine Einführung in die Vogelbeobachtung.

Vogelbeobachtung vor der Haustür

Das Erleben von Vögeln und ihre Beobachtung ist eigentlich ganz einfach, denn es gelingt von nahezu jedem Fenster aus. Schauen wir hinaus, müssen wir meist nicht lange warten, schon fliegt ein Vogel vorbei oder steht auf dem Dach des Nachbarhauses, verschwindet in einem Straßenbaum oder hüpft über die Straße. Auch wenn die Dichte der Vögel und die Anzahl der Arten immer mehr abnimmt, wird es immer Vögel geben, solange es Menschen gibt. Davon können wir ausgehen.

Schon vom Fenster aus lassen sich interessante Beobachtungen machen. Kennen wir die Arten und können wir die Geschlechter unterscheiden? Bei manchen Arten, bei denen die Geschlechter äußerlich kaum zu unterscheiden sind, gelingt das manchmal am Verhalten. Gibt es jahreszeitliche Unterschiede bei der Anzahl und beim Verhalten?

Die schwierigste, aber reizvollste Aufgabe könnte es sein, die Vögel in unserer Nachbarschaft individuell zu erkennen. Manche Krähen haben im schwarzen Federkleid weiße Flecken oder Bänder, bei ihnen ist es leicht. Manche Vögel haben Verletzungen, die man erkennen kann, wenn sie hinken, humpeln oder eine Feder absteht, weil sie geknickt ist. Bei Amseln schauen wir immer genau auf die Schnäbel, manche gelben Schnäbel der Amselmänner haben kleine schwarze Male am Schnabelgrund, bei den Amselfrauen gibt es eine breite Varianz von Schnabelfarben von grau bis hellgelb und auch das Gefieder kann in verschiedenen Brauntönen variieren. Fortgeschrittene Beobachter können sogar das Alter anhand des Mauserzustands des Gefieders bestimmen. Dazu müssen sie aber einiges Detailwissen angesammelt haben.

Aber es gibt noch viel mehr Möglichkeiten: Bei den Singvögeln sind die Gesänge oft individuell geprägt, manche singen (für Menschenohren) gut und manche stümpern herum. Oder das Verhalten ist unterschiedlich. Es gibt kecke Elstern und vorsichtige, es gibt kühne Blaumeisen und ängstliche. Wer die Vögel gut kennt, kommt gar nicht umhin, eine Beziehung zu ihnen aufzubauen. Dadurch erfährt er nicht nur mehr über ihr persönliches Verhalten, sondern gewinnt selbst mehr Heimat, mehr Verbundenheit zu der wirklichen Welt.

Diese Verbundenheit tut uns Menschen gut, das sagen mittlerweile auch seriöse medizinische Untersuchungen. Aber was bewirken Schottergärten, Mähroboter, Kunstrasen, die aus den Lebensräumen unserer Vögel pflegeleichte Grillplätze machen, dann in den Seelen der Menschen?

Vogelbeobachtung unterwegs

Wer die Mauersegler, Amseln und Meisen in seinem Wohnumfeld gut kennengelernt hat, wird vielleicht Appetit auf mehr verspüren und einige von den vielen Vogelarten, die zum Beispiel in den Bestimmungsbüchern abgebildet sind, sehen wollen.

Sehr ergiebig sind alle **Wasserlebensräume**. Vor allem für Einsteiger sind sie lohnende Beobachtungsräume, denn was auf dem Wasser schwimmt, ist meistens gut zu sehen und kann sich auf dem See oder Fluss auch schlecht verstecken. Auch sind die meisten Enten- und Gänsearten sehr schön anzusehen und lassen sich leicht unterscheiden, sieht man von einigen Frauen der Gründelentenarten ab. Auch Haubentaucher, Graureiher und Kormorane sind einprägsame und attraktive Gestalten mit offenem Verhalten, und im Winter erfreuen uns zahlreiche Gäste aus dem Norden, die ebenso attraktiv sind. An Stausee, Altwasser, Natursee und Fluss ist meist für Abwechslung gesorgt und das Beobachten nicht schwierig, Erfolgserlebnisse sind daher fast garantiert. Hier ist wegen der weiten, unversperrten Aussicht ein Spektiv das richtige Werkzeug, das zum Beispiel bei der schwierigen Bestimmung von Großmöwen unentbehrlich ist und auch bei den Limikolen (Schnepfenvögeln) die artbestimmenden Details erkennen lässt.

Küsten sind Leitlinien für viele Vogelarten, die den Flug über den Kontinent meiden wollen. Ob wir sie sehen, ist aber stark von der jeweiligen Wetterlage abhängig. Leichter ist es, die Gäste und Standvögel zu beobachten, die in stillen Buchten, an Hafenanlagen, in Flussmündungen und vor allem im Wattenmeer ganzjährig anzutreffen sind. Neben Möwen sind es dann die Limikolen – die Strandläufer, Schnepfen und Regenpfeifer – die uns viel Freude machen können. Auch sie sind gut zu beobachten, denn im Watt oder am Sand- oder Geröllstrand können sie sich nicht hinter Zweigen verstecken. Ein Spektiv leistet uns hier gute Dienste, für die Beobachtung mancher Vögel, die draußen über dem Meer vorbeiziehen, ist es unentbehrlich. Seeschwalben und Möwen zählen zu den schwieriger zu beobachtenden Vogelarten – hier hilft am besten Geduld und ab und zu die Anleitung eines erfahrenen Reiseleiters oder Exkursionsführers.

Viel mehr als in den anderen hier genannten Großlebensräumen sind die Vogelbeobachtenden im **Wald** auf ihr Gehör angewiesen. Waldvögel verständigen sich selbst hier viel mehr über Rufe und Gesänge und weniger durch auffällige Farben und aufwendige Balzflüge. Hier ist das Fernglas das richtige Instrument. Wer die Vogelstimmen des Waldes kennenlernt, wird ein ganz eigenes Reich entdecken und nach einiger Übung mit etwas Glück zur Gemeinschaft dazugehören. Das Ticksen der Rotkehlchen lässt uns innehalten und wir schauen aufmerksam, wer da die Kleinvögel erregt. Das hohe «zieh» der Drossel lässt uns den Sperber oder Habicht erwarten, der unseren Waldweg vielleicht als Flugbahn nutzen wird. Alle Sinne sind im Wald gefragt und die bevorzugte Taktik ist das langsame Pirschen, das aufmerksame, sich der Umgebung hingebende, langsame, möglichst lautlose Gehen und das gelegentliche Innehalten bei Bewegungen oder Geräuschen. Je öfter wir das unternehmen, desto mehr werden wir das Gefühl der Zugehörigkeit zu allem Lebendigen entwickeln können, und das ist nicht nur ungemein entspannend, sondern auch beglückend und heilsam. Es lohnt sich, das auszuprobieren!

Auch in der **offenen Landschaft** bieten sich Beobachtungsgänge an. Dabei sollten wir den Blick heben und den Himmel immer wieder nach fliegenden Vögeln absuchen. Auch die strukturgebenden Elemente der Landschaft, sofern sie keine Agrarwüste ist, sollten wir im Auge behalten. Stromleitungen und Masten, Zaunpfähle, kahle Äste und Buschspitzen sind oft Ansitzwarten von Greifvögeln oder Singvögeln, die von hier aus ihre Beuteflüge starten. Auch Hecken mit dem Fernglas «abzuscannen», lohnt sich.

Wer sich vom Vogelgucker zum Vogelbeobachter entwickeln will, sollte grundsätzlich auch häufigere Vögel gründlich betrachten. So bilden sich Bilder von Referenzarten und wir lernen Vögel, die nicht so häufig sind, viel schneller zu erkennen. Sehen Sie sich auch den hundertsten Mäusebussard genau an, dann werden Sie den einen Wespenbussard, der vielleicht zufällig ihren Blick kreuzt, leichter erkennen. Das Größte ist aber, dass wir durch den «zweiten Blick» Vögel kennenlernen können, die wir nicht bemerken würden, wenn wir nur Kenntnis nehmend vorbeiliefen.

Wissen aneignen und anwenden

Natürlich ist es gut, wenn man die Vogelarten auseinanderhalten kann, nur so ist ein tieferes Verständnis der Interaktionen und des Verhaltens, aber auch der Varianz im Jahresverlauf möglich. Wissen bringt den Vogel näher. Wenn man über ein Verhalten gelesen hat und es draußen wiedererkennt, ist es jedes Mal eine Freude und öffnet den Blick für die Zusammenhänge in der Natur. Für Einsteiger gibt es eine Menge Hilfen, neben Büchern auch Apps und andere digitale Medien. Wichtig ist es, wie immer beim Lernen, nicht die Geduld zu verlieren. Und Praxis ist noch wichtiger, denn es geht ja ums Erleben der Natur, deshalb sollte man jede Chance nutzen, mit einem erfahrenen Naturbeobachtenden ins Grüne zu ziehen. Volkshochschulen, naturkundliche Museen und vor allem lokale Naturschutzvereine, die vielleicht über den Naturschutzbund (www.nabu.de) oder den Landesbund für Vogelschutz in Bayern (www.lbv.de) und den Bund Umwelt und Naturschutz Deutschland (www.bund.de) zu erreichen sind, bieten Exkursionen oder Spaziergänge in die Natur an. Es gibt auch eine wachsende Zahl von speziellen Reiseanbietern, die vogelkundliche Reisen in die ganze Welt anbieten. Oft sind naturkundliche Reisen mit einem guten Reiseleiter und inspirierender Begleitung so nachhaltig, dass sie Jahre eigenen Bemühens ersetzen können. Der Inhalt dieses Buches bezieht sich hauptsächlich auf Mitteleuropa. Das ist ein Teil der Welt, der Meere, Gebirge, Heiden, Steppen, Wälder, Seen und Flüsse bietet und sich daher gut eignet, ein naturkundliches Grundwissen und ein Gefühl für die Vögel und die anderen Lebewesen zu entwickeln.

Einsteigende sollten aber mit dem anfangen, was sie auch selbst erfahren können, nämlich mit der heimischen Natur.

Grundausstattung – gut ausgerüstet unterwegs

Was sehr hilfreich ist und zur Grundausrüstung für die Vogelbeobachtung gehört, ist ein **Fernglas.** Sie sollten für den Kauf eines solchen aber nicht ein x-beliebiges Optikgeschäft oder einen ebensolchen Online-Shop um Beratung bitten, denn Sie können davon ausgehen, dass die meisten keine Vogelbeobachtung betreiben. Gängige Vogelbeobachtungsferngläser sind Typen wie 8×30, 8×40 und 10×40. In der Regel reicht eine achtfache Vergrößerung aus, spätestens bei mehr als zehnfacher Vergrößerung frisst die Verwacklung – sie wächst mit der Vergrößerung – den Vorteil des «näheren Bildes» auf. Technischer Schnickschnack wie Zoom-Möglichkeiten oder eine eingebaute Kamera erhöhen die Reparaturanfälligkeit, das Gewicht und kosten Geld, das man lieber in die Linsenqualität stecken sollte.

Ein brauchbares Fernglas ist längst nicht mehr so teuer wie zu den Zeiten, als wegen eines kostbaren Feldstechers Autos aufgebrochen wurden. In der Regel wird man ab 300 Euro ein vernünftiges Fernglas bekommen. Mit 400 bis 500 Euro ist man oft schon sehr nahe dran an der Qualität der Spitzenoptiken, die vielleicht fünf Prozent mehr Schärfe oder Farbtreue bieten, aber auch das Drei- bis Vierfache kosten. Schmerzen oder Verspannungen im Nacken vom Tragen kann man übrigens durch einen Kreuzgurt, zum Beispiel den bewährten Birdingtours-Kreuzgurt, vermeiden, der das Gewicht über den gesamten Oberkörper verteilt und zudem das Hin- und Herschwingen des Fernglases beim Gehen verhindert.

Um einiges teurer ist dagegen ein vernünftiges **Spektiv**. Spektive sind Teleskope, also Fernrohre. Sie sind unhandlicher und lassen sich auch nicht um den Hals hängen, müssen also mitgetragen werden. Meist legen sich die Vogelbeobachtenden die Spektive mit dem **Stativ** – das braucht man dann auch noch – über die Schulter. So umständlich das wirken mag: Ein Spektiv ist ein ganz entscheidender Schritt vom Vogelgucken zum Vogelgenuss. Das entspannte Beobachten im Stehen oder im Sitzen, ohne dass wir ein Fernglas halten müssen, ist ungemein genussvoll. Wer einmal hinter einem Spektiv sitzend die Balz von Haubentauchern beobachten durfte oder ganz entspannt und trotzdem konzentriert Tausende von Wildgänsen nach der einen Rothalsgans durchsucht hat, wird es nicht mehr missen wollen.

Mittlerweile gibt es auch Spektive mit zwei Okularen, die also zweiäugiges Sehen ermöglichen, sie sind aber schwerer und teuer. Preise für ordentliche einfache Spektive beginnen bei 500 Euro und sind bei 3000 Euro noch nicht am Ende der nach oben offenen Preisliste. Für ein Stativ – es muss so hoch sein, dass man geradestehend erhobenen Hauptes durch das Spektiv schauen kann – muss man mindestens 100 Euro kalkulieren. Bei der Wahl des Spektivs dürfen wir uns aber nicht blenden lassen von Vergrößerungsversprechen von 20- bis 60-fach. Meist genutzt werden Vergrößerungen bis 30-, selten bis 40-fach, darüber nimmt die Helligkeit und Qualität des Abbilds merklich ab.

Ein Spektiv erlaubt es uns, ganz nahe Bilder von den Vögeln zu gewinnen, aber das in einem solch großen Abstand zu ihnen, dass wir sie nicht stören. Das sehr entspannende Beobachten von sich ungestört fühlenden Vögeln ist ein erheblicher Unterschied zum pirschenden Beobachten. Wir kommen darauf zurück.

Immer mehr Menschen haben Freude am Fotografieren in der Natur. Die Auswahl der digitalen **Kameras**, die das Fotografieren so preiswert gemacht haben, ist unendlich. Es gibt kleine Digitalkameras, die unglaublich leistungsstark sind und manche Fotografen schleppen sich mit kiloschweren Spiegelreflexkameras ab. Sehr interessant ist das Fotografieren mit einer Digitalkamera durch das Spektiv, diese Technik nennt man «digiscoping» oder auf Deutsch **Digiskopie**. «Digi» steht für Digitalkamera und «scope» für Teleskop. Noch eleganter ist das Fotografieren mit einem Smartphone durch das Spektiv. Ein Smartphone haben die meisten ohnehin dabei und so spart man sich das Schleppen einer schweren Kamera und benutzt das Spektiv als Objektiv. Es gibt dafür Adapter, sowohl für Kameras als auch für die Handys, man kann sich aber auch selbst welche basteln. Da die Qualität der Handykameras immer besser wird, ist das eine wirkliche Alternative zur Kameraausrüstung, zumal mit einem noch tragbaren Objektiv wohl kaum jemals Vergrößerungen von 20- bis 30-fach möglich sind.

Nicht unbedingt zur Vogelbeobachtung, aber allgemein zum «Überleben» in der Natur benötigen wir natürlich mehr als nur Optik. Hier nur einige Anregungen. Praktisch ist ein Rucksack, den wir auf dem Rücken tragen und der nicht über die Schulter rutscht. Dahinein gehören nicht nur eiserner Proviant, Wasserflasche und Bestimmungsbuch, sondern auch Papiertaschentücher, Ersatzakkus, Taschenmesser, Pflaster, Verbandszeug, Mücken- und Sonnenschutz. Ein Multifunktionstuch (Buff) gegen Wind, Staub, Sonne und Regen ist sehr praktisch, wiegt nichts und ist sehr vielseitig einsetzbar. Ersatzschnürsenkel und ein paar kleine, verschließbare Plastiktüten sind wichtige kleine Helferlein, wenn es etwas anzubinden gilt oder interessante Fundsachen transportiert werden sollen.

Selbst an die Kleidung sollten Vogelbeobachtende Ansprüche stellen, die allerdings die Funktion und weniger den modischen Chic betreffen. Flatternde Schals, quietschende Schuhe und aneinanderreibende Hosenbeine sind beim gemeinsamen Beobachten sehr störend und bei der unbegleiteten Vogelpirsch verräterisch. Viele Vögel können wir zunächst akustisch wahrnehmen, ehe wir sie sehen – wenn wir sie überhaupt sehen! War es ein Wiesen- oder Bergpieper, der vorbeiflog? Wenn der dünne Flugruf von Schabgeräuschen der Plastikhosen der Nebenfrau übertönt wird, werden wir es nie erfahren. Auch sogenannte «Schreckschuss-Jacken» – zum Beispiel orangene oder gelbe Ostfriesennerze (Regenjacken) – sollten bis zum nächsten Segeltörn zu Hause bleiben. Am besten orientieren Sie sich an Ausrüstungen, wie sie für die Jagd gebraucht werden. Markige Hornknöpfe und Stickbilder mit röhrenden Hirschen am Revers kann man bei der heutigen Auswahl in den Katalogen vermeiden.

Gibt es schlechte Vogelbeobachtende?

Vielleicht haben Sie im Moment nicht die Lust oder die Möglichkeit, Vogelbeobachtender mit Fernglas und Spektiv zu werden, in Ihrer Freizeit eine schwere Ausrüstung zu schleppen und viel Zeit damit zu verbringen, auf eine schöne Beobachtung zu warten. Denn viele Beobachtungen «verdient» man sich mit geduldigem Warten. Dann beobachten Sie doch im eigenen Garten an der Vogelfütterung. Oder beginnen Sie, auf ihren Spaziergängen auf Vögel zu achten, halten Sie vielleicht nur kurz inne und schauen, nehmen wahr, dass dort ein anderes Lebewesen sein Tagwerk verrichtet. Mit der Zeit werden Sie vielleicht merken, dass im Jahresverlauf einige Vögel stumm werden oder andere Vögel zu sehen sind als noch vor ein paar Wochen. Manchmal werden Sie vielleicht stutzig, weil ein Vogel sich seltsam verhält. Warum macht er das? Balz oder eine Methode, Essen zu suchen, wie das Trampeln der Möwen auf der Wiese? Haben Sie das schon einmal gesehen, wie Möwen auf der Wiese trampeln? Sie werden es sehen und noch vieles mehr, wenn Sie einfach nur offenen Auges und mit offenem Herzen spazieren gehen. Sie werden den Blick häufiger in den Himmel richten, nicht nur, um nach dem Wetter zu sehen. Und plötzlich fällt auf, dass dort einiges los ist. Ein Turmfalke rüttelt, ein Bussard kreist, ein großer Schwarm Krähen ist auf dem abendlichen Weg zum Schlafbaum. Sie bemerken vielleicht, welche Pflanzen von den Vögeln in ihrem Garten häufig besucht werden und fragen sich, ob und wie Sie den Garten umgestalten können, um weitere Arten zu unterstützen. All das kann passieren, wenn Sie auf Vögel schauen. Und vielleicht reicht Ihnen das schon. Es gibt keine schlechten Vogelbeobachtenden, lassen Sie Vögel in Ihr Leben und der Rest ergibt sich von selbst.

Übrigens: Die Möwen tanzen auf den Wiesen Flamenco, um Regenwürmer nach oben zu treiben. Die denken dann nämlich, dass es regnet …

Vogelfütterung: ja oder nein?

Vogelfütterung ist noch immer ein kontroverses Thema, daher möchten wir es hier nicht auslassen. Inzwischen stehen selbst die meisten Naturschutzverbände mit Blick auf unsere ausgeräumten, nahrungsarmen Agrarlandschaften dem Füttern der Vögel positiv gegenüber. Klar ist inzwischen, dass man den Vögeln nicht schadet, wenn man ihnen das ganze Jahr über artgerechtes Futter zur Verfügung stellt. Nützen wird es vielleicht in erster Linie einzelnen Individuen, aber was wäre schlecht daran? Unbestritten hat es einen weiteren unschätzbaren Wert: Aus eigener Erfahrung wissen wir, dass die Fütterung vielen Menschen einen ersten Zugang zu einer weiteren Beschäftigung mit Vögeln und der Natur eröffnet. Man schützt, was man liebt und es gibt kaum eine bessere Möglichkeit, Vögel hautnah zu erleben als an einer Fütterung im eigenen Garten oder auf dem Balkon. Auch die Interaktionen zwischen den verschiedenen Arten oder der individuelle Charakter des einzelnen Vogels, schüchtern oder draufgängerisch, lässt sich an einer Fütterung gut beobachten. Vielleicht wird das Ihr Einstieg in die Vogelbeobachtung?

Anstandsregeln

Eine schöne Beobachtung kann Begeisterung auslösen, nicht selten stürmen gerade Fotografen in ihrer ersten Freude vor, um einen seltenen oder besonders schönen Vogel im Bild festzuhalten. Das ist dann nicht nur ärgerlich für die Begleiter, die den flüchtenden Vogel nicht mehr zu sehen bekommen. Die Flucht vor dem aufdringlichen Beobachtenden, der die individuelle Distanz, die jedes Wildtier erwartet, missachtet, kostet den Vogel Energie, die er für Anderes benötigt. Ist die Störung von längerer Dauer, kann sie in der Brutzeit sogar zur Aufgabe des Nestes führen!

Gehen Sie raus, beobachten Sie Vögel, aber minimieren Sie dabei Störungen der Tiere und Beeinträchtigungen ihres Lebensraumes. Bleiben Sie auf den Wegen, halten Sie Distanz, beachten Sie in Naturschutzgebieten die Regeln. Und wenn Sie auch späteren Beobachtenden eine Chance geben wollen, respektieren Sie die Eigentumsrechte der Landbesitzer, zertrampeln keine Gärten und halten sich an das Naturschutzgesetz. Auch aus der Distanz kann man fantastische Beobachtungen machen. Fühlen die Vögel sich nicht gestört, gehen sie ihrem Tagwerk nach und ermöglichen so einen Einblick in ihr Leben. Die meisten Wildtiere kennen die Bedeutung von Wegen und wissen, dass sich Menschen darauf bewegen, sie aber selten verlassen. Bleibt man also auf dem Weg stehen, vielleicht eine Weile ganz still, nähern sich Vögel bei der Nahrungssuche oft von selbst. Das ist dann Ihre Gelegenheit für das gute Foto.

Und nun: Lassen Sie Vögel in Ihr Leben, es lohnt sich!

Literaturtipps für Einsteiger

Moning, C., Griesohn-Pflieger, T.: Grundkurs Vogelbestimmung. Quelle und Meyer, Wiebelsheim.
Eine gute Einführung in die Vogelbeobachtung und die Systematik der Vögel mit vielen Tipps und hilfreichem Grundlagenwissen für die Vogelbestimmung und -beobachtung.

Barthel, P. H., Dougalis, P.: Was fliegt denn da? Kosmos, Stuttgart.
Das erste Bestimmungsbuch vieler Vogelbeobachter, mit guten Zeichnungen der regelmäßig in der Westpaläarktis vorkommenden Arten und vielen Vergleichstafeln fliegender Vögel. Kompakt und daher gut für draußen geeignet. Auch als App verfügbar.

Svensson, L., Mullarney, K., Zetterström, D.: Der Kosmos Vogelführer. Kosmos, Stuttgart.
Das Standardwerk zur Vogelbestimmung mit hervorragenden Zeichnungen der Vögel in allen Kleidern und mit allen Subspezies. Zeigt auch Ausnahmeerscheinungen. Unentbehrlich, wenn man tiefer in die Bestimmung einsteigen möchte. Auch als App verfügbar.

Graf, R., Griesohn-Pflieger, T. u. a.: Vogelarten Deutschlands, Österreichs und der Schweiz, 2 Bände. Haupt, Bern.
Wissenswertes zu Verbreitung, Lebensraum, Nahrung, Bestand, Zugverhalten, Gefährdung und Schutz sowie kurze Einblicke in das Verhalten der Vögel mit guten Fotografien. Wenn Sie etwas mehr wissen möchten, als in den Bestimmungsbüchern steht.

Moning, C., Wagner, C., Weiß, F.: Vögel beobachten in Norddeutschland/Süddeutschland/Ostdeutschland, 3 Bände. Kosmos, Stuttgart.
Die besten Plätze zur Vogelbeobachtung in Deutschland mit guten Karten und Wegbeschreibungen, GPS-Koordinaten und Informationen darüber, welche Vogelarten man zu den verschiedenen Jahreszeiten in den beschriebenen Gebieten erwarten kann.

Berthold, P., Mohr, G.: Vögel füttern – aber richtig. Kosmos, Stuttgart.
Eine umfangreiche Einführung in die ganzjährige artgerechte Vogelfütterung und ein Plädoyer für den Vogelschutz von einem der wichtigsten Ornithologen Deutschlands. Mit einer Beschreibung der Vogelarten, die Sie in Ihrem Garten erwarten können und vielen Tipps zur Fütterung.

Gejl, L.: Die Watvögel Europas. Haupt, Bern.
Watvögel lassen sich an der Küste und während der Zugzeit auch an den Binnengewässern gut beobachten, aber aufgrund ihrer vielen Kleider schwer bestimmen. Dieses Buch hilft dabei mit umfangreichen Bildmaterial und Bestimmungstafeln und einer kurzen Einführung in die Biologie der Watvögel.

Reichholf, J. H.: Rabenschwarze Intelligenz. Piper, München.
Räumt auf mit den Vorurteilen gegenüber Krähenvögeln. Eine populärwissenschaftliche, aber fundierte Einführung in ihre Biologie, ihr Verhalten, ihre Verbreitung und Verfolgung.

Ackermann, J.: Genies der Lüfte. Rowohlt, Hamburg.
Ein lesenswertes Buch über die kognitiven Leistungen von Vögeln in aller Welt. Verständlich und spannend geschrieben.

Heinrich, B.: Die Weisheit der Raben (vormals: Die Seele der Raben). Matthes und Seitz, Berlin.
Ein Klassiker der Feldornithologie, der Verhaltensforschung und des Nature-Writing. Eine lesenswerte Studie über das Leben und Überleben von Kolkraben und darüber, wie man es erforscht.

Birkhead, T.: Die Sinne der Vögel. Springer, Berlin.
Eine Einführung in die Biologie der Sinneswahrnehmungen von Vögeln.

Barnes, S.: How to be a bad birdwatcher. Short Books limited, London.
Vogelbeobachtung bereichert das Leben, egal wie intensiv man es betreiben möchte. Es gibt keine schlechten Vogelbeobachter, gehen Sie raus und öffnen Sie Auge und Herz. Das ist es, was Barnes uns mit diesem Buch vermitteln möchte. Leider bisher nur auf Englisch.

Wink, M.: Ornithologie für Einsteiger. Springer, Berlin.
Der Gesamtüberblick über Anatomie, Biologie, Systematik, Ökologie und Vogelbeobachtung. Hier erhält man eine umfangreiche Einführung in diese Themen, wenn man sich intensiver damit beschäftigen möchte.

Die Vogeldarstellungen von Léo-Paul und Paul-André Robert

Bernadette Walter, Direktorin und Kuratorin Kunst/Sammlung Robert

Im April 1923, wenige Monate vor seinem Tod, schrieb der Bieler Künstler und Naturillustrator Léo-Paul Robert (geboren 1851) seinem Freund und späteren Biografen Louis Rivier, er würde in den kommenden Tagen die letzten Vogelporträts fertigstellen und damit sein Lebenswerk beenden: «So Gott will, werde ich dieses Jahr also, wie auch Sie, ein langwieriges, im Jahre 1868 begonnenes Werk abschliessen, das mich viele Monate Arbeit gekostet hat [...]».

Ein Jahr nach seinem Tod wurden die Tafeln anlässlich einer großen Retrospektive in Neuenburg erstmals ausgestellt. Sie figurierten unter den Nummern 228–307 als «Etudes des passereaux du Jura, aquarelles et dessins». Im Frühsommer 1924 besuchten die Mitglieder der Eidgenössischen Kommission der Gottfried Keller-Stiftung die Gedächtnisausstellung im Musée des Beaux-Arts. Sie kaufte für die stolze Summe von 20 000 Schweizer Franken (was heute einem Wert von circa 125 000 Franken entspräche) 434 Vogelaquarelle. Die Tafeln wurden im Musée d'histoire naturelle in Neuchâtel aufbewahrt und sind 2005 in die Sammlung der Stiftung Robert übergegangen. Diese im NMB Neues Museum Biel beherbergte Stiftung bewahrt eine umfangreiche Kollektion an Flora und Fauna-Darstellungen der Malerfamilie Robert mit über 3000 Insekten- und Blumenbildern.

In einer Rede, die Léo-Paul Robert 1921 anlässlich einer Ausstellung mit 300 Raupendarstellungen im Berner Kunstmuseum hielt, verortet er seine Leidenschaft für die Darstellung von Insekten und Vögeln in seiner Kindheit. Mit zehn Jahren hätte er mit seinem älteren Bruder eine Schmetterlingssammlung angefangen. Raupen habe er selbst gezüchtet und aufgezogen. Wenig später erwachte seine Liebe zu den Vögeln, die er in großen Alben skizzierte und aquarellierte. Seine Studien der Insekten und Vögel stellte er während seiner Kunstausbildung in München, Florenz und Paris allerdings zugunsten seiner zweiten Leidenschaft zurück: «Der menschliche Körper, die Gesetze der malerischen Komposition und das Studium der großen Meister nahmen meine Aufmerksamkeit vollauf in Anspruch.» In Briefen an seine Freunde und Eltern beklagte er sich gleichzeitig, dass ihm die Natur im Jura fehle, und er versicherte sich bei seiner Mutter, dass sie seine selbst angelegten Volieren auch richtig pflege.

Roberts Auseinandersetzung mit den beiden Interessensgebieten sowie die Suche nach deren Verknüpfung beschäftigte ihn ein Leben lang. Die Fähigkeit der exakten Naturbeobachtung findet ebenso Wiederklang in seinen vielen Landschaftsgemälden und allegorischen Darstellungen wie seine künstlerische Auffassungsgabe es ihm erlaubte, Flora und Fauna kompositorisch lebendig wiederzugeben.

Auch die Vogeltafeln zeugen von Roberts künstlerischer und wissenschaftlicher Begabung. So ist jeder Vogel für sich ein Porträt. Zugleich bettet er sie in die heimatliche Landschaft um den Neuenburger- und Bielersee wie in jene des Juras ein. Die Nahsicht erlaubt es, in die Lebenswelt der Tiere einzutauchen: Die Betrachtenden nehmen beispielsweise die Perspektive eines Wiedehopfs beim Flug durch ein Juratal ein (S. 197) oder tauchen in eine blühende Sommerwiese ein, auf der die Vögel nach Nahrung suchen (zum Beispiel S. 11, 37, 155). Jedes einzelne Aquarell zeigt eine in sich korrekte naturwissenschaftliche Wiedergabe der Habitate und Verhaltensweisen der Tiere und ist ein in sich stimmiges Kunstwerk. Wenn Robert bis zu 13 Bilder auf einer Tafel zusammenfasst, ist das der Wissenschaftlichkeit geschuldet: Er fasst die Familien der verschiedenen Arten, Jungvögel, weibliche und männliche Tiere und ihre Mauser auf einer Tafel zusammen. Die Zusammengehörigkeit zeigt sich nicht nur auf dieser rein ornithologischen Ebene. Neben der austarierten Verteilung der Aquarelle auf dem Karton greift er zum Teil auch zu einem kompositorischen Mittel: Er lässt die Landschaft über den Kartonausschnitt der einen Darstellung zur anderen durchlaufen, was den Eindruck eines zusammengehörenden Ausschnitts verstärkt (zum Beispiel S. 25, S. 129 oder S. 179).

Seine ersten Vogeldarstellungen mit selbstverfassten Texten über den Nutzen der Tiere für die Landwirtschaft publizierte Léo-Paul Robert als 17-Jähriger 1868 in «Le Rameau de Sapin», einer vom Club Jurassien herausgegebenen populärwissenschaftlichen Zeitschrift.

Gleich zwei verschiedene Ausgaben erschienen im Jahr 1879. Die darin beschriebenen Spezies sind identisch, in ihrer Aufmachung unterscheiden sie sich jedoch. Den Auftrag für die erste Ausgabe erteilte ihm der Lausanner Verleger Daniel Lebet im September 1876. Er wünschte sich Illustrationen für Schulen der von der Eidgenossenschaft kürzlich unter Schutz gestellten Vogelarten. Robert aquarellierte dafür 60 Bildtafeln mit einheimischen Vögeln und verfasste kurze Texte dazu. Zwanzig der Originalaquarelle und sein Werk «Les Zéphyrs d'un beau soir», ein Reigentanz der Windgötter auf einer Sommerwiese inmitten einer Waldlichtung im Jura, schickte er an die Weltausstellung in Paris. Die Jury ehrte ihn mit einer Silbermedaille für das Gemälde, die Vogeldarstellungen erhielten eine «mention honorable».

Er selbst reiste im Sommer 1878 nach Paris und nutze den Aufenthalt, um mit seinem Verleger den Druck vorzubereiten und die Publikation mit einer Subskription zu bewerben. Sie besuchten die Druckerei für Lithografien der Frères Thurwanger, mit denen sie seit März 1877 das Projekt vorbereiteten. Robert war zudem voller Hoffnung, den Schweizer Schriftsteller und Naturforscher Eugène Rambert kennenzulernen, der für die Neuauflage die Texte zu den verschiedenen Vogelarten schreiben sollte.

Ab wann genau Lebet und Robert neben einer Schulausgabe der «Oiseaux dans la Nature» eine zweite und aufwendiger gestaltete planten, kann nicht eruiert werden. Der

Erfolg und das Echo auf die Präsentation der Vogeldarstellung an der Weltausstellung waren mit ausschlaggebend für eine weitere Publikation. Zudem sah sich Robert nicht als versierten Schreiber, und er äußerte sich gegenüber Lebet glücklich, hatte dieser doch den Schweizer Schriftsteller und Naturforscher Eugène Rambert für die Beschreibungen der Arten gewinnen können. Gegen Ende des Jahres 1878/Anfang 1879 lieferte er Rambert seine ersten Aquarelle sowie kurze Texte zu seinen Vogelbeobachtungen, die Rambert zu einem literarisch-beschreibenden Text verwob. Die Texte muten heute wenig wissenschaftlich an und sind eine poetische Beschreibung der Lebensräume und des Verhaltens der Tiere. Vielleicht entstand zwischen den beiden Künstlern eine Art Wettstreit, der an den Disput zwischen Poesie und bildender Kunst erinnert. Seit der Renaissance debattierten beide Lager immer wieder, welche der beiden Kunstgattungen besser die Natur zu beschreiben und beim Betrachtenden oder Lesenden die entsprechenden Gefühle und Bilder zu wecken vermöge. In einem Brief an Rambert im Februar 1880, als sie am zweiten Band arbeiteten, bezeichnete Robert die Beschreibungen als Gemälde. Gleichzeitig scheute er sich nicht, den Literaten in seinen Briefen auf Ungenauigkeiten in den Texten hinzuweisen: «Ich kann Ihnen aufrichtig sagen, dass mir die Lektüre der acht Monographien, die ich Ihnen heute zurücksende, sehr viel Freude bereitet hat – es gibt, wie in den vorangegangenen, die ich immer wieder lese, exquisite Gemälde, unerwartete Merkmale. Es gibt einzigartig glückliche Worte, die sich wunderbar ins Gedächtnis einprägen – Aber ich finde die Porträts im ersten Band fertiger, gezeichneter, persönlicher – die wissenschaftlichen Details sind dort in einem fröhlichen Gesang verwoben, als ob es der Gesang des Vogels selbst wäre.»

Robert war enttäuscht von der Qualität der Abbildungen, was ihn sicher auch bewog, über eine Neuauflage nachzudenken: «Als der Erstdruck der Chromolithografie vorlag, war ich konsterniert. Er war schwer, kalt, stumpf, falsch im Ton und stellenweise auch in der Zeichnung», erinnerte er sich in einem Brief an seinen Freund Philippe Godet Ende November 1893. Ganzseitige Holzdrucke, Initialen und Schlussvignetten mit Vogeldarstellungen vermochten laut Robert die dumpfen Chromolithografien zu ergänzen, um die Eigenarten jeder einzelnen Art besser erfahrbar zu machen. Die Neuausgabe «Les Oseuax dans la Nature. Description pittoresque des Oiseaux utiles» erschien zwischen 1879 und 1881 in drei Lieferungen und war neben den 60 farbigen Abbildungen mit 122 Druckgrafiken bebildert.

Es waren allerdings die von Robert nicht so hoch geschätzten Chromolithografien, die die internationale Presse als Medium einer wirklichkeitsnahen und lebendigen Wiedergabe der Tiere feierte. Die Verbindung zwischen naturwissenschaftlicher Genauigkeit, künstlerischer Interpretation und den stupenden technischen Reproduktionen – es wurden bis zu 18 farbige Platten für die Aquarelle übereinander gedruckt – nahmen die Rezensenten in der französischen, englischen und schweizerischen Presse begeistert auf. «L'Univers illustré» (18.12.1880) und «La Bretagne Artistique» (1879, 1. Bd.) etwa lobten die Zusammenarbeit eines Poeten und eines Künstlers, aus der ein Werk «höchster künstlerischer Qualität» entstanden sei. Auch die «Gazette des Beaux-Arts» (1881, Bd. 23) war begeistert von der Wiedergabe der Aquarelle: «Diese Chromolithographien sind die besten, die in Frankreich je veröffentlicht worden sind. Mit welcher Vielfalt die Farbtöne der Aquarelle wiedergeben sind, ist unserer Meinung nach, noch nie in diesem Genre erreicht worden.» Erwähnung fand in den Kritiken ebenfalls, dass Robert ohne Ausnahme mit lebendigen Modellen arbeitete, die Vögel in ihrem Habitat und mit ihrem genuinen Verhalten zu porträtieren, was ihn von anderen Vogelillustratoren der damaligen Zeit unterschied.

All diese ersten Reproduktionen wurden als Vorlagen für verschiedene französische, deutsche und englische Ausgaben verwendet. 1916 benutzte Robert sie ein letztes Mal als Bildmaterial für die nunmehr dritte Publikation. Da die Originalaquarelle in den Besitz von Daniel Lebet übergingen, der sie verkaufte, überarbeitete Robert die Chromolithografien der frühen Jahre. Die Vermutung liegt nahe, dass diese erneute Beschäftigung mit den Vögeln, über die er in seinen Briefwechseln ab 1913 schreibt, ein Katalysator war, sich wieder intensiver mit den Tieren auseinanderzusetzen und davon eine neue Sammlung anzulegen. Robert selbst scheint keine Originale mehr besessen zu haben, denn im Mai 1884 verbrannte er nach einer tiefen religiösen, künstlerischen und gesundheitlichen Krise – eine schwere Angina kostete ihn fast das Leben – gegen 1000 Blätter, die er auf Karton montiert hatte.

Die ersten datierten Vogeltafeln entstanden um 1915, und sie wurden zu Lebzeiten des Künstlers nicht mehr publiziert. Es ist anzunehmen, dass er bei diesem Werk, das die Eidgenossenschaft an der Ausstellung in Neuenburg ankaufte, auf die gleiche Arbeitsweise wie bei den verbrannten Darstellungen zurückgriff. Unter einem 60 × 80 cm grossen Passepartout sind zwischen einem und dreizehn Aquarelle, Zeichnungen oder Skizzen zusammengestellt. Die insgesamt 423 Studien, die zwischen 1915 und 1923 entstanden, repräsentieren mit 126 Sperlingsvögeln einen möglichst vollständig illustrierten Katalog der Vögel der Region. Als Vorlage für einige Tafeln dienten Robert die frühen Chromolithografien, die er überarbeitete. In diesen Fällen übernahm er oft die Bildanlage, veränderte aber den Ausschnitt und variierte geringfügig die Körperstellung der Tiere. Die die Vögel umgebene Landschaft wird gegen Ende des Lebens wenig detailreicher, immer abstrakter: Die Tafel 49 zeigt das Gartenrotschwänzchen beim Balzverhalten (S. 63) ähnlich wie in der Darstellung von 1879 für «Les Oiseaux dans la Nature». Der Ast, auf dem das Weibchen steht, und das Männchen, das vom Grund zu ihr hochschaut, lehnen sich an die frühe Komposition an. Geändert hat er bei beiden Vögeln die Kopfhaltung, beim weiblichen Tier dreht er diesen neu nach rechts, denjenigen des männlichen so, dass nun die Augenpartie besser erkennbar ist. Den Bildhintergrund füllte er statt mit farbigen Stiefmütterchen auf einem Wiesengrund mit abstrakten Blumenornamenten in Rosa-, Weiß- und Orangetönen.

An die 90 Illustrationen der ersten Lebet'schen Publikation dienten Robert als Vorlage für sein neues Projekt. Weitaus die meisten Blätter entstanden allerdings zwischen 1919 und 1923. Hatte er in seinen Anfangszeiten Volieren mit lebenden Vögeln, die er sich aus Thun und St. Gallen hatte schicken lassen, arbeitete er gegen Ende seines Lebens mit ausgestopften Tieren. Das lebenslange Beobachten und die Kenntnisse über ihr Verhalten sowie seine künstlerischen Fähigkeiten ermöglichten es ihm, auch Modelle naturnah wiederzugeben.

Aufschluss über seine Arbeitsweise gibt ein Brief an den Ornithologen Gustav von Burg in Olten, 4. April, 1922, indem er ihm auflistet, welche Vögel er noch braucht: «Auf Ihre Bitte hin schicke ich Ihnen die versprochene Liste der Spezies, die ich noch benötige, sei es für die Überarbeitung alter unfertiger Studien, sei es für die Komposition neuer Bildtafeln unter Zuhilfenahme von ausgestopften Vögeln, die mein Sohn unter meiner Leitung herstellte.»

Léo-Paul Roberts Sohn, Paul-André Robert (1901–1977), unterstützte ihn schon früh bei seiner Arbeit. Neben den Spezies, die Léo-Paul Robert zum Ausstopfen für seinen jüngsten Sohn bestellte, setzte er sich bei den öffentlichen Behörden ein, damit dieser einen Jagdschein erhielt. In seinem Auftrag schoss Paul-André Robert Vögel in ihrer Wohnumgebung im Berner Jura rund um St. Blaise/Neuchâtel. In kleinen Heftchen «Mes Oiseaux empaillés» führte der 18-jährige akribisch Buch über seine Arbeit als Taxidermist, die auf sein wissenschaftliches Gespür hinweisen. Der erste Eintrag stammt vom April 1919 – der letzte mit der Nummer 444 vom 1. Januar 1945. Er notierte, ob das Tier gekauft war, ob er es selbst erlegt oder gefunden, ob er es ausgestopft hatte und für wen. Darüber hinaus hielt er fest, ob es sich um ein Männchen oder Weibchen, ein junges oder altes Tier handelte und ergänzte, was er für Kropf- oder Mageninhalte herausgenommen hatte.

Paul-André Robert hat seine Technik des Ausstopfens an die Bedürfnisse des Vaters angepasst. Die Haut der Vögel zog er ab, skizzierte den Rumpf und notierte sämtliche Maße der noch so kleinsten Skeletteile. Den Körper bildete er aus Kork nach und verband alle einzelnen Teile vom Kopf her mit Draht, den er über die Extremitäten herausführte. Diese Vorgehensweise ermöglichte es ihm, auf die Wünsche seines Vaters für die Stellung der Körper einzugehen.

Viele der heute im Musée d'histoire naturelle in Neuchâtel aufbewahrten Modelle lassen sich mit einer Vogeltafel in Verbindung bringen. Für die Tafel 35 mit den Mauerseglern (siehe S. 105) montierte Paul-André Robert drei Tiere im Flug auf eine mit Steinen ausgelegte Gipsplatte, die ein Lehmmauerwerk imitiert. Sein Vater kombinierte mit

unterschiedlichen Ansichten des Ensembles einen fliegenden Schwarm am Wolkenhimmel. Ihrer Devise, die Vögel naturgetreu und wissenschaftlich korrekt wiederzugeben, entsprechen auch die Modelle: Das Landen und Festkrallen der Mauerläufer auf einem Felsvorsprung (S. 103), der Kolkrabe, der ein gejagtes Tier frisst (S. 97), oder der Kleiber (S. 93), der kopfüber einen Stamm herunterläuft – all diese Bildanlagen übernimmt Robert in seinen Vogeltafeln.

Im eingangs erwähnten Brief an Louis Rivier vom 20. April 1923 betont Léo-Paul Robert, wie nützlich ihm die Modelle seien und dass er dank ihnen seine letzten Vogeldarstellungen beenden könne. Laut den Inventarlisten der ausgestopften Tiere präparierte Paul-André Robert im März und Juni Schwarzspechte, Blaumerle und die Mauersegler.

Nach dem Tod vom Léo-Paul Robert im Oktober 1923 führte Paul-André das Werk seines Vaters weiter. Für eine Neuauflage des Vogelwerkes «Les oiseaux de chez nous», das zwischen 1929 und 1932 bei Delachaux & Niestlé erschien, ersetzte er die Texte Ramberts durch seine eigenen. Zudem ergänzte er die Ausgabe mit zwölf Tafeln von Wasser-, Hühner- und Stelzvögeln, die sein Vater nur vereinzelt darstellte. Neben seinen Publikationen zu Pilzen, Wasserpflanzen und Insekten arbeitet er ab 1939 eng mit dem Westschweizer Ornithologen Paul Géroudet für den Neuenburger Verlag zusammen. Der Serie «La vie des oiseaux» steuerte Paul-André Robert Aquarelle und Zeichnungen für die Bände zu «Les Rapaces, Colombins et Gallinacés» (1940, hier ist er noch als Mitautor aufgeführt), «Les Echassiers» (1942) und «Les Rapaces diurnes et nocturnes» (1965) bei.

Obwohl Paul-André Robert eng mit seinem Vater zusammenarbeitete und ab und an gewisse Malarbeiten für ihn übernahm, imitierte er dessen Stil nicht. Seine Aquarelle von 1929 und aus den 1930er-Jahren für die Neuausgabe der «Oiseaux dans la nature» sind ornamentaler. So erscheint etwa der Turmfalke mit der erbeuteten Maus (siehe S. 173) aus dem Jahr 1930 wie an seinen Konturen ausgeschnitten. Vor dünne, horizontal ausgerichtete Stämme gesetzt, nimmt er nahezu die gesamte Bildfläche ein. Die Ästchen tragen grüne und schon vergilbte Blätter, der Hintergrund ist in einem einheitlichen, hellen Blauton eingefärbt. Anders als jene seines Vaters ist die Wiedergabe der Natur stilisierter, weniger realistisch. Diesen eigenen Stil entwickelte er während seiner Ausbildung an der Akademie Ranson in Paris, einer damals der Bewegung der Nabis nahestehenden Institution und Vorläufer des Jugendstils. Lehrer der Schule wie Maurice Denis, Paul Sérusier oder Edouard Vuillard strebten einen dekorativen Stil mit einer klaren Linienführung und einem flächigen Farbauftrag an. Nicht minder geschult hat ihn sein in Paris lebender, älterer Bruder, Théophile Robert (1879-1954), der ihn 1928–1929 in Komposition und Stillleben unterrichtete.

Nach 1929 entwickelte Paul-André Robert diesen Stil nicht mehr weiter. Anders als sein Vater, der zwischen den beiden Begabungen hin- und hergerissen war, entschied er sich für die wissenschaftliche Seite: Die ornamental-künstlerische Darstellung der Lebenswelten der Vögel geht zugunsten einer mehr realistischen zurück. Selbstverständlich erlaubte es ihm seine hervorragende künstlerische Technik und sein Gespür für die Komposition, ausgewogene wissenschaftliche Illustrationen zu liefern. Die vielen Abbildungen in der Reihe «collection de poche», die im Neuenburger Verlag erschienen sind, befriedigten sowohl die Bedürfnisse eines Laienpublikums als auch jene der spezialisierten Gelehrten.

Insgesamt hat Paul-André Robert über 30 Werke zu Flora und Fauna illustriert und 1973 für seine Studien zu den Libellen und ihren Larven den Ehrendoktor der Universität Neuenburg erhalten.

Alle im Text erwähnten Briefe, Manuskripte und Dokumente befinden sich im Archiv der Stiftung Sammlung Robert im NMB Neues Museum Biel.